高等学校大数据专业系列教材

分布式计算系统与应用

徐守坤 游 静 石 林 主 编

唐 杰 孙 威 董 亮 副主编

清华大学出版社

北京

内 容 简 介

本书旨在引导读者全面了解分布式系统的核心原理、关键技术和实际应用。全书分为 9 章,内容包括分布式系统概述、理论基础、基础架构,以及分布式文件系统 HDFS、分布式计算模型 MapReduce、分布式协调服务 ZooKeeper、分布式数据库 HBase 和分布式消息系统 Kafka 的工作原理与应用,最后提供两个实战项目,帮助读者将所学知识应用于解决实际问题。

本书的特点是系统性、实用性、通俗易懂、涵盖面广,可作为大数据、计算机等相关专业的本科和研究生教材,为不同方向的专业学习奠定基础。本书对社会学习者同样友好,无学习门槛,每章内容相对独立,实践内容详尽。

图书在版编目(CIP)数据

分布式计算系统与应用/徐守坤,游静,石林主编. -- 北京:清华大学出版社,2024.12. --(高等学校大数据专业系列教材). -- ISBN 978-7-302-67750-5

Ⅰ. TP274

中国国家版本馆 CIP 数据核字第 2024BF2149 号

责任编辑:闫红梅 张爱华
封面设计:刘 键
责任校对:李建庄
责任印制:丛怀宇

出版发行:清华大学出版社
  网 址:https://www.tup.com.cn,https://www.wqxuetang.com
  地 址:北京清华大学学研大厦 A 座   **邮 编**:100084
  社 总 机:010-83470000   **邮 购**:010-62786544
  投稿与读者服务:010-62776969,c-service@tup.tsinghua.edu.cn
  质量反馈:010-62772015,zhiliang@tup.tsinghua.edu.cn
  课件下载:https://www.tup.com.cn,010-83470236
印 装 者:三河市铭诚印务有限公司
经 销:全国新华书店
开 本:185mm×260mm **印 张**:18.5   **字 数**:485 千字
版 次:2024 年 12 月第 1 版   **印 次**:2024 年 12 月第 1 次印刷
印 数:1~1500
定 价:69.00 元

产品编号:108135-01

前　言

分布式系统作为一种分散任务进行并行处理的解决方案,以其高效、可扩展和高可用的计算和存储能力,成为现代互联网和大数据应用领域不可或缺的技术基石。对于学生和从业者而言,只有系统地学习和理解分布式系统原理,熟练地掌握和使用分布式技术与工具,方可适应时代的需求。然而,分布式系统的复杂性也给其学习和应用带来了挑战。编写本书,旨在给广大读者提供一本系统、实用、通俗易懂的学习指南。

全书共9章。第1~3章是对分布式系统的理论与技术的综述。其中,第1章从分布式系统的发展历史开始,分析分布式系统的特征和技术难点,介绍常见的各类分布式系统,并讨论现实生活中的典型应用;第2章讲解分布式理论基础,包括数据基础、CAP定理和BASE理论、一致性模型、分布式共识算法以及分布式事务方案等;第3章重点介绍分布式系统的基础架构,以及行业内著名的Hadoop大数据平台的技术架构和阿里云飞天分布式架构及华为云数据库GaussDB,帮助读者更好地理解分布式系统的设计与组织结构。第4~8章深入剖析了各类分布式系统的工作原理及实际应用。其中,第4章讲解Hadoop分布式文件系统(HDFS)的原理,分析HDFS如何解决海量数据的存储和管理问题,学习如何在实际应用中搭建和配置HDFS集群;第5章讲解MapReduce计算模型的工作原理,学习如何使用MapReduce实现分布式计算,并深入理解MapReduce的优势和局限性;第6章介绍ZooKeeper在分布式系统中的关键作用,学习ZooKeeper的原理和使用方法,掌握如何实现分布式系统中的协调和同步;第7章详细讲解如何使用分布式数据库HBase实现海量数据的高效存储和检索,以及HBase在实际应用中的配置和优化方法;第8章深入探讨分布式消息系统Kafka的工作原理,并学习如何配置和使用Kafka实现分布式消息通信。第9章的分布式处理项目实战,精心设计了两个不同领域的项目,帮助读者将所学知识转换为切实可行的解决方案,培养解决实际问题的能力。

本书的特点是具有系统性、实用性,内容通俗易懂、涵盖面广。希望通过本书内容的引导,读者能够从分布式技术小白迅速成长为能够解决实际问题的开发者。书中每一章都经过精心编写,力求贴近实际应用场景,为广大读者提供一本全面且易懂的学习资料。

本书可作为大数据、计算机等相关专业的专业基础教材,学生无论将来学习哪个方向的系列专业课程,都会从本书的学习中受益。同时,本书对于那些对分布式技术感兴趣的社会学习者也非常友好。书中内容不存在学习门槛,每一章都可以独立学习,可根据兴趣和个人情况决定学习哪一部分和学习到什么程度,也可以跳过理论部分,直接跟随实践部分的指引,迅速完成环境部署并掌握使用技巧。

本书的编写得到了常州大学阿里云大数据学院、慧科教育科技集团、阿里云计算有限公司的大力支持,主编徐守坤负责全书内容组织和第1~3章的编写,游静进行内容设计并参与了第4~6章的编写,石林参与了第7~9章的编写;副主编唐杰、孙威、董亮提供了大量素材和案例,唐杰、孙威完成了全书程序的调试,董亮完成了教材策划、配套课件制作与校对工作。

愿本书成为学术研究与实践的桥梁，为读者开启分布式计算的大门，引领大家在分布式世界中不断探索与创新。期待读者在本书的学习过程中茁壮成长，在探索分布式系统原理与实践的旅程中感受快乐、收获力量！

编写组

2024 年 10 月

目　录

第 1 章

分布式系统概述

在现代计算机科学领域,分布式系统作为一种重要的计算范式,已经成为构建强大、高效和可扩展的应用的关键技术。在本章中,首先初步了解分布式系统,解释为什么要设计分布式系统,确定分布式系统要实现的主要目标。然后,通过探讨从单机到分布式系统的演化过程,讲解分布式系统的工作机理,分析分布式系统的核心特征,研究分布式系统面临的技术难点和挑战,如分布式系统中必须处理的全局时钟、部分失效和网络延迟问题。最后,介绍一些常见的分布式系统,包括分布式文件系统、分布式计算系统、分布式协调服务、分布式数据库和分布式消息队列,再通过学习两个现实世界中分布式系统的成功应用案例,帮助读者更好地理解分布式系统在不同领域的应用场景和优势。

1.1 问题导入

随着互联网和信息技术的飞速发展,传统的集中式系统已经难以满足现代应用的需求。在大数据、高并发和高可用性要求日益增加的背景下,分布式系统作为一种重要的计算架构,逐渐成为解决这些问题的核心技术。然而,分布式系统的复杂性和多样性也带来了新的挑战和技术难题。

面对这些挑战,我们需要解决以下关键问题。

- 为什么需要分布式系统?
- 分布式系统是如何从简单到复杂演化的?
- 分布式系统的核心特征和技术难点是什么?
- 分布式系统有哪些分类?

本章将围绕这些问题展开详细讨论,帮助读者全面了解分布式系统的发展历史、核心特征和技术难点。首先,将介绍分布式系统的产生背景和发展的必然性,阐明为什么在现代计算环境中分布式系统不可或缺。

接下来,将回顾分布式系统的发展历史。从早期的集中式计算,到分布式计算的出现,再到今天高度复杂和功能丰富的分布式系统,将详细探讨各个阶段的技术演化过程。这部分内容将帮助读者理解分布式系统如何一步步发展成今天的模样,以及每个阶段所面临的主要技术挑战和突破。

在了解分布式系统的发展历史后,将深入探讨分布式系统的核心特征。这些特征包括分布性、并发性、可扩展性、容错性和一致性等,通过对这些特征的分析,读者可以更好地理解分布式系统的基本属性和设计理念。

本章通过详细介绍分布式系统的发展历史、核心特征和技术难点，帮助读者全面了解分布式系统的基本概念和技术背景。随后，对分布式系统进行分类，包括分布式文件系统、分布式计算系统、分布式协调服务、分布式数据库和分布式消息队列等，介绍每种系统的特点和应用场景。最后，通过具体的应用案例，展示分布式系统在实际业务中的应用效果和优势。

1.2 分布式系统的发展历史及技术特征

对于分布式系统，尚没有特别官方的定义。这里引用一下 *Distributed Systems Concepts and Design*（*Third Edition*）中的一句话："A distributed system is one in which components located at networked computers communicate and coordinate their actions only by passing messages"。从这句话可以看到两个重点：一是组件分布在网络计算机上；二是组件之间仅仅通过消息传递来通信并协调行动。

图 1-1 是一个分布式系统的示意图，从用户的视角看，用户面对的就是一个服务器，提供用户需要的服务，而实际上是靠背后的众多服务器组成的一个分布式系统来提供服务。分布式系统看起来就像一个超级计算机。

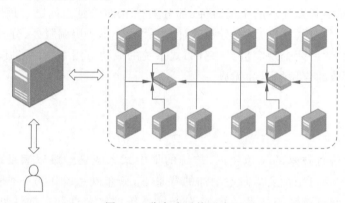

图 1-1　分布式系统示意图

让我们来理解一下分布式系统的定义。首先分布式系统一定是由多个节点组成的系统，一般来说一个节点就是一台计算机；然后这些节点不是孤立的，而是互相连通的；最后，这些连通的节点上部署了需要的组件，并且相互之间的操作会有协同。有了这样的原则，就可以去看看身边有哪些分布式系统。例如，平时都会使用的互联网就是一个分布式系统，用户通过浏览器去访问某一个网站，例如淘宝和百度，在对浏览器发出请求的背后是一个大型的分布式系统在为用户提供服务，整个系统中有的负责请求处理，有的负责存储，有的负责计算，最终通过相互的协同把用户的请求变成了最后的结果返回给浏览器，并呈现出来。尽管不同公司架构的分布式系统的软硬件技术和算法不同，但客户的感受是相似的。

1.2.1 为什么需要分布式系统

从单机单用户到单机多用户，再到现在的互联网时代，应用系统发生了很大变化。而分布式系统依然是当前热门的讨论话题。那么，分布式系统给用户带来了什么，或者说为什么要有分布式系统呢？最初，主要是基于以下两方面的考虑。

1. 提升处理能力

首先激发人们对分布式系统需求的是对更高性能计算机的追求，因为单机处理能力的提升会有瓶颈,而且升级单机处理能力的性价比也越来越低。

先来看一下单机处理能力包括哪些方面。通常,人们最关注单机的处理器、内存、磁盘和网络。下面就用处理器来举例说明与单机处理能力相关的问题。

大家都知道摩尔定律:当价格不变时,每隔18个月,集成电路上可容纳的晶体管数目会增加一倍,性能也将提升一倍,如图1-2所示。

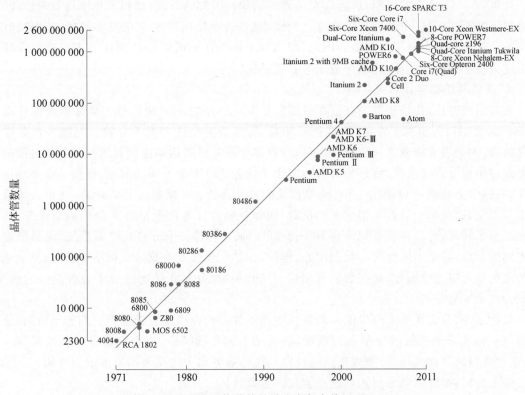

图1-2 微处理器晶体管数量增速摩尔定律(1971—2011)

这个定律告诉我们,随着时间的推移,单位成本的支出所能购买的计算能力在提升。然而,如果在特定时间点购买不同型号的处理器,较高性能的处理器将会消耗更高的成本,性价比可能会降低。如表1-1所示,同为8核心处理器的i7-12700F和i9-12900K,价格增加了1倍,线程数量只从20增加到24,最低频率增加了0.5倍,缓存仅增加了0.2倍。

表1-1 Intel 12代酷睿台式机处理器对比

型 号	核心/线程数量	频率/GHz	L3 缓存/MB	首发价格/元
i9-12900KS	8P+8E/24	3.4～5.5	30	5699
i9-12900K	8P+8E/24	3.2～5.2	30	4999
i9-12900KF	8P+8E/24	3.2～5.2	30	4699
i9-12900	8P+8E/24	2.4～5.1	30	4899
i7-12700K	8P+4E/20	3.6～5.0	25	3199
i7-12700KF	8P+4E/20	3.6～5.0	25	2999
i7-12700	8P+4E/20	2.1～4.9	25	2699
i7-12700F	8P+4E/20	2.1～4.9	25	2499
i5-12600K	6P+4E/16	3.7～4.9	20	2299
i5-12600KF	6P+4E/16	3.7～4.9	20	2099
i5-12400	6P+0E/12	2.5～4.4	18	1699

续表

型　　号	核心/线程数量	频率/GHz	L3 缓存/MB	首发价格/元
i5-12400F	6P+0E/12	2.5～4.4	18	1499
i3-12100	4P+0E/8	3.3～4.3	12	1050
i3-12100F	4P+0E/8	3.3～4.3	12	880

可见,在一个确定的时间点,通过更换硬件做垂直扩展的方式(即提升单个计算机性能)会越来越不划算。而且,单颗处理器有自己的性能瓶颈,即使用户愿意花更多的钱,超出当时技术水平的计算能力也是买不到的。因此,使用多个独立计算机并行处理任务来提升整体计算能力成为技术的必然选择,这就形成了分布式系统。

2. 提高系统稳定性和可用性

在互联网时代,几乎所有的在线服务都需要 7×24 小时不间断运行。如果需要保证服务在 99.999% 的时间里都正常运行,这就意味着,每年最多允许宕机 5 分钟。想想各种各样的硬件故障、人为因素或者意外情况,就可以知道单个服务想要达到这个要求几乎是不可能的。

通过构建分布式系统,将任务分解为多个子任务并分配给不同的节点,即使一个节点出现故障,其他节点仍然可以继续工作,确保系统的持续运行;可以通过冗余计算,将负载分散到多个节点上,避免单个节点承担过重的负载,例如在两台计算机上运行完全相同的任务,其中一台发生了故障,可以将服务切换到另一台;可以通过构建一个分布式存储系统,将数据复制到不同的节点,甚至不同地区的数据中心,这样,在某个地区发生故障或网络中断时,其他地区的节点仍然可以提供服务,确保数据可用性。凡此种种,分布式系统展现了各种美好的前景,也成为技术发展的必然方向。

除此之外,分布式系统与生俱来的灵活性和可伸缩性也给人们带来更大的想象空间,使用者可以根据需求增加或减少节点的数量,进行动态调整和扩展,完全突破了单机的限制。另外,通过数据共享和协作,分布式系统还让跨地区的业务和大规模数据处理成为可能。

综上分析,可以明确分布式系统要实现的主要目标。

(1)高性能。分布式系统通过将任务分配到多个节点并行处理,可以显著提高系统的整体性能。多个节点能够同时处理请求,加快响应时间,提高系统的处理能力和吞吐量。

(2)可用性和容错性。通过将系统的功能和数据分布在多个节点上,分布式系统可以提供更高的可用性和容错性。即使某个节点或部分节点发生故障,系统仍然可以继续运行,并通过将任务转移到其他可用节点上来保持服务的连续性。

(3)可扩展性。分布式系统可以方便地扩展系统的容量和处理能力。通过增加更多的节点,系统可以适应不断增长的工作负载和用户需求,提供更高的可扩展性和弹性。

(4)数据共享和协同工作。分布式系统可以让多个节点共享数据和资源,以实现协同工作和协同计算。节点之间可以交换数据、共享状态信息,并进行协调和协作,以实现复杂的任务和应用需求。

(5)灵活性和适应性。分布式系统能够适应不同的网络环境和计算需求。它们可以在分布式环境中运行,支持跨地理位置的协同工作,并能够处理异构的硬件和软件环境。

(6)安全性和可靠性。分布式系统通常具备更强的安全性和可靠性。它们可以采用分布式安全机制和备份策略,保护数据的机密性和完整性。此外,分布式系统通过冗余和备份机制提供数据的持久性和可靠性。

分布式系统能够适应复杂的应用需求,多年来分布式系统相关技术一直是技术方面的热点,其实现目标使得分布式系统成为现代计算和服务领域中的重要技术和架构。接下来的部分,将通过单机到分布式系统的演化来进一步了解分布式系统。

1.2.2　分布式系统的演化

分布式系统是多个节点连通后组成的系统,从外部看起来就像是一台超级计算机,那它的工作方式和单个计算机有什么联系呢?本节就从计算机的组成要素说起,讲讲单机向分布式系统的演化。

1. 组成计算机的 5 要素

众所周知,"计算机之父"冯·诺依曼(John von Neumann)对世界上第一台电子计算机 ENIAC 的设计提出过建议,主导讨论起草了电子离散变量自动计算机(electronic discrete variable automatic computer,EDVAC)的设计报告,对后来的计算机的设计有决定性影响。在这份 101 页的报告中,提到了计算机的 5 个组成部分以及采用二进制编码等设计。首先看一下冯·诺依曼型计算机的这 5 个组成部分,如图 1-3 所示。

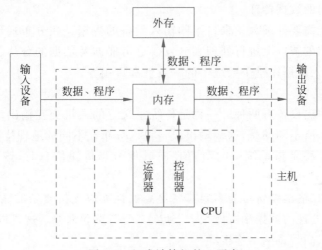

图 1-3　组成计算机的 5 要素

图 1-3 中,组成计算机的基本元素包括输入设备、输出设备、运算器、控制器和存储器。计算机的控制器和运算器是中央处理单元(CPU)的两个主要组成部分,它们共同协作完成计算机的指令执行和数据处理任务。

计算机的 5 大组成部分分别起着如下作用。

(1) 控制器:计算机的控制系统,类似于人的神经中枢,负责协调和控制计算机系统中的各部件。它从内存中读取指令,解码指令的操作类型,并发出相应的控制信号,以确保指令按正确顺序执行。控制器还负责处理中断、异常和其他特殊情况,并根据需要调整指令的执行流程。

(2) 运算器:计算机的运算系统,执行各种算术运算(如加法、减法、乘法、除法)、逻辑运算(如与、或、非、异或等),以及比较和移位操作。运算器从寄存器或内存中获取操作数,并根据指令进行计算,然后将结果存储回寄存器或内存。

(3) 存储器:计算机存储系统,是存储数据的设备。存储器又分为内存和外存。在计算机断电时,内存中存储的数据会丢失,而外存则仍然能够保持存储的数据。

(4) 输入设备:向计算机输入数据和信息的设备,是计算机与用户或其他设备通信的桥梁。常用的输入设备包括鼠标、键盘、摄像头、麦克风等。

(5) 输出设备:计算机硬件系统的终端设备,用于接收计算机处理后的数据,并将其输出或显示给用户或其他外围设备。常见的输出设备包括显示器、打印机、扬声器、投影仪等。

2. 从单机扩展到分布式

从使用者的角度来看,分布式系统就像一台超级计算机。那么,这台超级计算机是不是也应该有输入设备、输出设备、运算器、存储器和控制器这 5 个要素呢?下面尝试从这个视角探究从单机过渡到分布式系统时,构成计算机的这 5 个要素的变化。

3. 输入设备的变化

在分布式系统中,由于涉及多个节点和网络通信,输入设备的类型通常得到扩展。除了传统的人机交互设备如键盘、鼠标、扫描仪等,还可能涉及更多的传感器设备、无线设备、远程控制设备等。这些设备可以通过网络连接到分布式系统,提供更多的数据输入方式。输入设备还可以是其他节点,在接收其他节点传来的信息时,该节点可以看作输入设备。

在分布式系统中,输入设备与系统之间的数据传输涉及网络通信。因此,需要考虑数据传输的安全性、传输速度和协议选择。网络协议如 TCP/IP、HTTP、MQTT 等通常用于输入设备与分布式系统之间的数据传输。

分布式系统可能需要处理大量来自不同输入设备的数据。在分布式环境中,输入设备的数据可能需要在不同的节点上进行处理和分发。这可能涉及数据的分片、数据传输和数据同步等技术,以确保输入数据在整个系统中的一致性和可用性。

4. 输出设备的变化

分布式系统的输出设备有两种。一种是传统意义上的人机交互输出设备,例如终端用户的屏幕或打印机等。所不同的是,这些输出设备可以分布在不同的地理位置,数据可以在不同的节点上显示。另一种是指系统中的节点在向其他节点传递信息时,该节点可以看作输出设备。

在分布式系统中,输出设备可能需要具备更高的性能以支持复杂的数据可视化和分发需求,因为分布式系统处理的数据量可能很大,涉及多个节点和来源。这可以包括高分辨率显示器、大容量存储设备、高带宽网络连接等。

输出设备也可以用于日志记录和系统监控。不同节点的输出设备可以用于记录系统的运行日志、错误日志、性能指标等信息。通过集中收集和分析这些输出,可以实时监控系统的状态和性能,并进行故障排除和性能优化。

5. 控制器的变化

在分布式系统中,控制器指的并非像单机系统中的 CPU 控制器那样具体的电子元件,而是用于控制分布式系统中节点之间协调和行为的控制方式。

1) 使用硬件负载均衡的请求调用

分布式系统是由多个节点通过网络连接在一起,并通过消息的传递进行协调的系统。控制器主要的作用就是协调或控制节点之间的动作和行为,可以采用硬件实现,如图 1-4 所示。

在进行远程服务调用的场景中,涉及一个远程的通信过程。为实现请求的负载均衡和转发控制,可以采用图 1-4 中的方式,即在请求发起方和请求处理方之间添加一个硬件负载均衡设备。所有的请求都经过该负载均衡设备来实现请求的转发和控制。大量的用户请求发起时,负载均衡设备充当控制器的角色,将请求分发到不同的设备上进行处理,可以提升系统的吞吐量,突破原单机设备处理能力的瓶颈。

2) 使用 LVS 的请求调用

图 1-5 的结构和图 1-4 是一样的,差别仅在于中间的硬件负载均衡设备被更换为了 Linux 虚拟服务器(Linux virtual server,LVS)。LVS 是一款开源的负载均衡软件,运行在 Linux 操

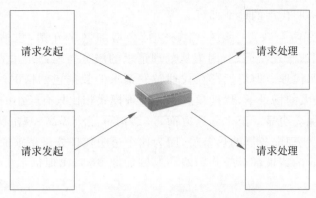

图 1-4 使用硬件负载均衡的请求调用

作系统上。它提供了一组工具和技术,使得多个服务器能够协同工作,共同提供高性能和高可用的网络服务。当然也可以是其他的软件负载均衡系统。这种方式主要的特点是代价低,而且可控性较强,管理员可以按照实际需要去调整负载均衡的策略。

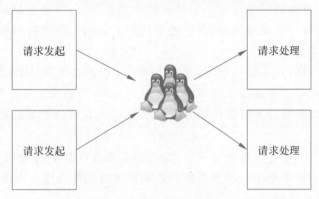

图 1-5 使用 LVS 的请求调用

LVS 提供了以下 3 种不同的负载均衡模式。

(1)网络地址转换(network address translation,NAT)模式。在 NAT 模式下,LVS 作为前端负载均衡器的公网 IP 地址,将进入的请求转发给后端服务器。LVS 会修改请求的源 IP 和目标 IP,以实现请求的负载均衡。后端服务器返回的响应经过 LVS,再通过网络返回给客户端。NAT 模式是 LVS 最常用的负载均衡模式之一。

(2)直接路由(direct routing,DR)模式。在 DR 模式下,LVS 通过地址解析协议(address resolution protocol,ARP)技术欺骗网络,使得客户端发送的请求直接到达后端服务器。LVS 将请求的目标 IP 修改为后端服务器的 IP,但保留请求的源 IP。后端服务器处理请求并将响应直接返回给客户端,绕过 LVS。DR 模式在转发性能方面表现出色,适用于高负载环境。

(3)隧道(tunneling,TUN)模式。在 TUN 模式下,LVS 将客户端请求封装在新的 IP 包中,并将其传送到后端服务器上。后端服务器收到封装的数据包后,解析并处理其中的请求,然后将响应返回给 LVS,再由 LVS 转发给客户端。TUN 模式通过在原始数据包的头部添加额外的封装信息使数据包在原始网络和目标网络之间形成一个“隧道”,从而在两个网络之间传递数据。

上述方式被称为透明代理。在集群中,对于请求发起方和请求处理方来说,这种方式是透明的。请求发起方认为是中间的代理提供了服务,而请求处理方认为是中间的代理请求了服务。请求发起方不需要关心提供服务的机器数量,也无须直接知道这些提供服务的机器的地址,只需要知道中间透明代理的地址即可。

然而,这种方式有两个缺点。第一个缺点是会增加网络开销,包括流量和延迟。使用 LVS 的 DR 模式可以改善这个问题,因为从处理请求的服务器返回结果直接传输到请求服务的机器,不再经过中间代理。但仍然存在代理转发请求的数据包的情况。在请求数据包较小而返回结果数据包较大的场景下,代理模式与非代理模式相比只有较小的流量增加,但若请求数据包很大,流量增加会明显。至于延迟方面,该结构可能会提高一些延迟,但影响较小。第二个缺点是需要考虑代理服务器的热备份,因为这个透明代理处于请求的必经路径上,如果代理出现问题,那么所有的请求都会受到影响。尽管如此,透明代理仍不失为一种非常方便、直观的控制方式。

3)采用名称服务的直连方式的请求调用

采用名称服务的直连方式的请求调用如图 1-6 所示,它与透明代理方式最大的区别是,请求发起方和请求处理方这两个集群直接连接,中间没有代理服务器这样的设备存在。外部有一个"名称服务"的角色,它的作用主要有两个:一是收集提供请求处理的服务器的地址信息;二是提供这些地址信息给请求发起方。在发起请求的机器上,需要根据从名称服务得到的地址进行负载均衡的工作。也就是说,原来在透明代理上做的工作被拆分到了名称服务和发起请求的机器上。

这种方式的优势有两点。第一,名称服务不处于请求的必经路径上,如果这个名称服务出现问题,仍有多种方式可以保证请求处理的正常进行。第二,请求发起方和请求处理方采用直连的方式,减少了中间的路径和可能的额外带宽消耗。该方式的不足之处在于代码的升级较为复杂。

总体而言,这种方式通过名称服务的引入,将请求派发的控制拆分成更灵活的模块,使得整个架构更加可控,但也带来了一些复杂性。透明代理方式和直连方式各有优劣,实际选择要根据具体需求和场景进行权衡。

4)采用规则服务器控制路由的请求直连调用

接下来看采用规则服务器控制路由的请求直连调用,如图 1-7 所示。

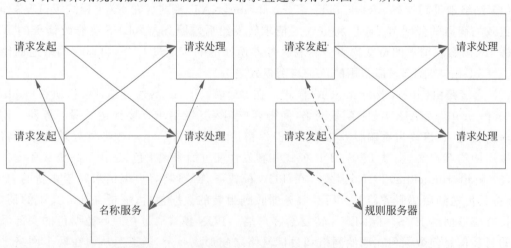

图 1-6 采用名称服务的直连方式的请求调用　　图 1-7 采用规则服务器控制路由的请求直连调用

这种方式与之前的名称服务方式相似,但采用的是规则服务器的方式。在这种控制下,请求发起方和请求处理方之间依然直接连接,那么请求发起方如何选择请求处理方呢?这取决于规则服务器提供的规则。在请求发起方的机器上,会有代码逻辑来处理规则并选择请求处理的服务器。与名称服务方式的不同在于,名称服务通过与请求处理的机器进行交互来获取这些机器的地址,而在规则服务器方式中,规则服务器本身并不与请求处理的机器进行交互,只负责将规则提供给请求发起方的机器。从优缺点方面来讲,规则服务器的方式和名称服务的方式比较类似,这里不再赘述。

5) Master-Worker 模式

最后一种方式是 Master-Worker 模式,如图 1-8 所示,其使用的场景和前面区别较大。这种架构由一个称为 Master 的节点(或主节点)和多个称为 Worker 的节点(或工作节点)构成,没有像前面介绍的那种请求发起和请求处理。这种方式更多的是任务的分配和管理,由 Master 节点负责协调和管理整个系统的运行。它接收任务请求,并根据任务的性质、优先级等因素将任务分发给可用的 Worker 节点。Master 节点还负责收集和整合来自 Worker 节点的结果,并将最终的结果返回给用户或其他系统。

Master-Worker 模式具有以下特点和优势。

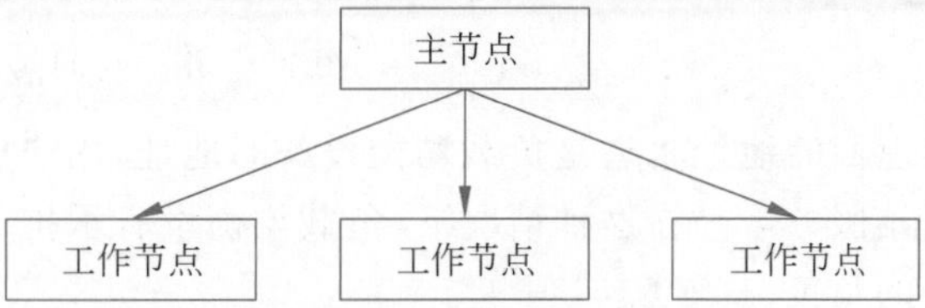

(1)分布式并行处理:Master-Worker 模式允许将任务分发给多个 Worker 节点,从而实现任务的并行处理。

(2)动态负载均衡:Master 节点负责任务的分发和调度,可以根据系统的负载情况、Worker 节点的可用性和性能等因素进行负载均衡。

图 1-8 Master-Worker 模式

(3)容错性和可伸缩性:当一个 Worker 节点失效时,Master 节点可以将任务分发给其他可用的节点,从而实现容错处理。此外,通过增加 Worker 节点,可以很容易地扩展系统的处理能力。

Master-Worker 模式可以应用于各种分布式系统场景,如大规模数据处理、并行计算、任务队列等。它提供了一种灵活和可扩展的方式来处理大量的任务,并实现任务的并行处理和分布式计算。

在上述的案例中,分别使用硬件负载均衡、软件负载均衡、名称服务、规则服务器、Master 节点实现控制器的作用。控制器分发请求或者任务,调度设备进行处理。

6. 运算器的变化

在分布式系统中,运算器的变化是显著的。单机系统中的运算器是指具体的电子元件,而在分布式系统中,运算器由多个节点组成,这些节点可以是独立的计算机或服务器。分布式系统中的每个节点都拥有自己的计算能力,整个系统的计算能力是由这些节点的协同工作来实现的。

举一个例子,一开始只有单台服务器支撑某网站的访问,但是随着压力增大,需要变为多台服务器,例如从一台变为两台,两台服务器一起完成工作,用户应该去访问哪台服务器呢?

有两种方案可以解决。第一种如图 1-9 所示,通过 DNS(域名系统)服务器进行调度和控制,在用户解析 DNS 时,会得到一个服务器的地址。这种方式与本节前面提到的名称服务或规则服务器的方式相似,不同之处在于没有中间代理设备,用户可以直接知道提供服务的服务器地址。将这个分布式系统与单机系统进行比较,DNS 服务器相当于控制器,而网站服务器则实现了运算器和存储器的功能。

另一种方案如图 1-10 所示。与之前的方案不同,这种方案在用户和网站服务器之间增加了负载均衡设备(可以是纯硬件设备,也可以是像 LVS 这样的软件负载均衡器)。DNS 服务

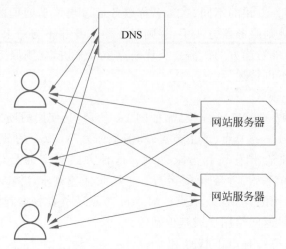

图 1-9　用户访问两台服务器的网站

器返回的地址永远是负载均衡设备的地址,用户的访问都经过负载均衡设备后再到达后面的网站服务器。在这种情况下,负载均衡设备承担了控制器的功能,而网站服务器则实现了运算器的角色。

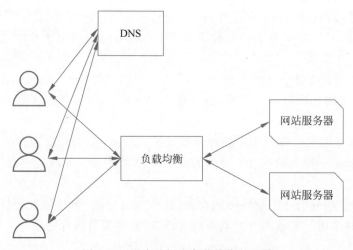

图 1-10　用户访问有负载均衡的网站

总结起来,构成运算器的多个节点在控制器的配合下对外提供服务,构成了分布式系统。再看另外一个场景,也是一个很经典的场景-日志的处理,如图 1-11 所示。

在这个场景中,使用一台日志处理服务器从多台应用服务器上收集日志并进行处理。

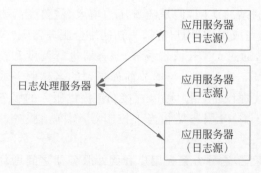

然而,随着应用服务器数量的增加,单台日志处理服务器可能会面临处理压力。为了提升处理日志的能力,可以考虑增加日志处理服务器的数量。图 1-12 展示了一种方案,将之前提到的 Master-Worker 模式的控制器应用到了这个日志处理的场景中。

日志处理器服务器相当于运算器,完成对应用服务器日志的采集与处理工作。Master 节点(主节点)作为控制器,负责指挥和调度日志处理

图 1-11　单日志处理服务器的日志处理

服务器。通过主从架构,可以极大地提升运算器的资源利用率,通过 Master 节点的协调,将日志处理任务的压力分摊到不同的日志处理服务器(Slave 节点)。

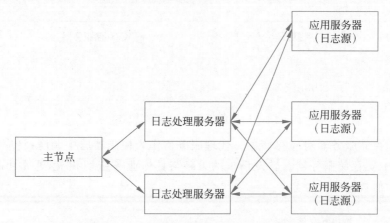

图 1-12 Master 节点控制的多日志处理服务器的日志处理

除了使用 Master 节点控制日志处理服务器集群方式外,也可以采用规则服务器的方式来协调日志处理服务器的动作,如图 1-13 所示。

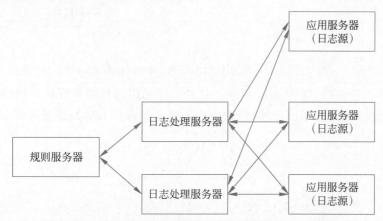

图 1-13 规则服务器管理的多日志处理服务器的日志处理

使用规则服务器来分配任务可能存在的最大问题是任务分配不均衡。用 Master 节点的方式会对任务的分配做得更好些,不容易导致处理不均衡的问题。规则服务器和 Master 节点都可以扮演控制器的角色,但是 Master 节点的调度更为灵活高效,例如可以将任务分配给最近最少访问的运算器。

7. 存储器的变化

接下来看一下存储器的变化。在单机系统中,通常将存储器分为内存和外存。内存中的数据在机器断电、重启或操作系统崩溃的情况下会丢失,而外存则用于长期保存数据。当然,外存也并非完全可靠。在分布式系统中,需要让多个节点承担存储功能,并组织它们在视觉上形成一个"统一"的存储器。就像前面介绍的运算器部分一样,存储器也需要通过控制器的配合来完成工作。下面以最基础的 key-value(KV,键值)场景为例进行介绍,具体见图 1-14。

图 1-14 描述了多个应用服务器使用单个 KV 存储服务器的场景。随着数据量的增加,需要将一台 KV 存储服务器扩展为两台以提供更好的服务。那么,如何实现这个扩展呢?

首先,来看第一种方案(如图 1-15 所示),在应用服务器和 KV 存储服务器之间引入了一个代理服务器。在这种方案中,应用服务器可以类比于单机系统中的运算器,代理服务器对应

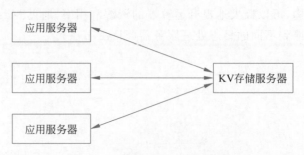

图 1-14　单机的 key-value 服务

控制器,而 KV 存储服务器对应存储器。代理服务器作为控制器居中调度,将应用服务器的请求转发到两台 KV 存储服务器。转发请求的策略与具体业务密切相关,通常可以根据请求的键进行划分(类似数据库分片)。

图 1-15　使用代理的多机 key-value 服务

接下来看第二种方案,如图 1-16 所示。这种方案采用名称服务管理在线的 KV 存储服务器,并将所有地址传递给应用服务器,然后由应用服务器选择 KV 存储服务器并直接连接。

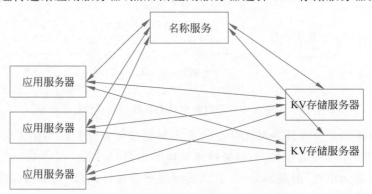

图 1-16　使用名称服务的 key-value 服务

接下来看到另外两种结构:一种是采用规则服务器(见图 1-17);另一种是换成 Master(见图 1-18)。这两种结构与图 1-16 所示的结构有些相似,但在具体的细节实现上有很大的差异。

可以看到,图 1-17 省去了名称服务。在这个场景中,规则服务器的规则不仅说明了如何对数据进行分片,还包含了具体目标 KV 存储服务器的地址。规则服务器将规则传给具体应用服务器,再由应用服务器解析并完成规则下的路由选择。可是,如果没有名称服务,当 KV 存储服务器出现故障或新增服务器时,应用服务器如何感知到呢? 为了实现持久数据服务的高可用性,可以使用分布式协调服务 ZooKeeper 来管理 KV 存储服务器集群,实时感知节点的状态并对节点进行统一管理。有关 ZooKeeper 的内容会在后续章节讲解。

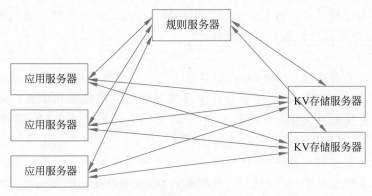

图 1-17 使用规则服务器的 key-value 服务

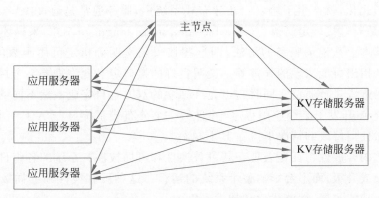

图 1-18 通过 Master 节点(主节点)控制的 key-value 服务

图 1-18 则把对应位置换成了 Master 节点(主节点),应用服务器是根据 Master 节点返回的具体地址直接访问 KV 存储服务器。与名称服务的方式相比,Master 节点返回的是具体的 KV 存储服务器地址,而不是所有地址,也就是说,KV 存储服务器的选择工作在 Master 节点上完成,应用服务器上不需要有更多的逻辑。与规则服务器的方式相比,Master 节点并不将规则传给具体应用服务器,而是自己完成规则下的路由选择并将结果发给应用服务器。

分析了冯·诺依曼模型中计算机的 5 个组成部分从单机到分布式的变化,可以看到,任一部分的分布式演化都会形成新的架构,带来新的问题,最终成就了不同类型的分布式系统。但无论哪种分布式系统,都具有相同的核心的特征,这也是 1.2.3 节要关注的内容。

1.2.3 分布式系统的核心特征

与传统的单机系统相比,分布式系统具有独特的特点和优势。它们由多个节点组成,这些节点可以分布在不同的地理位置或网络中,通过协作和通信实现任务的分发和处理。分布式系统的特点使其能够应对大规模、高并发和复杂的计算和数据处理需求,并提供高性能、可扩展性、容错性和安全性。下面将探讨分布式系统的几个核心特征,包括分布性、开放性、透明性、异构性。通过深入了解这些特征,可以更好地理解分布式系统的设计原理和工作机制,以应对现代计算和服务领域中的挑战。

1. 分布性

通过前面两节对分布式系统的讲解,显而易见,其区别于单机系统的最核心的特征就是分布性(distribution)。分布式系统由多个节点组成,这些节点可以分布在不同的物理位置或网络中。节点之间通过网络通信进行协作和数据交换。分布性使得系统能够处理大规模的工作负载和数据,并提供更高的性能和可扩展性。

2. 开放性

分布式系统具有开放性(openness),倡导使用公开的标准和协议,因为系统由来自不同厂商的异构的硬件和软件组成,还要能够与其他系统无缝地进行交互和集成。采用开放标准和协议有助于确保系统的互操作性和可扩展性,并降低与其他系统集成时的障碍。常见的开放标准和协议包括 HTTP、TCP/IP、REST、SOAP 等。

分布式系统还要提供开放的接口,使得其他系统和组件可以方便地与之交互和集成。一个开放的分布式系统会基于公开的标准、准则和协议,并通过统一的方式定义所提供服务的语法和语义。例如,在计算机网络中,其准则规定了发送和接收的消息的格式、内容及含义。对这些准则进行形式化,就产生了协议。在分布式系统中,服务通常是通过接口(interface)指定的,而接口一般是通过接口定义语言(interface definition language,IDL)来描述的。用 IDL 编写的接口定义基本上只记录服务的语法,即这些接口定义明确指定可用函数的名称、参数类型、返回值,以及指出可能出现的异常等。说明良好的接口定义允许需要某个接口的任意进程与提供该接口的进程进行通信。同时它也允许独立的双方各自完成截然不同的接口实现。如果为分布式系统 A 开发了某个应用程序,并且另一个分布式系统 B 与 A 具有相同的接口,该应用程序在不做任何修改的情况下可在 B 上执行。

分布式系统的开放性特征还表现在其可替换性和可插拔性。系统的各组件和模块可以根据需要进行替换或升级,而不会影响整个系统的运行。这种可替换性和可插拔性使得分布式系统更容易进行功能扩展、性能优化和技术升级。

总之,通过开放性特征,分布式系统能够与其他系统和组件无缝集成,实现资源共享和功能协同。这使得分布式系统具备更高的灵活性、可扩展性和可定制性,能够适应不断变化的需求和技术发展。同时,开放性特征也促进了系统的互操作性和合作性,推动了开放标准和协议的发展与应用。

3. 透明性

如果一个分布式系统能够在用户和应用程序面前呈现为单个计算机系统,这样的分布式系统就称为透明的(transparent)。透明性(transparency)指分布式系统隐藏其分布性和复杂性,使用户和应用程序能够感知和操作系统的行为,而无须了解系统的内部细节。透明性包括访问透明性、位置透明性、移动透明性和故障透明性等方面。

1)访问透明性

访问透明性(access transparency)是指分布式系统中的用户和应用程序能够以统一和一致的方式访问分布式资源,无论这些资源位于何处或如何分布。用户无须了解资源的具体位置或实现细节,仍能够访问和使用资源。

2)位置透明性

位置透明性(location transparency)是指用户和应用程序无须关心分布式系统中资源的具体物理位置。无论资源位于本地节点还是远程节点,用户和应用程序可以使用相同的方式来访问和操作资源。位置透明性隐藏了资源的分布性,使得用户感知不到资源的物理位置。

3)移动透明性

移动透明性(mobility transparency)是指分布式系统中的资源或进程可以在不同的节点之间移动,而不会对用户和应用程序的访问造成中断或影响。用户和应用程序无须感知资源的迁移和位置变化,仍能够通过相同的方式进行访问和操作。

4）故障透明性

故障透明性（failure transparency）是指分布式系统中的节点或组件发生故障时，对用户和应用程序的影响被最小化或隐藏。系统能够自动检测故障并采取相应的措施，例如切换到备用节点或恢复数据，从而保持服务的连续性和可用性。

这些透明性特征使得分布式系统对用户和应用程序来说更易于使用和开发，减少了对系统内部细节的依赖和感知。它们提供了一致而无缝的访问和操作体验，使得分布式系统更加可靠、可扩展和灵活。这些透明性特征也为系统设计者提供了指导，以实现分布式系统的透明性目标。

4. 异构性

分布式系统中的节点具有异构性（heterogeneity），即可以具有不同的硬件配置、操作系统或编程语言等。主要表现在以下方面。

1）硬件异构性

不同节点可能使用不同种类、不同性能的硬件设备。例如，有些节点可能使用高性能的服务器，而另一些节点可能是低功耗的嵌入式设备。这导致节点在计算能力、存储容量、网络带宽等方面存在差异。

2）软件异构性

不同节点可能运行不同的操作系统、编程语言和应用软件。某些节点可能使用 Windows 操作系统，而其他节点可能运行 Linux 或嵌入式实时操作系统。这使得节点之间的软件交互和数据通信需要克服不同的编程接口和数据格式。

3）网络异构性

分布式系统中，节点之间通过网络进行通信。不同节点可能位于不同的物理位置或网络环境，如局域网、广域网或云服务。网络异构性可能导致延迟、带宽和连接稳定性等问题。

4）数据异构性

分布式系统可能涉及多种类型的数据，如结构化数据、非结构化数据、时间序列数据等。这些数据可能由不同的应用和节点产生，需要在系统中进行有效的管理和整合。

5）安全异构性

不同节点可能具有不同的安全性和权限要求。某些节点可能需要更严格的身份认证和数据加密，而其他节点可能较为开放。

6）时钟异构性

不同节点的时钟可能存在不同的精度和偏差。这在某些应用中可能导致时间同步和事件顺序的问题。

处理分布式系统的异构性需要采取一系列策略和技术。例如，可以通过在分布式计算系统中引入抽象化和虚拟化的层次，将底层硬件和软件的异构性隐藏起来，使得上层应用程序可以使用统一的接口与系统交互，这包括使用中间件技术、虚拟机、容器化技术或分布式计算框架，如 Hadoop 和 Spark。通过采用标准化的通信协议和数据格式，实施数据转换和格式化，实现负载均衡和资源管理，可以隐蔽数据的异构性和各种异构性导致的性能差异。同时，有效的监控、管理和安全措施也是处理异构性的重要手段。

以上 4 条特征共同构成了分布式系统的核心特征，决定了它们与传统的集中式系统有所区别。分布性使得分布式系统可以在多个节点上并行处理任务，异构性需要解决节点之间的差异，开放性使其可以与其他系统互操作，而透明性用户可以更加便捷地使用系统而无须关心底层的复杂性。这些特征是分布式系统的基石，影响着系统的设计、开发和运维。

1.2.4 分布式系统的技术难点

在前面的内容中,阐述了分布式系统的目标和核心特征。实现这些目标,需要解决几个棘手的技术难点。

1. 缺乏全局时钟

在单机系统中,程序以该单机的时钟为准,控制时序相对容易。然而,在分布式系统中,每个节点都有自己的时钟,当通过相互发送消息进行协调时,如果仍然依赖时序,就会相对难以处理。试图保持每个节点的时钟完全一致可能是最直觉的方法,因为这样可以简化一些分布式系统中的工程实现。然而同步所有节点的时钟是无法做到的,因为时间同步本身就存在着时间差,而且网络延迟也会导致同步后的时间不精确。

处理这个问题的一种常见的方式是使用一个时间服务器来同步时间,但这仍不足以解决网络可变延迟的问题,同步后的时间也未必精准。另一种解决方法,像 Google 构建的 TrueTime API,使应用能够生成单调递增的时间戳,但这通常需要较为昂贵的原子钟设备和精心设计的系统。更普遍的方式是 Leslie Lamport 提出的使用逻辑时钟来确定时间顺序,并引出了分布式系统中的状态机。

2. 部分失效问题

对于单机系统来说,如果不使用多进程方式,基本上不会遇到独立的故障。在单机系统中的单进程程序,如果出现机器问题、操作系统问题或者程序自身的问题,通常的结果是整个程序无法运行,不会出现一些模块工作正常而另一些模块不可用的情况。

对于分布式系统来说,虽然整个系统完全出问题的概率也存在,但是更常见的情况是有一部分节点正常工作,而另一部分节点停止运行,或者另一部分其实正常运行,但由于网络中断导致无法协同工作。系统的某些部分可能会以某种不可预知的方式宕机,这被称为部分失效(partial failure)。

难点在于部分失效是不确定的:当使用分布式系统某应用程序处理工作任务时,它有时可能会工作,有时可能会出现不可预知的失败。使用者甚至不知道应用程序是否成功执行了,因为消息通过网络传播的时间也是不确定的。

这种不确定性和部分失效的可能性,使得分布式系统难以捉摸和调试。特别是当执行的操作需要原子性时,要么在所有节点都成功,要么在所有节点都失败。在这种情况下,部分失效就会带来很大的复杂性和挑战,甚至严重影响系统的性能。

3. 网络延迟问题

分布式系统中的多个节点通过网络进行通信,但网络并不能保证数据什么时候到达,以及是否一定到达,有时网络甚至是不安全的。这就导致很多反直觉行为的产生,而这些行为在单机系统中并不会出现。

例如,分布式系统中的消息传递可能出现以下问题。

- 消息丢失了。
- 可能认为请求丢失了,但实际上消息只是延迟到达。
- 网络可能会重传消息,导致收到重复的消息。
- 消息延迟可能会让用户认为某个服务已经因故障下线,但实际上并没有。
- 消息可能以不同的顺序到达,或者不同的节点上消息到达的顺序不同。

这些因素都会影响分布式系统的设计。像 TCP 这样封装得很好的协议让开发者很容易相信网络是可靠的,但这只是一种错觉,设计者和使用者都应该明白,网络是建立在硬件之上的,这些硬件也会在某些时候出现故障。

1.3　分布式系统分类

在这个世界日益互联的时代,分布式系统已经被广泛应用,成为处理大规模数据处理和协同工作的可靠解决方案。本节介绍一些常见的分布式系统类型,包括分布式文件系统、分布式计算系统、分布式协调服务、分布式数据库和分布式消息队列。通过了解这些系统的概念和用途,可以更好地理解它们在解决不同类型问题时的重要性。

1.3.1　分布式文件系统

分布式文件系统(distributed file system,DFS)是指文件系统管理的物理存储资源不一定直接连接在本地节点上,而是通过计算机网络与节点(可简单地理解为一台计算机)相连;或是若干不同的逻辑磁盘分区或卷标组合在一起而形成的完整的有层次的文件系统。如图1-19所示,DFS为分布在网络上任意位置的资源提供一个逻辑上的树形文件系统结构,从而使用户访问分布在网络上的共享文件更加简便。

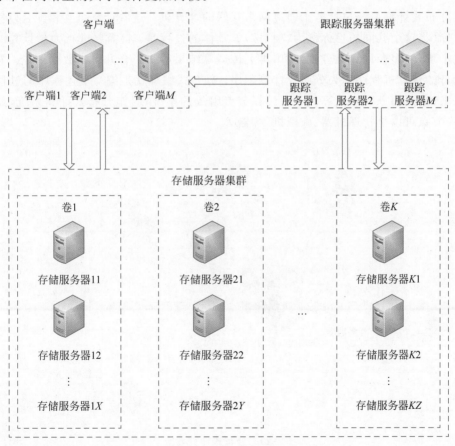

图1-19　分布式文件系统

计算机通过文件系统管理、存储数据,而信息爆炸时代人们可以获取的数据呈指数倍的增长,单纯通过增加硬盘个数来扩展计算机文件系统的存储容量的方式,在容量大小、容量增长速度、数据备份、数据安全等方面的表现都不尽如人意。分布式文件系统可以有效解决数据的存储和管理难题:将固定于某个地点的某个文件系统,扩展到任意多个地点/多个文件系统,众多的节点组成一个文件系统网络。每个节点可以分布在不同的地点,通过网络进行节点间的通信和数据传输。人们在使用分布式文件系统时,无须关心数据是存储在哪个节点上或者是从哪个节点获取的,只需要像使用本地文件系统一样管理和存储文件系统中的数据。分布式文件系统是建立在客户机/服务器技术基础之上的,一个或多个文件服务器与客户机文件系统协同操作,这样客户机就能够访问由服务器管理的文件。分布式文件系统的发展大体上经历了三个阶段:第一阶段是网络文件系统;第二阶段是共享存储区域网络(storage area network,SAN)文件系统;第三阶段是面向对象的并行文件系统。

分布式文件系统把大量数据分散到不同的节点上存储,大大减小了数据丢失的风险。分布式文件系统具有冗余性,部分节点的故障并不影响整体的正常运行,而且即使出现故障的计算机存储的数据已经损坏,也可以由其他节点将损坏的数据恢复出来。因此,安全性是分布式文件系统最主要的特征。分布式文件系统通过网络将大量零散的计算机连接在一起,形成一个巨大的计算机集群,使各主机均可以充分发挥其价值。此外,集群之外的计算机只需要经过简单的配置就可以加入分布式文件系统中,具有极强的可扩展能力。

1.3.2　分布式计算系统

一个分布式计算系统包括若干通过网络互联的计算机。这些计算机互相配合以完成一个共同的目标(将这个共同的目标称为"项目")。具体的过程是:将需要进行大量计算的项目数据分割成小块,由多台计算机分别计算,再上传运算结果后统一合并得出数据结论。在分布式系统上运行的计算机程序称为分布式计算程序;分布式编程就是编写上述程序的过程。

简单来说,采用分布式计算的一组计算节点组成的系统,叫作分布式计算系统,如图 1-20 所示,这些节点可以是物理机、虚拟机、容器等。

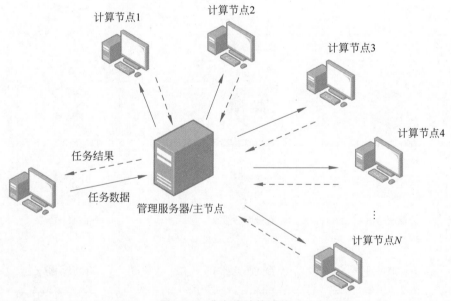

图 1-20　分布式计算系统

采用分布式计算可以把一个大计算任务拆分成多个小计算任务分布到若干节点上去计算,然后进行结果汇总,其目的在于分析计算海量的数据。例如,淘宝"双十一"活动提前通过对订单的分析统计出各地区的消费习惯、用户的消费爱好,在"双十一"实现由精准的用户画像分析做精准营销等。通常,这些大数据的分析过程都是离线进行的,对实时性没有特别的要求。举个例子,商家要求从数据库中 100GB 的用户购买数据,分析出各地域的消费习惯与金额等。如果没时间要求,只需要写一个对应的业务处理程序,部署到服务器上,让它慢慢跑就是了。随着业务的迭代,需要更快得出计算结果,而计算的成本需要相对低廉,易扩展、易维护,所以分布式计算就是一种较好的解决方案。

通常,提及分布式计算,最引人关注的都是其计算模型,但是一定要知道,计算一旦拆分,问题会变得非常复杂,如一致性、数据完整、通信、容灾、任务调度等问题都需要考虑。所以,真正构建一个分布式计算系统,需要解决多方面的问题。

分布式计算系统广泛应用于大规模数据处理、科学计算、云计算、人工智能等领域。一些知名的分布式计算系统包括 Hadoop、Apache Spark、Apache Flink、TensorFlow 等。这些系统为大规模数据处理和复杂计算任务提供了高效、可靠、可扩展的解决方案。

1.3.3 分布式协调服务

在分布式系统中,由于节点的独立性和并行处理,很容易出现数据不一致、资源竞争、死锁和并发问题。为了解决这些问题,需要设计和开发一些协调服务来处理复杂性和确保正确性。可见,分布式协调服务是一种用于在分布式系统中协调多个节点之间共享信息、管理资源、维持一致性和解决并发冲突的服务,在一个分布式系统中扮演着重要的角色。常见的分布式协调服务如 Apache ZooKeeper。

ZooKeeper 是一个开源的分布式协调服务,提供分布式锁、一致性算法、监控节点等功能。它最初是由雅虎(Yahoo!)开发,于 2008 年成为 Apache 软件基金会的一个顶级项目,并以 Apache ZooKeeper 的名义发布和维护。ZooKeeper 提供了一套简单的服务原语,使得分布式应用能够实现同步、配置管理、群组和命名服务等功能。它运行在 Java 虚拟机上,并提供了 Java 语言和 C 语言的接口,可以方便地与应用集成。ZooKeeper 的设计目标是易于编程,为此它采用了类似文件系统目录树的数据模型。

通过使用 ZooKeeper,分布式应用可以利用其提供的原语来实现各种协调任务。以下是一些常见的使用场景。

1. 同步

ZooKeeper 提供了分布式锁的支持,应用程序可以利用这些锁来实现分布式系统中的同步操作。通过在 ZooKeeper 上创建临时顺序节点,应用程序可以竞争锁资源,从而实现同步控制,如图 1-21 所示。

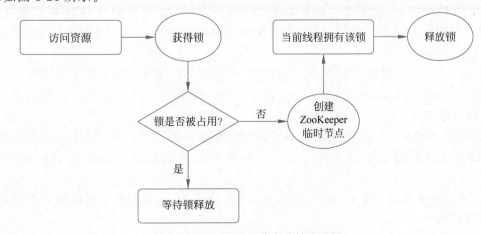

图 1-21 ZooKeeper 分布式锁流程图

2. 配置管理

应用程序可以将配置信息存储在 ZooKeeper 的目录树中,并监听该目录树的变化。当配置发生变化时,ZooKeeper 会通知相关的应用实例,从而实现动态配置管理。

3. 群组服务

ZooKeeper 提供了群组成员管理的功能,应用程序可以通过 ZooKeeper 创建群组,并在群组中进行成员的注册和发现。这对于实现分布式系统中的协同工作和协同计算非常有用。

4. 命名服务

ZooKeeper 可以用作分布式系统中的命名服务,应用程序可以将节点和路径映射到 ZooKeeper 的目录树上。这样,应用程序可以通过路径来访问和定位分布式系统中的各个组件。

总之,ZooKeeper 是一个强大而灵活的分布式协调服务,它简化了分布式系统的设计和开发过程,提供了可靠的协调功能。通过使用 ZooKeeper,开发人员可以更专注于业务逻辑的实现,而无须过多关注分布式系统中的协调问题。

1.3.4 分布式数据库

分布式数据库(distributed database,DDB)即物理上分散而逻辑上集中的数据库系统。它的基本特征包括以下几点:首先,它定义了一个集群,将数据分布在其中;然后,集群中的每个节点扮演不同的角色,可以是对等节点,也可以是具有领导地位的节点和跟随者节点;接着,这些节点能够相互实现故障转移;最后,它们能够尽可能均匀地复制和分片数据。分片、复制等相关概念会在第 2 章讲解。

主流的分布式数据库产品可以分为以下几大类(见图 1-22)。

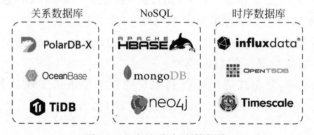

图 1-22 主流分布式数据库

1. 关系数据库方向

用于替代传统的交易关系数据库产品(如 Oracle、DB2 等),以满足海量吞吐、海量并发、海量交易和海量存储等在线交易业务场景的需求。一些典型的产品包括蚂蚁金服的 OceanBase、阿里云的 PolarDB-X、Google 开发的 Spanner 和 PingCAP 开发的开源 TiDB 等。

2. NoSQL 方向

NoSQL 方向包括键值数据库、文档数据库、列存储数据库和图数据库 4 大类型。一些典型的产品有 Amazon DynamoDB、MongoDB、Apache HBase 以及 Neo4j 等。

3. 时序数据库方向

时序数据库产品用于满足物联网数据的收集、存储和统计等需求。时序数据库产品目前对内存数据库产品造成了最大的冲击。一些典型的产品包括 influxdata、OpenTSDB 和 Timescale 等。

以云原生分布式数据库 PolarDB-X 为例,可以了解分布式数据库是如何解决单机关系数据库扩展问题的。

PolarDB-X 的架构如图 1-23 所示,它包括计算层(compute layer)、存储层(data layer)、元

数据层(metadata layer)和日志层(log layer)。每一层都由大量节点组成,形成一个独立的集群。分布式数据库的优势在于将数据分散到不同的服务器节点上,这种横向扩展的能力可以解决性能和存储的瓶颈问题。

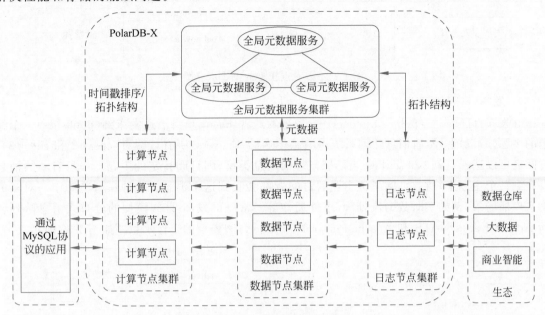

图 1-23　PolarDB-X 的架构

从理论上来看,分布式数据库的性能可以通过扩展计算层和存储层来实现线性提升。

从可用性的角度来看,如果存储层发生故障,只会影响其中 $1/N$ 的数据,N 取决于数据被分散到多少台服务器上。因此,相比于单机数据库,分布式数据库的可用性有很大提升。实现 99.999% 的可用性可能对于单机数据库来说很困难,但对于分布式数据库来说相对容易。

1.3.5　分布式消息队列

消息队列(message queue)是一种进程间通信或同一进程的不同线程间的通信方式。根据这个定义可知,消息队列主要有两类:一类是内存中的消息队列;另一类是分布式消息队列。

消息队列中间件是分布式系统中重要的组件,主要解决应用程序耦合、异步消息、流量削峰等问题,实现高性能、高可用、可伸缩和最终一致性架构,是大型分布式系统不可缺少的中间件。在分布式系统中,各组件或服务之间的通信需要保持松耦合,以便系统能够更加灵活、可伸缩和容错。分布式消息队列允许应用程序将消息发送到一个中间队列,然后由其他应用程序异步地从队列中获取和处理这些消息。

主流的分布式消息队列按照消息模型可以分为以下两类。

1. 点对点模型

在点对点模型(point-to-point model)中,消息发送者(client 1)将消息(msg)发送到(sends)消息队列(queue)中,然后一个消费者(client 2)从队列中消费(consumes)并确认(acknowledges)消息。一旦消息被消费者接收,它将从队列中移除,其他消费者无法再接收该消息。这种模型适用于一对一的消息传递场景,如任务分发、远程过程调用(remote procedure call,RPC)等。常见的点对点模型的分布式消息队列包括 RabbitMQ、Apache ActiveMQ 和 Amazon SQS 等。点对点模型的工作示意图如图 1-24 所示。

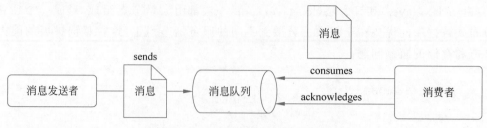

图 1-24　点对点模型的工作示意图

2. 发布-订阅模型

在发布-订阅模型(pub/sub model)中,消息发送者(client 1)将消息发布到(publishes)一个特定的主题(topic)上,然后消息队列系统将消息传送给(delivers)所有订阅者(client 2 和 client 3)。订阅者可以选择订阅(subscribes)自己感兴趣的消息类型,即订阅特定的主题。一旦有新的消息发布到某个主题上,所有订阅了该主题的订阅者都会收到这条消息。这种模型适用于一对多的消息广播场景,例如实时数据流处理、事件通知等。常见的发布-订阅模型的分布式消息队列包括 Apache Kafka、NATS 和 Apache Pulsar 等。发布-订阅模型的工作示意图如图 1-25 所示。

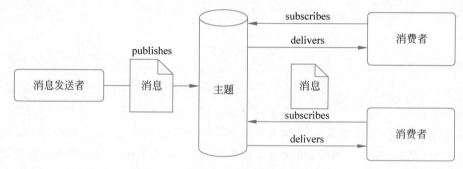

图 1-25　发布-订阅模型的工作示意图

在后续章节,将以当前主流的分布式消息系统 Kafka 为例,深入讲解发布-订阅模型的具体工作和实现过程。Kafka 是由 Apache 软件基金会开发的一个开源高吞吐量的分布式发布-订阅消息系统,由 Scala 写成,具有高性能、持久化、多副本备份、横向扩展的特点。Kafka 最初是由 LinkedIn 公司开发的,用作 LinkedIn 的活动流(activity stream)和运营数据处理管道(pipeline)的基础,现在它已被多家不同类型的公司作为多种类型的数据管道和消息系统使用。

1.4　分布式系统的应用案例

分布式系统有数不清的案例,如电子银行系统、多人在线电子游戏、视频会议、社交网络和点对点网络等。

对于不同的任务,可以灵活使用 1.3 节中提到的各种分布式系统作为组件搭建分布式系统架构,这就导致分布式系统可能存在上百种架构。这里主要列举几个具有代表性的应用案例:一个是阿里云盘古存储系统 2.0,其已经成为阿里云智能一体化基础设施的稳定基石和性能引擎;另一个是智能家居系统,它将智能设备和家居设备通过互联网连接起来,让人们的日常生活进入智能时代。

1.4.1　阿里云盘古存储系统 2.0

2864 亿元,这是 2019 年全球天猫购物狂欢节创下的商业奇迹。在奇迹的背后,是来自阿里云自研的分布式存储系统——盘古存储系统 2.0 稳如磐石的可靠性支持。2009 年,盘古存储系统 1.0 正式发布,经过 10 多年的发展,今天的盘古存储系统 2.0 已经成为阿里云智能一体化基础设施的稳定基石和性能引擎,如图 1-26 所示。

图 1-26 阿里云智能一体化基础设施

盘古存储系统 2.0 是阿里云自研的分布式存储系统,采用分布式系统先进的容错架构和柔性平台设计,具备弹性伸缩、自动负载均衡等能力,大幅提高了存储系统的可靠性和安全性。在云存储技术演进的过程中,盘古存储系统 2.0 引领行业从毫秒级存储向微秒存储的时代演进,推动了存储软件与闪存硬件的协同设计。与业界厂商共同提出 NVMe ZNS 国际技术标准(NVMe 2.0)共同成为目前云计算业内最为先进的软硬一体深度融合的分布式存储系统。2018 年,面向人工智能、科学计算、深度学习等未来存储场景,阿里云分布式存储系统盘古存储系统 2.0 正式发布,相比上一代系统,整体 IOPS 性能提升 50%。同时推出基于盘古存储系统 2.0 的 ESSD 高性能云盘,IOPS 从 2 万提升到 100 万,性能提升高达 50 倍。目前已经围绕盘古存储系统 2.0 获得发明专利超过 190 件。

盘古存储系统特性如下。

(1)稳定压倒一切。

在云基础设施中,一个网络设备或者某个存储集群出现故障,将使得整个计算单元受到影响。因此,稳定性压倒一切。作为阿里云十年磨一剑自主研发的分布式存储系统,盘古基于传统的分布式数据、纠错码、分布式元数据等分布式存储技术,并不断结合大规模 RDMA 网络、全用户态 I/O、智能化运维等技术,持续拓展存储系统的技术能力边界,增强系统的稳定性和性能。在线上大促期间,盘古系统在吞吐数每秒太字节、IOPS 上亿级的压力下,依然提供了如丝般顺滑的存储体验,在海量、交叉复杂业务场景下具有良好表现。

盘古存储系统 2.0 采用全分布式元数据管理,通过元数据的全分布式管理及动态切分和迁移,大幅提升管理的文件数规模,降低故障爆炸半径,去元数据节点特殊机型依赖,也进一步降低元数据存储成本,提高平台稳定性。此外,还通过数据关键路径快速容错、软硬件异常及热点规避、基于网络可用带宽、动态调节复制流量等方式进一步提供稳定性。

(2)性能是极致追求。

盘古存储系统 2.0 面向新一代存储介质和网络架构,对存储系统设计进行了深度软硬协同优化。通过用户态文件系统、高性能网络技术、拥塞控制及链路监控调度等技术,充分释放了软硬件技术发展带来的红利。针对 NVMe 高性能存储介质的特性,重新定义和设计了全用户态文件系统,并且通过 run-to-completion 线程模型以及无锁技术充分发挥了介质性能,存储软件栈本身 I/O 延迟压缩到了 $2\mu s$ 以内。在网络互联方面,盘古存储系统 2.0 通过远程直接数据存取技术卸载了协议栈,释放了 CPU 资源,并且通过网络层的拥塞控制优化,避免了存储网络层的拥塞,提升了物理网络资源的利用率,从而进一步降低了分布式存储的 I/O 延迟。2019 年,全球首个最快云盘 ESSD 正式商用,作为全新一代企业级高性能的极致云盘,ESSD 正是基于全新一代自主研发的分布式存储系统——盘古存储系统 2.0 而打造。

1.4.2　智能家居系统

物联网技术的发展为智能家居系统提供了强大的支持。智能家居系统将各种家用设备和设施连接到互联网,实现智能化的远程控制和自动化管理,为家庭生活带来了便捷和舒适。

在一个智能家居系统中,涉及许多不同类型的设备,如智能灯具、智能门锁、智能电器、安防监控等。这些设备通过物联网技术连接到一个分布式系统中。智能家居系统中的分布式架构具备以下特点。

(1) 分布式智能控制。每个智能设备都具备自己的智能控制单元,可以实现本地智能控制,无须依赖中央控制器。这样,即使网络连接中断,设备仍能正常工作。

(2) 云端智能管理。智能家居系统将所有设备连接到云端服务器,形成一个分布式数据中心。这些数据中心负责接收设备的状态和控制信息,实现对智能设备的集中管理和远程控制。

(3) 数据共享与智能优化。智能家居系统中的云端数据中心可以对各类设备收集到的数据进行汇总和分析。通过智能优化算法,系统可以根据用户的习惯和需求进行自动化控制,提供更加智能化的家居体验。

(4) 安全和隐私保护。由于智能家居系统涉及家庭生活的各个方面,数据安全和隐私保护尤为重要。分布式系统可以采用加密技术和权限控制,确保用户数据的安全和隐私不受侵犯。

通过物联网和分布式系统的应用,智能家居系统可以实现智能化的设备控制、数据管理和智能优化,提高家庭生活的便捷性和舒适度,为用户创造更加智能化的家居环境。

本章小结

本章系统地介绍了分布式系统的概念、发展历程、核心特征、技术难点、常见类型以及应用案例,旨在帮助读者建立对分布式系统领域的全面理解。通过对分布式系统的深入探讨,可以更好地认识到分布式系统在现代计算和信息处理中的重要性,以及它所带来的种种优势和挑战。

首先,从初识分布式系统开始,强调了分布式系统由多个计算机节点组成,通过网络协同工作。这一基本定义为后续深入了解分布式系统打下了基础。接着,探讨了为什么需要分布式系统,明确了提升处理能力和提高系统稳定性与可用性是分布式系统的两大关键优势。这不仅涵盖了技术层面的优势,还对分布式系统在应对不同问题时的灵活性和效率进行了解释。

在分布式系统的演化部分,回顾了计算机系统的 5 个基本要素,并详细讨论了从单一主机扩展到分布式系统的发展历程。这有助于读者理解分布式系统的演进轨迹和背后的动机,为后续的技术探讨提供了背景知识。核心特征部分进一步拆解了分布性、开放性、透明性和异构性等关键特征,使读者更加深入地了解了分布式系统的内在机制。

技术难点的讨论则聚焦于分布式系统在面临缺乏全局时钟、部分失效问题和网络延迟等方面的挑战时所采用的应对策略和解决方案。这有助于读者认识到,在分布式环境中如何确保系统的稳定性和性能是一项复杂而严峻的任务。

进入常见的分布式系统类型,深入研究了分布式文件系统、分布式计算系统、分布式协调服务、分布式数据库和分布式消息队列等。每一种系统类型都有其独特的应用场景和优势,通过对这些系统的了解,读者可以更好地选择适用于自身需求的分布式解决方案。

最后,通过阿里云盘古存储系统 2.0 的应用案例,展示了一个实际的分布式系统在云存储领域的成功应用。通过剖析该案例,读者不仅可以学到具体的实施细节,还能对分布式系统在实际应用中的运作有更为清晰的认识。

课后习题

1. 单选题

(1) 分布式系统的主要目的是解决(　　)问题。

    A. 网络速度　　　B. 存储空间不足　　　C. 单点故障　　　D. 数据压缩

(2) 分布式系统的核心特征不包括(　　)。

    A. 透明性　　　B. 可扩展性　　　C. 高可用性　　　D. 单一性

(3) 分布式文件系统主要用于(　　)。

    A. 网络通信　　　B. 数据存储和管理　　　C. 图像处理　　　D. 用户认证

(4) 下列(　　)是分布式系统的技术难点之一。

    A. 数据库优化　　　B. 数据一致性　　　C. 用户界面设计　　　D. 软件开发

(5) 需要分布式系统的原因是(　　)。

    A. 提高单个节点的处理能力

    B. 增强数据隐私

    C. 分散负载、提高系统可靠性和可扩展性

    D. 提供实时数据处理能力

(6) 分布式系统的演化过程中,(　　)技术是关键推动力。

    A. 云计算　　　B. 人工智能　　　C. 虚拟现实　　　D. 移动互联网

(7) 分布式计算系统的主要应用不包括(　　)。

    A. 大数据处理　　　B. 视频编码　　　C. 分布式存储　　　D. 分布式搜索

(8) 以下(　　)技术不属于分布式协调服务。

    A. ZooKeeper　　　B. Etcd　　　C. Consul　　　D. Apache Flink

(9) 阿里云盘古存储系统 2.0 属于(　　)。

    A. 分布式文件系统　　　　　　　　B. 分布式数据库

    C. 分布式消息队列　　　　　　　　D. 分布式计算系统

(10) 智能家居系统中的分布式系统主要用于实现(　　)。

    A. 数据加密　　　　　　　　　　B. 家电的远程控制与管理

    C. 用户界面优化　　　　　　　　D. 数据挖掘

2. 思考题

(1) 简述分布式系统的技术性难点有哪些。

(2) 分布式系统中的透明性指的是什么? 如何实现透明性?

第2章

分布式理论基础

分布式理论在构建高性能、高可用性和可扩展性的分布式系统中扮演着重要角色,本章将深入探讨分布式理论的基础知识。

通过学习分布式理论的基础知识,将能够更好地理解分布式系统的设计与实现,解决分布式环境下的各种挑战,构建高性能、高可用性的分布式应用。

2.1 问题导入

在构建和理解分布式系统时,掌握其基础理论至关重要。这些理论不仅为分布式系统的设计提供了指导原则,也为解决实际问题提供了理论依据。在本章中,将探讨一些关键的分布式系统理论,包括 CAP 定理、BASE 理论和一致性模型,同时介绍分布式数据管理的基本概念以及分布式事务与共识算法。

分布式系统的设计面临诸多挑战,特别是在一致性、可用性和分区容错性之间的权衡。为了深入理解这些挑战,首先需要回答以下几个关键问题。

- 什么是 CAP 定理?
- BASE 理论如何在实际应用中平衡一致性和可用性?
- 一致性模型在分布式系统中扮演什么角色?
- 如何进行数据分区和数据复制?
- 分布式事务和共识算法如何保证系统的一致性?

首先,本章将介绍分布式数据管理的基本概念,包括数据分区和数据复制。数据分区和数据复制是分布式系统中常用的技术手段,用于提升系统的性能和可靠性。数据分区将数据分布在多个节点上,实现负载均衡和并行处理;数据复制则通过在多个节点上存储数据副本,提高数据的可用性和容错性。

然后,将介绍 CAP 定理。这一理论由 Eric Brewer 在 2000 年提出,指出在一个分布式系统中,不可能同时完全满足一致性(consistency)、可用性(availability)和分区容错性(partition tolerance) 3 个特性。CAP 定理的提出,为分布式系统设计中的权衡取舍提供了重要的理论基础。理解 CAP 定理有助于在实际系统设计中做出合理的选择,以满足特定的业务需求。

接下来,将探讨 BASE 理论。BASE 理论是一种与 ACID(原子性、一致性、隔离性和持久性)相对的理论,适用于大规模分布式系统。BASE 代表基本可用性(basically available)、软状态(soft state)和最终一致性(eventual consistency),旨在通过放宽一致性要求来提高系统的可用性和性能。了解 BASE 理论可以帮助设计出在高并发和大规模数据处理场景下更具弹性的系统。

此外,还将讨论一致性模型。在分布式系统中,一致性模型定义了数据在不同节点之间的同步方式和程度。从强一致性到最终一致性,不同的一致性模型适用于不同的应用场景。通过了解一致性模型,读者可以根据具体需求选择合适的数据一致性策略,从而优化系统性能和用户体验。

最后,本章将深入探讨分布式事务和共识算法。分布式事务用于确保分布式系统中的多个操作要么全部成功,要么全部失败,保证数据的一致性。共识算法则用于在分布式系统中达成一致决策,是分布式系统实现一致性的重要工具。本章将介绍几种常见的共识算法,如Paxos和Raft,并讨论分布式事务的解决方案。

2.2 分布式数据基础理论

分区和复制在构建高性能、高可用性的分布式数据存储和处理系统中扮演着重要角色。本节将深入探讨分区和复制的原理和应用,在分布式数据基础上为构建健壮的分布式系统提供理论支持。

2.2.1 数据分区

分布式系统给用户带来的直接好处是可扩展性,使用户能够存储和处理比单台机器所能容纳的大得多的数据集。实现可扩展性的主要方式之一是对数据进行分区(partition)。分区是指将一个数据集拆分为多个较小的数据集,同时将存储和处理这些较小数据集的责任分配给分布式系统中的不同节点。数据分区后,就可以通过向系统中增加更多节点来增加系统可以存储和处理的数据规模。分区增加了数据的可管理性、可用性和可扩展性。

分区分为垂直分区(vertical partitioning)和水平分区(horizontal partitioning),这两种分区方式普遍认为起源于关系数据库,在设计数据库架构时十分常见。

垂直分区是对表的列进行划分,将某些列的整列数据拆分到特定的分区,并放入不同的表中。垂直分区减小了表的宽度,每个分区都包含了其中的列对应的所有行。垂直分区也被称为"行拆分"(row splitting),因为表的每一行都按照其列进行拆分。例如,可以将不经常使用的列或者一个包含了大text类型或BLOB类型的列垂直分区,确保数据完整性的同时提高了访问性能。值得一提的是,列式数据库可以看作已经垂直分区的数据库。

水平分区是对表的行进行划分,将不同的行放入不同的表中,所有在表中定义的列在每个分区中都能找到,所以表的特性依然得以保留。举个简单的例子:一个包含10年订单记录的表可以水平拆分为10个不同的分区,每个分区包含其中一年的记录,如图2-1所示。

垂直分区和列相关,而一个表中的列是有限的,这就导致了垂直分区不能超过一定的限度,而水平分区则可以无限拆分。另外,表中数据以行为单位不断增长,而列的变动很少,因此,水平分区更常见。在分布式系统领域,水平分区常称为分片(sharding)。

为了提高查询效率,还可以设计其他分区的策略,如可以根据数据的哈希值将数据分配到不同的分区,这样可以使数据在各分区中均匀分布,这种方法叫作哈希分区(Hash partitioning);可以根据数据的某个属性值的范围将数据划分为不同的分区,例如按时间范围进行分区,这种方法叫作范围分区(range partitioning);还可以根据数据的地理位置信息将数据进行分区,用于处理地理空间数据,这种方法叫作地理位置分区。

分区设计需要考虑数据的访问模式、负载均衡、数据冗余和故障容错等因素,以及具体的

ID	name	email	age
1	Alice	alice@distsys.com	18
2	Bob	bob@distsys.com	20
3	David	david@distsys.com	35
4	Sam	sam@distsys.com	30

垂直分区

ID	name
1	Alice
2	Bob
3	David
4	Sam

ID	email	age
1	alice@distsys.com	18
2	bob@distsys.com	20
3	david@distsys.com	35
4	sam@distsys.com	30

水平分区

ID	name	email	age
1	Alice	alice@distsys.com	18
2	Bob	bob@distsys.com	20

ID	name	email	age
1	David	david@distsys.com	35
2	Sam	sam@distsys.com	30

图 2-1　垂直分区与水平分区的区别

分布式系统架构和需求。正确的分区设计可以提高分布式系统的性能和可靠性。在后续的分布式数据库 HBase 章节中将以 HBase 为例讲解分区策略。

2.2.2　数据复制

正如 2.2.1 节讨论的那样,分区将数据和负载分配到多个节点,提高了系统的可扩展性和性能。为了提高可用性,除了分区还需要复制(replication)。复制是指将同一份数据冗余存储在多个节点上,节点间通过网络来同步数据,使之保持一致。一个存储了复制数据的节点称为副本(replica)。复制可以和分区一起使用。

复制的主要好处如下。

(1) 增强数据的可用性和安全性。

如果只把数据存放在单一的数据库服务器上,一旦该服务器永久损坏,将导致数据丢失、服务停止。数据备份已经是运维人员的共识。通过复制技术将数据冗余存储,即使系统部分节点发生故障,系统也能继续工作,有时用户甚至没有发现系统部分节点出现过问题。

(2) 减少往返时间。

数据需要从客户端发起请求,通过网络传输到服务端,服务端处理完之后,数据还需要重走一遍来路,返回到客户端,这一段时间被称为往返时间(round-trip time,RTT)。这段时间是无法避免的。通过复制技术把数据存储到各个数据中心,可以将全国各地甚至全球不同用户的请求重定向到离用户位置更近的副本,减少往返时间,提升响应速度。

(3) 增加吞吐量。

一台服务器能够处理的请求数存在物理上限,这种情况下复制出同样的几台服务器,可以提供更多处理读写请求的机器,系统的处理性能会成倍增长。

但凡事都有两面性,复制带来高可用性、高性能的同时,也给系统带来了复杂性。复制意味着系统中的每份数据会有多个副本,这些副本在每次更新时必须一起更新或相互同步数据。

理想情况下,复制应该对客户端来说无感知,即营造出一种每份数据独一无二的假象。要实现理想的情况并不容易,因为网络延迟总是会"捣鬼"。有时为了保障系统的性能,需要放弃些其他的属性,甚至允许在特定的条件下,返回一些过期的、反直觉的数据。

在后续的分布式文件系统 HDFS 章节中,将以 HDFS 为例说明数据是如何在节点之间通过复制完成同步的。

2.3 分布式系统基础理论

CAP 定理和 BASE 理论在分布式系统设计和实践中非常重要。CAP 定理强调了在分布式系统设计中的 3 个基本特性,BASE 理论是对 CAP 定理的一种实践性的解决方案。它们关注了分布式系统中一致性、可用性和性能之间的权衡,并为分布式系统的设计者和开发者提供了有价值的指导。

2.3.1 CAP 定理

2000 年,Eric Brewer 在 PODC(principles of distributed computing)会议上提出了著名的 CAP 定理,如图 2-2 所示。2 年后,Seth Gilbert 和 Nancy Lynch 从数学上证明了这一理论。

CAP 定理告诉我们,在分布式系统中,一致性(consistency)、可用性(availability)和分区容错性(partition tolerance)这 3 个要素最多只能同时满足两个,不可兼得。

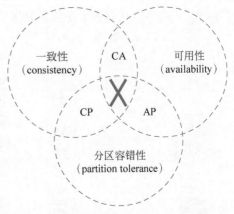

图 2-2 分布式架构设计的 CAP 定理

(1) 一致性。分布式系统中的一致性是指所有数据在同一时刻具有同样的值。如图 2-3 所示,业务代码往数据库 01 节点写入 A 记录,然后数据库 01 把 A 记录同步到数据库 02,业务代码之后从数据库 02 中读出的记录也是 A,那么数据库 01 和数据库 02 中存放的数据就是一致的。

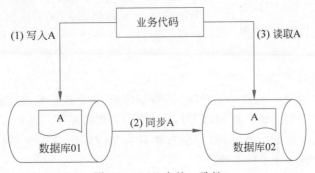

图 2-3 CAP 中的一致性

(2) 可用性。可用性是指在分布式系统中,即使一部分节点出现故障,系统仍然可以响应用户的请求。如图 2-4 所示,数据库 01 和数据库 02 中都存放着记录 A,当数据库 01 挂掉时,业务代码就不能从中获取数据了,但可以从数据库 02 中获取记录 A。

(3) 分区容错性。分区容错性指的是分布式系统在面对"网络分区"的情况下,仍然能够继续运行。网络分区是指在分布式系统中,不同的节点分布在不同的子网络(机房或异地网络

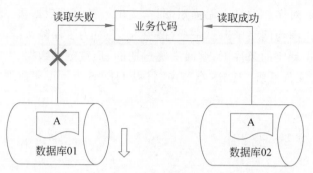

图 2-4　CAP 中的可用性

等），由于一些特殊的原因导致这些子网络之间出现不连通的状况，但各个子网络的内部网络是正常的，从而导致整个系统的网络环境被切分成了若干孤立的区域。面对网络分区，分布式系统需要做出相应的容错处理，以保证系统的可用性和正确性。

对于一个分布式系统来说，节点之间是通过网络通信的，只要有网络，必然出现消息延迟或丢失，网络分区故障是必然发生的，所以分区容错性是一个基本的要求。CAP 定理就是用来探讨在这种情况下，在系统设计上必须做出的取舍。因此，开发者通常将他们的分布式系统分为两类，即 CP 或 AP，这取决于在保证分区容错性（P）的情况下选择一致性（C）还是可用性（A）。

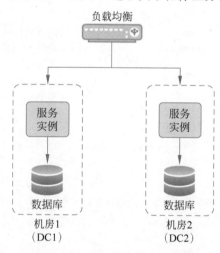

图 2-5　分布式系统的工作实例

下面通过一个例子介绍分布式数据一致性的两种方案。假设服务分别部署在两个数据中心，每个数据中心的实例都有一个数据库，如图 2-5 所示。同时，两个数据库会互相进行数据同步，即应用实例对数据库的读写操作都落在本地数据库，然后由数据库的同步机制对两个节点进行数据同步。

1. 方案一：牺牲一致性

如果要优先保证系统可用性，DC1 和 DC2 间出现网络故障，DC2 上的应用实例将看不到 DC1 上的数据变更，DC1 上的应用实例也看不到 DC2 上的数据变更。也就是说，系统仍然可用，两个数据中心的应用实例在网络分区后仍然能够响应服务请求，但是失去了数据一致性。这种被舍弃了一致性的系统被称为一个 AP 系统。

2. 方案二：牺牲可用性

如果要优先保证系统一致性，每个 DC 的数据库都需要知道本地数据副本和其他数据库节点副本的数据是否完全一致。在网络分区的情况下，数据库节点之间无法通信，也就无法同步数据。要保证系统的数据一致性，唯一的选择只能是应用服务拒绝响应请求。这种被舍弃了可用性的系统被称为一个 CP 系统。

CAP 定理的重要意义在于，它帮助软件工程师在设计分布式系统时施加基本的限制，不必浪费时间去构建一个完美的系统。软件工程师应该意识到这些特性需要进行取舍，进而选择适合的特性来开发分布式系统。

CAP 定理在 NoSQL 中应用很广，各个数据库系统根据其设计目标和应用场景，会在一致性、可用性和分区容错性之间做出不同的权衡和选择。例如，Cassandra 和 Dynamo 默认优先选择 AP，弱化 C，对一致性要求低一些；HBase 和 MongoDB 默认优先选择 CP，弱化 A。

2.3.2 BASE 理论

与 CAP 定理相对应,BASE 理论更加强调可用性和分区容错性,在一致性方面较为灵活。它在分布式系统中强调基本可用性、软状态和最终一致性。

基本可用(basically available)指分布式系统在出现故障时,允许牺牲部分的可用性来保证核心功能的可用。这意味着即使在某个节点出现问题或者面临高并发流量时,系统仍然保持可用。为了实现基本可用性,系统可以采取限流降级等策略来保证核心业务的可用性,而对于其他非核心业务则进行适度降级处理。

软状态(soft state)指分布式系统允许存在中间状态或者数据同步的延迟,而这些状态不会影响系统的整体可用性。在系统中,数据存在多个副本时,允许副本之间数据同步的延迟,从而容忍一段时间内的数据不一致。这种数据同步正在进行但还没有完成的状态被称为软状态。举例来说,当业务代码将记录 A 写入数据库 01 后,数据库 02 中的记录 B 并不会立即同步记录 A,而是以延迟同步的方式实现,如图 2-6 所示。

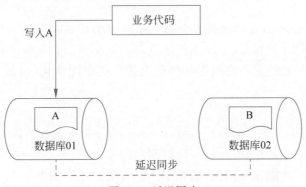

图 2-6　延迟同步

最终一致性(eventual consistency)指分布式系统中的所有副本数据经过一定时间后,最终能够达到一致的状态。最终一致性是相对于强一致性来定义的。强一致性要求所有的数据在实时同步下保持一致,而最终一致性允许在一小段时间内数据不一致,但保证过了这小段时间后数据最终达到一致。

BASE 理论的核心观点是,为了提高分布式系统的可用性和性能,可以在一定程度上放松对一致性的要求。然后通过最终一致性的方式,保证系统最终会收敛到一致状态。虽然网络分区听起来很严重,但其实人部分情况只会持续一小段时间,可能几秒或几分钟,所以最终一致性是一种能够接受的方案。这种方式适用于很多互联网应用场景,尤其是在大规模数据的分布式环境下。

2.3.3 一致性模型

ACID、CAP、BASE 中都提到了一致性,可见分布式系统的讨论离不开"一致性"。ACID 中的一致性(consistency)和一致性模型(consistency model)中的一致性都是同一个英文单词,但是 ACID 的一致性属于数据库领域的概念,确保数据库在事务处理过程中能够维护数据的完整性和一致性。这种一致性要求不仅指常见的数据库完整性约束(例如主键、外键、触发器、Check 等约束),有时还需要由用户(应用程序)来保证,例如用户可以指定数据库字段 A 和 B 必须满足约束 $A+B=100$。

与 ACID 中的一致性有所不同,在分布式系统中,一致性模型是用于保证分布式系统中多个节点或副本之间数据的一致性的一种约定或规范。通过 2.2.2 节已经知道,复制既带来了高可用性和高性能等好处,也带来了多个副本如何保持数据一致这个问题。尤其是写操作,何时、以何种方式更新到所有副本决定了分布式系统付出怎样的性能代价。按照传统冯·诺依曼体系结构的计算模型,读操作应当返回最近的写操作所写入的结果,问题在于"最近"一词,到底何时、何种情况才是最近的写操作的结果?因此,系统需要一种一致性模型,帮助开发者预测系统中读写操作的结果,并保证程序逻辑的确定性。

一致性模型本质上定义了写操作的顺序和可见性,即并发写操作执行的顺序是怎样的,写操作的结果何时能够被其他进程或节点看见。数据的一致性模型可以分成以下 3 类。

1. 强一致性

强一致性(strong consistency)要求所有节点在任何时间点都能看到相同的数据副本,即在进行写入操作后,所有节点必须立即看到更新后的数据,这样保证了数据的全局一致性。强一致性是最严格的一致性模型,它可能导致较高的延迟和吞吐量下降。强一致性一般采用同步的方式实现。

2. 弱一致性

弱一致性(weak consistency)允许在分布式系统中的某些时间点,不同节点之间可能看到不同的数据副本。在写入操作后,系统不要求立即将数据复制到所有节点,因此存在一定时间的数据不一致性。弱一致性允许在延迟和性能上做出更多的优化,但需要应用程序处理数据不一致的情况。

3. 最终一致性

如 BASE 理论目标,最终一致性(eventual consistency)允许在一段时间内,不同节点之间的数据副本可能存在不一致性,但经过一段时间的同步,所有节点最终将达到一致的状态。最终一致性提供了较好的性能和可用性,适用于一些非关键业务场景。

举个实际的例子,如支付系统中,买家执行完支付 100 元的操作之后,就认为完成了一次购买行为,这 100 元要从买家的账户里扣除,实时加入卖家的账户里,或者说,只有卖家账户收到钱了,才能认为交易完成,买家账户才能扣钱,这就是数据强一致性系统。另外,如比价系统,比价系统后台定时任务定时抓取其他平台的商品价格,定时任务可能抓取失败,这就导致比价系统中的价格与商品的当前价格不一致,比价系统能接受这种不一致,就认为其是一个弱一致性系统。再如评价系统,买家对一件商品评价,卖家或者其他买家不一定能马上看到这条评论,只有过了下个数据同步周期才能看到,这样的评价系统称为最终一致性系统。

分布式系统数据的强一致性、弱一致性和最终一致性可以通过 QuorumNRW 算法分析。QuorumNRW 是一种乐观的保证分布式系统一致性的算法,通过对读写副本数的不同设置来获得性能、一致性和可用性之间的平衡。在算法中,N、R 和 W 具体解释如下。

N:表示数据在分布式系统中的副本数。如果将数据复制到 N 个节点,则有 N 个副本。

R:表示进行数据读取操作时需要读取的副本数。在一个一致性模型中,读取操作必须读取至少 R 个副本才被视为成功。

W:表示进行数据写入操作时需要写入的副本数。在一个一致性模型中,写入操作必须写入至少 W 个副本才被视为成功。

通过调整 N、R 和 W 的值,可以实现不同一致性级别的数据复制策略。以下是通过 QuorumNRW 算法分析的一些例子。

要实现强一致性,通常需要满足以下条件:$R+W>N$。也就是说,读取操作和写入操作需要同时满足多于一半的副本才被视为成功。这样可以确保每次读取操作都能读取到最新的写入值,从而保证强一致性。

弱一致性允许在一定时间内存在数据不一致性。为了实现弱一致性,可以设置 $R<N$ 或 $W<N$。这意味着读取操作或写入操作可以只在部分副本上完成,从而导致数据不一致。在弱一致性模型下,读取可能会读取到旧的值,写入可能导致数据在所有副本中不一致。

最终一致性允许在一段时间内存在数据不一致性,但在一定时间后最终达到一致。为了实现最终一致性,可以设置 $R+W \leqslant N$。这样,读取和写入操作只需要满足不超过一半的副本即可。在分布式系统中,节点会在后台异步地进行数据同步,最终所有副本都会达到一致的状态。

分布式系统的数据一致性问题和解决方案一直是一个难点和技术热点。能接受弱一致性的系统很少,所以工程领域主要讨论的还是强一致性和最终一致性的解决方案。

目前业界公认的解决分布式一致性问题的最有效的解决方案就是分布式共识算法,或称分布式一致性算法。

2.4 分布式事务与共识算法

首先要说明的是,"分布式共识算法"是对 distributed consensus algorithm 的翻译,分布式共识算法旨在解决分布式系统中多个节点之间达成一致意见的问题。有时也会看到"分布式一致性算法"的翻译,因为一致性正是分布式共识算法的目标。在实际技术文档和学术研究中,"分布式共识算法"这个术语更为常见和普遍,因此被广泛使用。

2.4.1 分布式共识算法

1. 为什么要达成共识

在分布式系统中,由于节点故障、网络延迟或其他原因,节点之间可能无法立即达成一致,因此需要通过共识算法来确保所有节点最终就某个值或决策达成一致。用数学语言来描述:一个分布式系统包含 n 个进程,记为 $\{0,1,2,\cdots,n-1\}$,每个进程都有一个初始值,进程之间相互通信,设计一种共识算法使得尽管出现故障,但进程之间仍能协商出某个不可撤销的最终决定值,且每次执行都满足以下 3 个性质。

- 终止性(termination):所有正确的进程最终都会认同某一个值。
- 协定性(agreement):所有正确的进程认同的值都是同一个值。
- 完整性(integrity):也叫作有效性(validity)。如果正确的进程都提议同一个值 v,那么任何正确进程的最终决定值一定是 v。

根据应用程序的不同,完整性的定义可以有一些变化,例如,一种较弱的完整性是最终决议的值等于一部分正确进程提议的值,而不必是所有进程提议的值。完整性也隐含了最终被认同的值必定是某个节点提出过的,而不是凭空出现的值。

达成共识,不仅可以解决数据一致性的问题,还可以解决分布式系统中的以下经典问题。

- 互斥(mutual exclusion):分布式系统中哪个进程先进入临界区访问资源,如何实现分布式锁。
- 选主(leader election):对于单主复制的数据库,想要正确处理故障切换,需要所有节点就哪个节点是领导者达成共识。如果某个节点由于网络故障而无法与其他节点通信,则可能导致系统中产生两个领导者,它们都会处理写请求,数据就可能产生分歧,从而导致数据不一致或丢失。

- 原子提交(atomic commit)：对于跨多节点或跨分区事务的数据库，一个事务可能在某些节点上失败，但在其他节点上成功。如果想要维护这种事务的原子性，则必须让所有节点对事务的结果都达成共识：要么全部提交，要么全部中止/回滚。在分布式事务章节会详细讨论如何通过分布式共识算法实现原子提交。

总而言之，共识问题是分布式系统最基本、最重要的问题，达成共识能够解决分布式系统中的大部分问题。在共识的帮助下，分布式系统不仅可以像单一节点一样工作，还可以具备高可用性、自动容错和高性能。

2. 如何达成共识

通过第 1 章的学习，已经了解到分布式系统的几个主要难题，包括缺乏全局时钟、部分节点失效问题和网络延迟问题。

在分布式系统领域，**状态机复制**(state machine replication，SMR)是解决上述难题的一种常规方法。状态机复制也叫作**复制状态机**(replicated state machine)或多副本状态机。所谓状态机，包括一组状态、一组输入、一组输出、一个转换函数、一个输出函数和一个独特的"初始"状态。一个状态机从"初始"状态开始。每个输入都被传入转换函数和输出函数，以生成一个新的状态和输出。在收到新的输入前，状态机的状态保持不变。

状态机(state machine)是一种常见的构建服务的方法。在这种方法中，服务拥有一个初始状态，并且能够接受动作(action)。每当服务接收到一个动作，其内部状态会发生一次迁移，达到一个新的状态。举个例子，考虑一个数据库服务，初始状态 $x=0$，当它接受一个名为 $x=3$ 的动作时，数据库的内部状态从 $x=0$ 迁移到 $x=3$。此时，如果数据库服务再接受一个查询，客户端就能够知道 $x=3$ 这个事实。随后，当数据库服务接受一个令 $x=5$ 的动作时，其内部状态就会从 $x=3$ 迁移到 $x=5$，客户端再次发起查询，就能得知 $x=5$。

状态机本身具有状态，并且在执行一个输入的命令时，会产生一个输出结果，并将状态机带入一个新的状态。确定状态机(deterministic state machine)中的所有命令都会产生确定的输出结果，并使状态机进入一个确定的状态。举个例子，命令 x=current_time() 就不是一个确定的命令，因为在不同的时间执行它会导致状态机进入不同的状态。

为了确保分布式系统中状态的一致性，状态机必须具备确定性。这意味着多个相同状态机的副本，从相同的"初始"状态开始，并经历相同的输入序列后，会达到相同的状态，并输出相同的结果。

采用状态机模式的服务可以通过在多台机器上部署服务的副本来实现冗余。也就是说，可以使用一组服务器，每个服务器独立部署一个状态机，并以相同的顺序执行所有客户端的命令。由于采用的是确定状态机，如果所有服务器都执行相同序列的命令，它们将会产生相同序列的状态和结果，从而保持相同的状态。这样的状态机被称为复制确定状态机(replicated deterministic state machine)，通常简称为复制状态机。复制状态机是在分布式领域广泛使用的一种技术，如图 2-7 所示。

从 2.2.2 节中学习到，可以通过复制多个副本来提供高可用和高性能的服务，可是多副本又会带来一致性问题。状态机的确定性是实现容错和一致性的理想特性，试想，多个复制的状态机对于相同的输入，每个状态机的副本会产生一致的输出，并且达到一致的状态。同时，只要节点数量够多，系统就能够识别出哪些节点的状态机输出是有差异的。例如图 2-7 是由 3 个节点组成的分布式系统，假如有一个状态机的输出和另外两个不同，系统就认为这个状态机输出了错误的结果。更重要的是，系统并不需要直接停用故障节点，只需要隔离故障节点，并通过通信来修复有故障的状态机即可。这样的 3 节点系统可以容忍一个节点负载过高的问

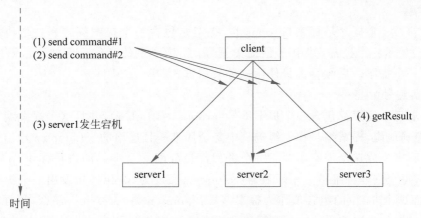

图 2-7　客户端驱动复制状态机

题,从节点负载过高会影响写请求的完成,但 3 个节点的分布式系统只要另外两个正常,即便一个节点负载过高,系统也能正常继续工作,写请求延迟不会受到影响。

实现状态机复制常常需要一个多副本日志(replicated log)系统,这个原理受到与日志相关的经验启发:如果日志的内容和顺序都相同,多个进程从同一状态开始,并且从相同的位置以相同的顺序读取日志内容,那么这些进程将生成相同的输出,并且结束在相同的状态。

那又如何实现多副本日志呢?这就需要一个分布式共识算法。分布式共识算法使得每个副本对日志的值和顺序达成共识,每个节点都存储相同的日志副本,这样整个系统中的每个节点都能有一致的状态和输出。最终,这些节点看起来就像一个单独的、高可用的状态机。因此,借助分布式共识算法来实现状态机复制,进而达成共识的有效的方法。服务器之间的这种复制机制的实现方法有很多,最经典的有 Paxos 算法和 Raft 算法。

3. Paxos 算法

Google 分布式锁服务 Chubby 的作者 Mike Burrows 曾经说过:"只有一种共识协议,那就是 Paxos"(There is only one consensus protocol,and that's Paxos)。Paxos 是最基础的共识算法。实际上,Paxos 算法包含了一系列的共识算法,它有着许许多多的变种,它们都被归为 Paxos 族共识算法。

Paxos 算法的由来可以追溯到 20 世纪 80 年代末期,由计算机科学家 Leslie Lamport 于 1990 年首次在一篇名为 *The Part-Time Parliament* 的论文中提出。Lamport 讲了一个发生在 Paxos 的希腊岛屿上的故事,这个岛屿不存在一个中心化的机构,但需要按照民主议会投票制定法律。

1) Paxos 算法基本概念

将 Paxos 岛上的虚拟故事对应到分布式系统上,议员就是各节点,制定的法律就是系统的各状态。每个节点(议员)都可能提出提案(proposal),Paxos 用提案来推动整个算法,使系统决议出同一个提案。提案包括提案编号(proposal number)和提案值(proposal value)。注:有的实现将提案编号表示为 Ballot。

各节点需要通过消息传递不断提出提案,最终整个系统接受同一个提案,进入一个一致的状态,即对某个提案达成共识。Paxos 算法认为,如果集群中超过半数的节点同意接受该提案,那么对该提案的共识达成,称该提案被批准(approved),也叫被选定(chosen)。注意,在基本的 Paxos 算法中,一旦某个提案被批准,提议者都必须将该值作为后续提案值。

在继续介绍算法之前,先理清算法涉及的几个重要概念。

（1）提案。

算法中的另一个概念是提案（proposal），提案是包含一个提案编号和一个值的值对。后续将用$\{n,v\}$表示一个提案，其中 n 是提案编号；v 是一个任意值。例如，$\{1,x\}$表示编号为1、值为 x 的一个提案。后续会大量使用这种表示方式。

（2）提案编号。

算法要求每个提案都包含一个提案编号（proposal number），并且这个提案编号是唯一且递增的，更准确地说，提案编号在一组进程中是全局唯一且递增的。Lamport 给出了一种简单且有效的方法来生成这个提案编号：每个进程都被分配一个唯一的进程标识（processid）（假设为 32 位），每个进程都维护一个计数器（counter）（假设为 32 位），每发出一个提案都把计数器加 1。下面这个 64 位的组合值作为提案编号：counter＋processid。那么，就可以得到一个全局唯一且递增的提案编号。Paxos 算法并不要求提案编号的生成一定要使用上面的方法，满足要求的任何一种方法都可以。

（3）大多数。

如果有 $2n+1$ 个接受者，那么 $n+1$ 就是大多数（majority）。例如，有 3 个接受者，大多数就是 2；有 5 个接受者，大多数就是 3。按照 $2n+1$ 这个公式来确定接受者的个数，接受者都会是奇数。当然，接受者选择偶数个也是可以的，假设有 m 个接受者，大多数就是 $m/2+1$，例如有 4 个接受者，那么大多数就是 3。在实际中，一般会选择奇数个接受者。

Paxos 算法将分布式系统中的节点分为以下几种角色，具体编码实现时，一个服务器可以同时运行多个进程，扮演一个或多个角色，这不会影响协议的正确性。Paxos 算法的角色如下。

- 客户端。客户端向分布式系统发送一个请求，并等待响应。例如，对于一个分布式数据库，客户端请求执行写操作。
- 提议者（proposer）。提议者收到客户端的请求，提出相关的提案，试图让接受者接受该提案，并在发生冲突时进行协调，推动算法运行。
- 接受者（acceptor）。接受者也叫投票者（voter），即投票接受或拒绝提议者的提案，若超过半数的接受者接受提案，则该提案被批准。
- 学习者（learner）。学习者只能"学习"被批准的提案，不参与决议提案。一旦客户端的请求得到接受者的同意，学习者就可以学习到提案值，执行其中的请求操作并向客户端发送响应。为了提高系统的可用性，可以添加多个学习者。

可以将共识问题描述成一个 Consensus(x)方法，所有进程都调用这个方法达成对一个值的共识。依据上面所讲的角色，一个最简单的方法是提议者提出的提案即为最终提案，学习者学习提案值并返回结果，这个方法实现的伪代码如下：

```
Consensus(x)
{
 proposer.choose(x)     //提议者(proposer)选择一个值 x 作为提案
 return learner.learn() //学习者(learner)接收到提议者提交的提案后,执行学习操作并返回结果
}
```

现在举例说明。假设有 4 个进程，每个进程承担的角色如图 2-8 所示。

在图 2-8 中，每个进程都包含提议者角色，所以每个进程都可以提议一个值；每个进程都包含学习者角色，所以每个进程都可以学习到被选中的值。接受者一般是奇数个（如 3,5,7,9），在图 2-8 中选择"3"这个奇数，所以只有 3 个进程中包含接受者角色，这 3 个接受者角色保

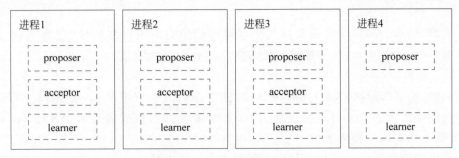

图 2-8　Paxos 的进程与角色

证提议者所提议的值中只有一个值被选中。分开的逻辑角色可以让 Paxos 算法应用于任意数量进程的分布式系统中。

2）Basic Paxos 算法

Basic Paxos 算法使系统达成共识并决议出单一的值。需要注意的是，Basic Paxos 算法只决议出一个共识的值，之后都继续使用这个提案值。

Basic Paxos 算法主要包括两个阶段，每一阶段对应一轮 RPC 消息传递，每轮 RPC 又对应请求阶段（a 阶段）和响应阶段（b 阶段）。远程过程调用（remote procedure call，RPC）是一个计算机通信协议，常用于分布式计算。该协议运行一台计算机的程序调用另一个地址空间（通常为另一台计算机）的程序，就像调用本地程序一样，无须额外地关注网络等细节。RPC 是一种客户端/服务器（client/server，C/S）模式，通过发送请求和接收响应进行信息交互。

（1）Basic Paxos 算法选择值过程。

① phase 1(a)：一个提议者选择一个提案编号 n，并且发送编号为 n 的 Prepare 请求给大多数接受者。

② phase 1(b)：如果一个接受者收到一个编号为 n 的 Prepare 请求，并且 n 比它之前已经回复的任何 Prepare 请求中的编号都大，那么它给出 Promise 回复，承诺不再接受任何编号比 n 小的提案，并且在回复中携带（如果有）已经接受的编号最大的提案。

③ phase 2(a)：如果提议者收到大多数接受者回复的一个编号为 n 的 Prepare 请求，那么它给这些接受者中的每一个都发送一个 Accept 请求，这个请求携带一个编号为 n 的提案，提案的值是所有回复中编号最大的提案中的值，如果回复中没有提案，则这个值可以是任何值。

④ phase 2(b)：如果一个接受者收到一个编号为 n 的 Accept 请求，那么除非它已经回复了一个编号比 n 大的 Prepare 请求，否则它会接受这个提案。

选择值的过程是一个两阶段的算法。对这个过程中各阶段的细节进行解释说明如下。

（2）第一阶段。

发送 RPC 请求的阶段被称为 phase 1(a)，也叫 Prepare 阶段。该阶段提议者收到来自客户端的请求后，选择一个最新的提案编号 n，向超过半数的接受者广播 Prepare 消息，请求接受者对提案编号进行投票。值得注意的是，这里的请求 RPC 不包含提案值，只需要发送提案编号。

响应 RPC 请求的阶段被称为 phase 1(b)，也叫 Promise 阶段。接受者收到 Prepare 请求消息后进行判断：如果 Prepare 消息中的提案编号 n 大于之前接受的所有提案编号，则返回 Promise 消息进行响应，并承诺不会再接受任何编号小于 n 的提案。特别地，如果接受者之前接受了某个提案，那么 Promise 响应还应将前一次提案的编号和对应的值一起发送给提议者。否则（即提案编号小于或等于接受者之前接受的最大编号）忽略该请求，但常常会回复一个拒绝响应。

为了实现故障恢复,接受者需要持久化存储已接受的最大提案编号(记为 max_n)、已接受的提案编号(accepted_N)和已接受的提案值(accepted_VALUE)。

(3) 第二阶段。

发送 RPC 请求的阶段被称为 phase 2(a),也叫 Accept 阶段或 Propose 阶段。当提议者收到超过半数的接受者的 Promise 响应后,提议者向多数派的接受者发起 Accept(n, value) 请求,这次要带上提案编号和提案值。

关于提案的值的选择,需要说明的是,如果之前接受者的 Promise 响应有返回已接受的值 accepted_VALUE,那么使用提案编号最大的已接受值作为提案值。如果没有返回任何 accepted_VALUE,那么提议者可以自由决定提案值。

注意,提议者不一定是将 Accept 请求发送给有应答的多数派接受者,提议者可以再选另一个多数派接受者广播 Accept 请求,因为两个多数派接受者之间必然存在交集,所以不会影响算法的正确性。

响应 RPC 请求的阶段被称为 phase 2(b),也叫 Accepted 阶段,接受者收到 Accept 请求后,在这期间如果接受者没有另外承诺提案编号比 n 更大的提案,则接受该提案,更新承诺的提案编号,保存已接受的提案。

需要注意的是,在 Paxos 中有两个十分容易混淆的概念:已批准提案和已接受(accepted)提案。在 Paxos 算法中,接受提案是单个接受者的行为,根据提案编号是否为最新来判断是否接受提案;批准提案则需要超过半数的接受者接受该提案。

3) Multi Paxos 算法

本节开头就提到,共识算法通过一个复制的日志来实现状态机复制。Paxos 算法就是用来实现状态机复制的。可是 Basic Paxos 算法只选出一个提案,而每条日志记录中的内容通常都是不一样的。因此可以设想,对每一条日志记录单独运行一次 Paxos 算法来决议出其中的值,重复运行 Paxos 算法即可创建一个日志的多份副本,从而实现状态机复制。

Basic Paxos 算法可以确定一个值,如果运行多个 Basic Paxos 算法,就可以确定多个值,将这些值排列成一个序列,这就是完整的 Paxos 算法,通常称为 Multi Paxos 算法。

运行的每个 Basic Paxos 算法被称为一个实例,为每一个实例都设定一个实例编号。Multi Paxos 算法就是多次运行 Basic Paxos 算法,形成多个实例的算法。多个 Paxos 实例是可以并行运行的。

如果每条日志都通过一个 Paxos 实例来达成共识,那么每次都要至少两轮通信,这会产生大量的网络开销。所以需要对 Basic Paxos 做一些优化,以提升性能。为此,Multi Paxos 算法做了如下改进。

(1) 确定日志索引。

日志中包含多个日志条目(或记录),如果要通过 Paxos 不断确认一条条日志的值,那么需要知道当次 Paxos 实例在写日志的第几位。因此,Multi Paxos 算法做的第一个调整就是要添加一个关于日志的索引参数到 Basic Paxos 算法的第一和第二阶段,用来表示某一轮 Paxos 正在决策哪一个日志条目。

增加了日志索引参数后的流程大致如下,当提议者收到客户端带有提案值的请求时:

① 找到第一个没有被批准的日志条目的索引,记为 index。

② 运行 Basic Paxos 算法,对索引位置的日志用客户端请求的提案值进行提案。

③ 第一阶段接受者返回的响应是否包含已接受的值 accepted_Value? 如果已有接受的

下笔如有神

藏书卷

如果知识是通向未来的大门，
我们愿意为你打造一把打开这扇门的钥匙！

https://www.shuimushuhui.com/

图书详情 | 配套资源 | 课程视频 | 会议资讯 | 图书出版

清华大学出版社
TSINGHUA UNIVERSITY PRESS

May all your wishes
come true

读书破万卷　水木书苑

May all your wishes
come true

值,则用 accepted_Value 作为本轮 Paxos 提案值运行,然后回到步骤 1 继续寻找下一个未批准的日志条目的索引;否则继续运行 Paxos 算法,继续尝试批准客户端的提案值。

(2)选举领导者。

从多个提议者中选择一个领导者,任意时刻只有领导者一个节点来提交提案,这样可以避免提案冲突。另外,如果领导者发生故障,则可以从提议者中重新选择一个领导者,所以不存在单点故障问题。

Lamport 提出了一种简单的方式选举领导者:让服务器 id 最大的节点成为领导者。前面提到提案编号由轮次 n 和 server_id 组成,这种选举算法就是通过消息传递让 server_id 最大的服务器当选领导者的。

值得注意的是,这是非常简单的策略,在这种方式下系统中同时有两个领导者的概率是较小的。即使系统中有两个领导者,Multi Paxos 算法也能正常工作,只是就回到了算法最初的多个提议者的状态,算法并不会出错,只是冲突的概率大了很多,效率自然也会降低。

(3)减少请求。

有了领导者之后,由于提案都是从领导者这里提出的,实际上可以从发起端保证提案编号是单调递增的,因此只需要对整个日志发送一次第一阶段的请求,后续就可以直接通过第二阶段来发送提案值,使得日志被批准。

回顾一下第一阶段的作用,Paxos 算法的第一阶段有如下两个主要作用。

① 屏蔽过期的提案。Paxos 算法需要保证接受者接受的提案编号是最新的,但由于每个日志条目的 Paxos 实例是互相独立的,所以每次请求只能屏蔽一个日志条目的提案,对于后面位置的日志信息不得而知。

② 用已经接受的提案值来代替原本的提案值。当多个提议者并发进行提案时,要确保新提案的提案值与已接受的提案值相同。

实际上,Multi Paxos 算法依然是需要第一阶段的,只不过需要在实现上面两个功能的同时,尽量减少第一阶段的请求次数。

对于①,不再让提案编号只屏蔽一个位置的日志条目,而是让它变成全局的,整个日志使用同一个单调递增的提案编号。一旦第一阶段的请求响应成功,整个日志的第一阶段的请求都会阻塞,但第二阶段还是能够将相关的提案信息写在对应的日志索引上的。

对于②,需要增加第一阶段响应返回的信息,用来表示接受者没有要返回的已接受提案,这就意味着领导者可以直接发起第二阶段请求让接受者接受提案。和之前一样,在响应中还会返回最大提案编号的已接受提案值。除此之外,接受者还会向后查看日志,如果要写的这个位置之后都是空的日志条目,没有接受任何提案,那么接受者就额外返回一个标志位参数 noMoreAccepted,如果该参数为 true,则表示后面没有需要决议的提案。如果领导者收到超过半数的接受者回复了 noMoreAccepted 为 true,领导者就认为不需要再发送第一阶段的请求了,因为只有一个领导者可以保证提案编号单调递增,领导者直接发送第二阶段请求(即 Accept 请求)即可。这样,后续的客户端请求只需要一轮消息传递就能完成。

通过这种方式可以发现,只要日志没有大量缺失和不连续的日志空洞,即系统能够正常处理每一个提案,没有节点发生故障或网络分区,那么消息轮次实际上就少了很多。图 2-9 是一个 Multi Paxos 算法的实现案例。

图 2-9 中,进程 1 认为自己是领导者,发起第一阶段,成功之后发送第一个实例的 Accept 消息,这个实例运行完之后,进程 1 不再发送 Prepare 消息,而是直接发送第二个实例的 Accept 消息,运行第二个实例。

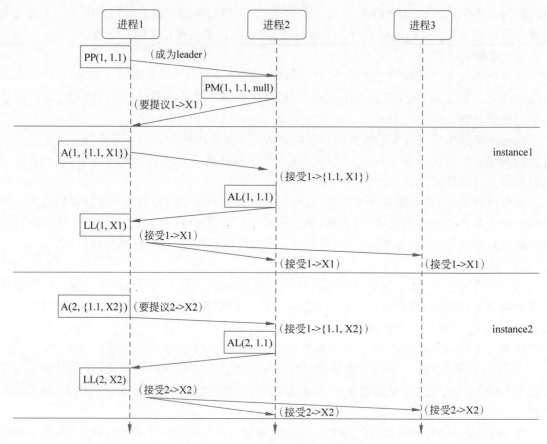

图 2-9　Multi Paxos 算法的实现案例

4. Raft 算法

2013 年，斯坦福大学的 Diego Ongaro 和 John Ousterhout 以可理解性为目标，共同发表了论文 *In Search of an Understandable Consensus Algorithm*，正式提出 Raft 算法，旨在优化 Paxos 系列算法，使其成为一个更容易理解并且同样满足安全性和灵活性的共识算法。

对于 Raft 算法这个名字的由来，Diego Ongaro 是这样解释的。首先，他们在考虑一个与可靠（reliable）、复制（replicated）、冗余（redundant）和容错（fault-tolerant）相关的词汇，于是想到了 R{eliable|eplicated|edundant} and fault-tolerant，分别取首字母便得到 Raft 一词。其次，log 一词在计算机领域是日志的意思，但英文也有原木的意思，用来组成木筏的圆形木头就是一种原木，于是两位作者考虑可以用 logs 来做成木筏（raft）。最后，也是最有趣的原因，他们在思考既然 Paxos 是一个岛屿，那么该怎么逃出这个岛呢？当然是用木筏（raft）划到对岸去！Raft 在这里可谓一语双关，表面上是想用木筏来逃离 Paxos 岛，实际上也蕴含了作者对于 Paxos 难以理解的不满，作者在论文中写道：“我们也在 Paxos 中挣扎了很久，我们无法理解完整的协议，直到阅读了几个简化的解释并设计了我们自己的替代协议，这一过程花费了近一年的时间。”

Diego Ongaro 和 John Ousterhout 想要用 Raft 算法来拯救陷入 Paxos 困境的开发者。Raft 算法一经推出，便席卷了分布式系统领域，在分布式键值存储系统 Etcd 上大获成功，并成为越来越多分布式系统的首选。Raft 算法有着非常好的理解性，同时提供了详细的说明来帮助开发者具体实现；Raft 算法对算法细节有着明确的解释，这样开发者在具体实现时有了明确的指导，不会陷入细节讨论，甚至实现出一个错误的版本。

1）Raft 算法设计思想

和其他分布式共识算法的目标一样，Raft 算法也是用来保证日志完全相同地复制到多台服务器上，以实现状态机复制的算法。所以，该算法的设计核心围绕服务器和日志展开，先来探讨日志复制问题。

在 Raft 算法中，把具有一定顺序的一系列行为（action）抽象成一条日志（log），每个行为都是日志中的一个条目（entry）。如果想使每个节点的服务状态相同，则要把日志中的所有条目按照记录顺序执行一遍。所以复制状态机的核心问题就变成了让每个节点都具有相同的日志的问题，也就是把日志复制到每个节点上的问题。因此，这个问题也被称为复制日志（replicated log）问题。

Raft 算法就是用来实现复制日志的一种算法，该算法会：

- 生成一条日志。
- 把这条日志复制到所有节点上。
- 把日志的条目应用到状态机上。

每个状态机都以相同的顺序执行相同的命令，最终每个状态机都会达到相同的状态。Raft 算法实现了节点之间的复制日志，每条日志的内容就是一个命令，如图 2-10 所示。

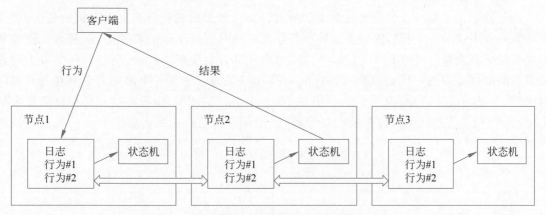

图 2-10　Raft 算法实现日志复制

日志复制是由服务器来完成的，但是，在 Raft 算法中，并不是所有的服务器都可以进行日志的复制。服务器是否可以进行日志复制，取决于它当时所处的状态。在 Raft 算法中，服务器在任意时间只能处于以下 3 种状态之一。

（1）领导者（leader）。

领导者负责处理所有客户端请求和日志复制。同一时刻最多只能有一个正常工作的领导者。

（2）跟随者（follower）。

跟随者完全被动地处理请求，即跟随者不主动发送 RPC 请求，只响应收到的 RPC 请求，服务器在大多数情况下处于此状态。

（3）候选者（candidate）。

候选者用来选举出新的领导者，候选者是处于领导者和跟随者之间的暂时状态。

可见，Raft 算法中，只有领导者才能处理客户请求和进行日志复制。Raft 算法选出领导者意味着进入一个新的任期（term），实际上任期就是一个逻辑时间。Raft 算法将分布式系统中的时间划分成一个个不同的任期来解决之前提到的时序问题。每个任期都由一个数字来表示任期号，任期号在算法启动时的初始值为 0，单调递增并且永远不会重复。

一个正常的任期至少有一个领导者,任期通常分为两部分:任期开始时的选举过程和任期正常运行的部分,如图 2-11 所示。

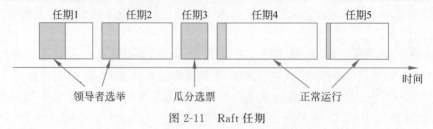

图 2-11 Raft 任期

领导者负责接收客户端的请求,根据请求生成日志,把日志复制到所有节点上,并且判断是否适合把日志应用到状态机中。该算法将这个过程称作复制(replication)过程。

除了复制过程,Raft 算法还包括一部分:如果领导者发生宕机等异常情况,其他节点需要成为新的领导者,继续履行领导者的职责。该算法将这个过程称作选举(election)过程。

Raft 算法通过两个 RPC 实现节点间的通信:一个是 RequestVote RPC,用户进行领导者选举;另一个是 AppendEntries RPC,跟随者用来复制日志和发送心跳。

2)Rafts 算法选举过程

Raft 算法启动第一步就是要选举出领导者,另外,如果出现领导者发生宕机的情况,也需要从跟随者中选出一个新的领导者。每个节点在启动时都处于跟随者状态,跟随者只能被动地接收领导者或候选者的 RPC 请求。所以,如果领导者想要保持权威,则必须向集群中的其他节点周期性地发送心跳包,即空的 AppendEntries 消息。如果一个跟随者节点在选举超时时间(用变量 electionTimeout 表示,一般在 100~500ms 的范围)内没有收到任何任期更大的 RPC 请求,则该节点认为集群中没有领导者,于是开启新一轮选举。整个节点的状态转换流程如图 2-12 所示。

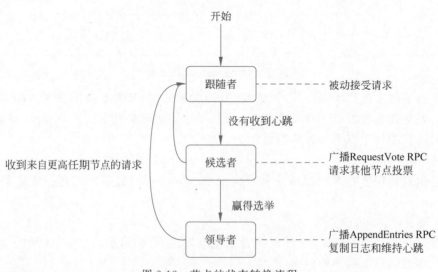

图 2-12 节点的状态转换流程

完整的选举过程如下。

(1)节点启动时处于跟随者状态。

(2)该节点在一段时间内没有收到任何请求,则发生超时,其转变为候选者。

(3)候选者增加自己的任期,开始新的选举,向所有节点发送投票请求。候选者发出投票请求后,会有 3 种结果。

① 没有得到大多数节点的同意,本次选举超时,开始新的选举。

② 得到大多数节点的同意,成为新的领导者。

③ 收到其他节点的请求,其任期与自己的相同,说明其他候选者已经在这次选举中得到大多数跟随者的同意,成为领导者,这时这个候选者会退回到跟随者状态;或者请求中包含更大的任期,这个候选者也退回到跟随者状态。

(4) 在领导者收到的请求中包含更大的任期,领导者转变为跟随者状态。

选举过程如图 2-13 所示。

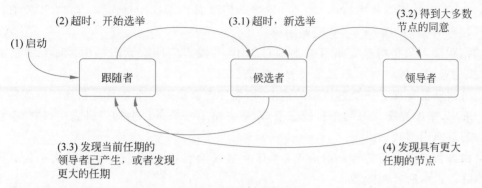

图 2-13　选举过程

3) Raft 算法的日志复制

每个节点存储自己的日志副本,日志中的每个日志条目(log entry)包含如下内容。

• 索引:表示该日志条目在整个日志中的位置。

• 任期号:日志条目首次被领导者创建时的任期。

• 命令:应用于状态机的命令。

如果一条日志条目被存储在超过半数的节点上,则认为该记录已提交(committed)。如果一条记录已提交,则意味着状态机可以安全地执行该记录,这条记录就不能再改变了。已提交类似于 Paxos 算法中的已批准。

如图 2-14 所示,第 1~7 条日志已提交,而第 8 条日志尚未提交。

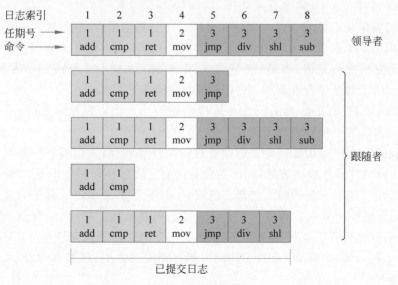

图 2-14　日志提交

Raft 算法复制日志的流程如下。

（1）当领导者收到客户端的请求后，它会将这个请求作为一个条目记录到日志中。领导者会将新条目记录到日志的最后，或者说追加（append）到末尾。日志中的每个条目都有一个索引，索引是一个连续的整数，每追加一个条目，索引就会加 1。

（2）领导者在完成追加操作后，会并行向所有的跟随者发起 AppendEntries RPC，跟随者收到 AppendEntries 调用后，将请求中的条目追加到自己的本地日志中，并回复领导者成功。

（3）领导者收到大多数跟随者的成功回复后，这个条目就被领导者认为达到提交状态，领导者将这个条目应用到状态机中，并且领导者会回复客户端这次请求成功。对于没有回复的跟随者，领导者会不断地重试，直到调用成功。

此时，跟随者只是把这个条目追加到日志中，并没有应用到状态机中。Raft 算法在下面两个时机会通知跟随者这个条目已经处于提交状态。

- 当领导者处理下一个客户端的请求时，领导者会将下一个条目复制到所有跟随者的请求中，带上提交状态的条目的索引，跟随者将下一个条目追加到日志中，同时会将这个条目应用到状态机中。
- 如果暂时没有新的客户端请求，则 Raft 算法会将提交状态的条目的索引信息随着心跳发送给所有跟随者。

当跟随者通过上面两种方式知道条目已经提交后，它会把条目应用到状态机中。

这样的复制过程有一个特性：即使少数节点变慢或者网络拥堵，也不会导致这个过程变慢。

5. Paxos 算法与 Raft 算法比较

Paxos 算法几乎是分布式共识算法的代名词，但 Raft 算法正在以迅猛的速度追赶它，尤其是最近越来越多人选择基于 Raf 算法来构建系统。Paxos（主要是 Multi Paxos）算法和 Raft 算法其实非常相似，它们的共同点如下。

- 从所有节点中选出一个领导者，它接受所有的写操作，并将日志发送给跟随者。
- 多数派复制了日志后，该日志提交，所有成员最终将该日志中的命令应用于它们的状态机。
- 如果领导者失败了，则多数派会选出一个新的领导者。
- 两者都满足状态机安全性和领导完整性。状态机安全性是指，如果一个节点上的状态机应用了某个索引上的日志，那么其他节点永远不会在同一个索引应用一个不同的日志。领导完整性是指，如果一个命令 C 在任期 t 和索引 i 处被领导者提交，那么任期大于 t 的任何领导者在索引 i 处存储同样的命令 C。

相对于 Paxos 算法，Raft 算法的优势体现在如下 3 方面：表现形式（presentation）、简单性（simplicity）和高效的领导者选举算法。

首先是表现形式。Raft 算法论文的主要目标是可理解性，尝试寻找一种比 Paxos 算法更容易学习和理解的方式来描述算法，同时希望算法对于实际构建系统的开发者来说是实用的。Raft 算法还给出了代码实现的相关逻辑。所以，Raft 算法的表现形式是更为友好的。

第二点是简单性。有两方面体现了 Paxos 算法的复杂性。第一，Raft 算法按顺序提交日志，而 Paxos 算法允许日志不按顺序提交，但需要一个额外的协议来填补可能因此而出现的日志空洞。第二，Raft 算法中的所有日志的副本都有相同的索引、任期和命令，而 Paxos 算法中这些任期可能有所不同。

第三点是 Raft 算法具备了一个高效的领导者选举算法。Paxos 算法论文中给出的选举算法是比较服务器 id 的大小,在几个节点同时竞选时,服务器 id 较大的节点胜出。问题是,这样选出的领导者如果缺少一些日志,那么它不能立即执行写操作,必须先从别的节点那里复制一些日志。Raft 算法总能选出拥有多数派日志的节点,从而不需要追赶日志,虽然有时选举会因为瓜分选票而重试,但总体来说是一个更有效率的选举算法。

2.4.2　分布式事务方案

本节将讨论同一个进程对多个临界资源进行操作的问题。以银行转账为例,假设要从 A 账户中转出 100 元钱,同时将 30 元转入 B 账户和 70 元转入 C 账户。这个例子中的转账操作涉及 3 个临界资源的操作,分别是 A 账户、B 账户和 C 账户。这个转账操作要么全部成功,即 A 账户减少 100 元、B 账户增加 30 元、C 账户增加 70 元,要么全部失败,即 A 账户的钱没有减少、B 账户和 C 账户中的钱没有增加,并且不会出现中间状态。通常把具有这些特性的操作称为事务。事务是指访问和更新数据的一组操作,要么全部成功,要么全部失败,并且保证并发执行的事务彼此互不干扰。

随着分布式系统和微服务架构的兴起,实现分布式事务成为必须解决的问题。如图 2-15 所示,即使在单体架构时代,也可能出现单个服务跨多个资源进行操作的情况,这种情况在分布式环境和微服务架构下更为常见。

图 2-15　单体架构时代的资源访问

到了分布式系统和微服务时代,除了保留单体服务时代的资源访问方式以外,还引入了跨服务、跨资源的访问方式。如图 2-16 所示,分布式架构时代存在跨服务的资源调用,并且服务之间存在依赖关系,服务对资源也存在一对一或者一对多的调用情况。

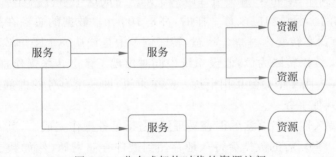

图 2-16　分布式架构时代的资源访问

单体架构下的分布式事务主要考虑的是它的 ACID 特性:原子性(atomicity)、一致性(consistency)、隔离性或独立性(isolation)和持久性(durability)。在分布式架构下,服务和应用被部署到不同的网络节点上,要保证整个系统的 ACID 特性变得非常困难。为了解决这个问题,引入了 CAP 定理,即一致性、可用性和分区容错性。但是 CAP 定理同时只能支持两个属性,无法同时满足三个属性,因此在高并发系统中,往往更加追求可用性。为了进一步解决分布式系统的一致性问题,在 CAP 定理的基础上发展出了 BASE 理论:基本可用性、软状态、最终一致性。BASE 理论接受了系统在特定时刻允许出现不一致的状态,但会在一定时间内最终达到一致状态。

可见,分布式事务的理论演变过程是从刚性事务的 ACID 特性到 CAP 定理和 BASE 理论的柔性事务。在实际应用中,每个应用服务需要根据具体业务需求来实现最终一致性。

随后,根据分布式事务的原理,派生出了分布式事务处理模型(distributed transaction processing,DTP)。在实践中,不断优化和发展出了两阶段提交(2PC)方案和 Try、Confirm、Cancel(TCC)方案,用于处理分布式事务的问题。这些方案在不同场景下可以选择使用,以满足分布式系统的一致性和可用性要求。

按照以上思路,本节对以下几方面展开描述。

- ACID 理论。
- 两阶段提交(2PC)方案。
- Paxos 提交算法。
- 事件队列方案。
- 补偿模式(TCC)方案。

1. ACID 理论

传统关系数据库通过事务来保障数据的 ACID 特性,包括:

- 原子性:事务中所有操作要么全部完成,要么全部不完成。
- 一致性:事务开始或结束时,数据库处于一致状态。
- 隔离性:事务之间互不影响。
- 持久性:事务一旦完成,就不可逆转。

分布式事务的实现源于单机架构的事务处理方式。因此,单体事务的特性 ACID 也是分布式事务的基本特性,其含义如下。

(1)原子性。就像上面转账例子中提到的,事务的最终状态只有两种:全部执行成功和全部不执行,并不存在中间状态。在事务操作过程中,只要有一个步骤不成功,就会导致整个事务操作回滚(取消),相当于事务没有执行。

(2)一致性。一致性是指事务执行前后数据的状态保持一致。以转账为例,从 A 账户转出 100 元,B 账户中到账 30 元,C 账户中到账 70 元。完成这个事务操作后,A 账户减少的金额与 B、C 账户增加的金额总和应该是一样的,都是 100 元。数据的总额在操作前后并不会发生变化,只是从一个状态转变为另一个状态,转账例子中是钱从一个账户转移到了其他账户。

(3)隔离性。继续以转账为例,假设系统中同时出现了多个转账操作,隔离性就是指这些操作可以同时进行,并且彼此不会互相干扰。简单来说,即一个事务的内部操作对数据状态进行的更改不会影响其他事务。

(4)持久性。持久性的字面意思很容易理解,是指事务操作完成后,其对数据状态的更新会被永久保存下来。更新后的数据会持久地存储到硬件存储资源(例如数据库)上,即使系统发生故障或者网络出现问题,只要能够访问硬件存储资源,就一定能够获取这次事务操作后的数据状态。

在 ACID 中的一致性指的是强一致性,换句话说,就是事务中的所有操作都执行成功后才会提交最终结果,从而保证数据一致性。

2. 两阶段提交方案

两阶段提交(two-phase commit,2PC)实际上是一种协议。在一个分布式系统中,由于网络分区的存在,每个节点(参与者)只能确切地知道自己发出的操作结果成功或者失败,但无法确切知道其他参与者节点操作结果是否成功。当一个事务跨越了多个参与者节点时,为了能够保证事务的 ACID 特性,需要引入一个协调者节点来统一掌管所有参与者节点的操作结果,决定这些参与者节点是否要提交操作结果状态,如是否把更新完毕的数据持久化到磁盘。因此,2PC 的算法思路可以简单概括为:所有参与者节点将操作是否成功的状态通知给协调者节点,再由协调者节点根据所有参与者节点的反馈结果来决定各参与者节点是否要提交最后的结果。

接下来对 2PC 算法的两个阶段进行更详细的说明。

1)第一阶段(提交请求阶段、prepare 阶段、投票阶段)

(1)协调者节点向所有参与者节点发送一个请求执行提交操作的消息,并且一直等待各参与者节点的响应消息。

(2)所有参与者节点开始执行从协调者节点发起请求到当前为止的所有事务操作,并且分别将 Undo 和 Redo 信息写入日志。

(3)各参与者节点分别响应协调者节点发起的请求消息。如果参与者节点的事务操作执行成功了,它就返回一个"同意"的响应消息:如果参与者节点的事务操作执行失败了,它就返回一个"中止"的响应消息。

2)第二阶段(提交执行阶段、commit 阶段、完成阶段)

如果协调者节点从所有参与者节点收到的第一阶段响应消息都为"同意",就会出现以下情况。

(1)协调者节点向所有参与者节点发送一个"正式提交"的消息。

(2)各参与者节点完成操作,并释放在事务期间占用的锁和资源。

(3)各参与者节点分别向协调者节点发送"完成"的确认消息。

(4)协调者节点收到所有参与者节点响应的"完成"消息后,完成事务。

如果有任意一个参与者节点在第一阶段返回的响应消息为"中止",或者协调者节点在等待第一阶段参与者节点的响应消息时出现了超时,就会出现以下情况。

(1)协调者节点向所有参与者节点发出"回滚"的消息。

(2)各参与者节点利用之前写进日志的 Undo 信息执行回滚操作,并释放在事务期间占用的锁和资源。

(3)各参与者节点分别向协调者节点发送"回滚完成"的确认消息。

(4)协调者节点收到所有参与者节点响应的"回滚完成"消息后,取消事务。

2PC 中协调者和参与者之间的通信流程如图 2-17 所示。

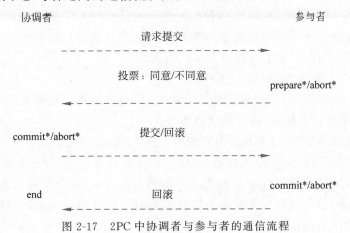

图 2-17 2PC 中协调者与参与者的通信流程

2PC 方案的问题如下。

- 同步阻塞：每个参与者节点都有锁资源操作，资源锁住期间，其他访问该资源的节点也会被阻塞住，导致性能问题。
- 数据不一致：在第二阶段里，一旦协调者和某些参与者节点之间出现网络问题，会造成部分参与者节点提交了事务，而另一部分没有提交，从而造成参与者节点之间的数据不一致。
- 单点问题：协调者在协议中处于核心位置，如果协调者宕机，为单点故障，会导致参与者节点一直处于某个阶段中无法恢复。

为了解决 2PC 方案的这些缺陷，学者们又提出了三阶段提交方案，当然三阶段提交也存在一些缺陷，要彻底从协议层面避免数据不一致，可以采用 Paxos 算法或者 Raft 算法等相关算法。

3. Paxos 提交算法

2006 年，Jim Gray 和 Leslie Lamport 两位图灵奖获得者一起发表了论文，将 Paxos 算法用于原子提交协议，并将这一提交算法称作 Paxos 提交(Paxos commit)算法，旨在解决两阶段提交的单一协调者引出的各种致命问题，以及三阶段提交的正确性问题。该论文被 Google 公司的 Spanner 和 Megastore 等著名分布式存储系统引用。

Paxos 提交算法将节点分为 3 种角色。

(1) 资源管理者(resource manager, RM)。

集群中有 N 个资源管理者，每个资源管理者代表一组 Paxos 实例中的提案发起者。资源管理者从客户端接收事务请求，或者有些系统资源管理者也作为客户端。总之，资源管理者发起事务，并创建 Paxos 提案，然后尝试和接受者运行 Paxos 算法来决议提交或中止事务。

(2) 领导者(leader)。

集群一般只有一个领导者，领导者用来协调整个 Paxos 提交算法，由于 Paxos 也具备选举能力，因此不存在单点故障问题，如果领导者发生故障，那么很容易再选举出一个新的领导者。

(3) 接受者(acceptor)。

接受者与资源管理者一起组成 Paxos 实例，接受者投票决定提交本次事务还是中止本次事务。资源管理者共享所有的接受者，即不同的资源管理者和同一组接受者组成不同的 Paxos 实例。系统为了容错，一般有 $2f+1$ 个接受者，这样能容忍 f 个接受者发生故障。特别的是，当 $f=0$ 时，Paxos 提交算法退化成 2PC 算法。

整个流程如图 2-18 所示，可以看到有 2 个资源管理者和 3 个接受者，而领导者可以和某个接受者在同一个节点上。每个资源管理者和 3 个接受者组成一组 Paxos 实例，资源管理者共享 3 个接受者，所以图 2-18 中有两组 Paxos 实例。

具体的 Paxos 提交算法的流程大致如下。

(1) Paxos 算法开始于某个资源管理者。首先，任何一个资源管理者决定提交事务后，发送 BeginCommit 消息给领导者，请求提交该事务。

(2) 领导者收到消息后，向所有资源管理者发送 Prepare 消息。

(3) 资源管理者收到 Prepare 消息后，如果一切准备就绪，决定参与本次事务的提交，就向所有接受者发送带有提案编号且值为 prepared 的消息。反之，如果资源管理者认为条件不满足，要中止本次事务，就向所有接受者发送带有提案编号且值为 aborted 的消息。这个阶段的消息统称为 phase 2(a) 消息。

(4) 接受者收到 phase 2(a) 消息后，如果接受者没有收到任何比该消息中的提案编号更

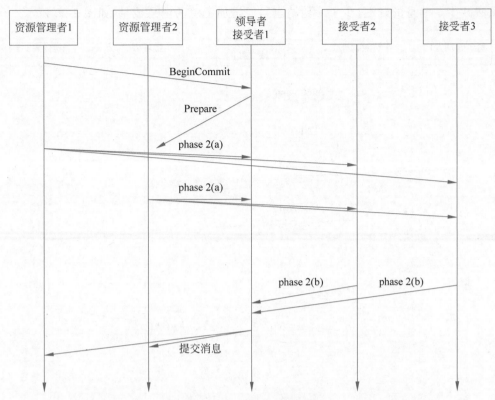

图 2-18 Paxos 提交算法流程

大的消息，则接受者接受该消息，并向领导者回复一条带有该提案编号和值的 phase 2(b) 消息。如果接受者收到比提案编号更大的消息，那么忽略这条消息。

（5）对于每一组 Paxos 实例，领导者统计其收到的接受者的响应消息。如果领导者收到 $f+1$ 个值一样的消息，就认为该 Paxos 实例的多数派达成，那么根据 Paxos 算法，就认为这个资源管理者选定了这个值。

（6）当每一组 Paxos 实例都选定完毕后，领导者进行最终确认。如果最终每个资源管理者选定的值都为 prepared，则代表所有资源管理者达成共识，一致认为该事务可以提交。领导者向所有资源管理者发送提交消息，资源管理者收到消息后提交事务。

（7）如果领导者发现最终所有资源管理者的值中有一个是 aborted，则代表该资源管理者认为应该终止该事务。领导者向所有资源管理者发送中止消息，资源管理者收到消息后中止事务。

Paxos 提交算法还可以继续优化。首先，Paxos 提交算法需要的节点数量还是太多了，这样不利于实际实现。可以考虑将接受者和资源管理者放到同一台物理机上，由于本地传输消息快很多，可以忽略其延迟，相当于减少了一轮网络传输消息的开销。角色合并到一起后如图 2-19 所示。

其次，因为一个接受者属于多个资源管理者，那么可以让接受者将多个 Paxos 实例的 phase 2(b) 消息一次性发送给领导者，以减少消息数量。

资源管理者1 接受者2	资源管理者2 接受者3	领导者 接受者1

图 2-19 优化后角色分布

接受者可以直接将投票后的消息发送给原来的资源管理者，并不需要再次发送给领导者，最终由资源管理者根据接受者返回的消息来确定是否选定该值。这相当于省略了第（5）步。

这样虽然减少了消息的延迟(少了一轮请求),但增加了总的消息数量,如图 2-20 所示。

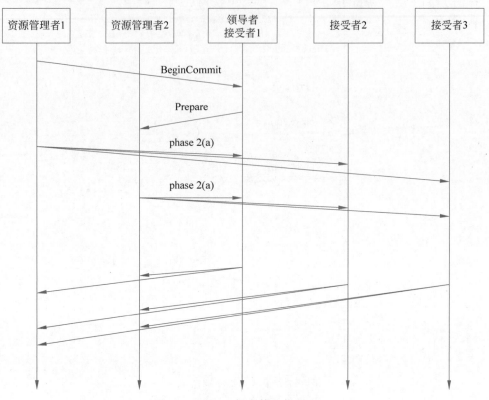

图 2-20　Paxos 提交算法优化流程

对比 2PC 和 Paxos 提交相关的名词,可以看出两者的步骤类似,只是某些地方的术语不同,如表 2-1 所示。

表 2-1　2PC 与 Paxos 提交比较

2PC	Paxos 提交
协调者	接受者/领导者
准备消息	准备消息
准备好"是"消息	phase 2(a)值为 prepared 消息
提交消息	提交消息
准备失败"否"消息	phase 2(a)值为 aborted 消息
中止消息	中止消息

4. 事件队列方案

eBay 的架构师 Dan Pritchett 曾在一篇解释 BASE 原理的论文 *Base:An Acid Alternative* 中提到一个 eBay 分布式系统一致性问题的解决方案。它的核心思想是将需要分布式处理的任务通过消息或者日志的方式来异步执行,消息或日志可以存到本地文件、数据库或消息队列,再通过业务规则进行失败重试,它要求各服务的接口是幂等的。所谓幂等性,是指对系统的一次请求和多次请求返回结果一样,多次请求不会使得系统内部状态不一致。这个方案就是保证最终一致性的解决方案,业界后来根据自身的业务特征又衍生出多种变种方案。

eBay 方案中描述的场景为,有用户表 user 和交易表 transaction,用户表存储用户信息、总销售额和总购买额,交易表存储每一笔交易的流水号、买家信息、卖家信息和交易金额,如

图 2-21 所示。如果产生了一笔交易,需要在交易表增加记录,同时还要修改用户表的金额。由于这两个表分别属于用户服务和交易服务两个独立的服务,所以涉及分布式事务一致性问题。

论文中提出的解决方法是将更新交易表记录和用户表更新消息放在一个本地事务来完成,为了避免重复消费用户表更新消息带来的问题,增加一个操作记录表 update_applied 来记录已经完成的交易相关的信息,如图 2-22 所示。

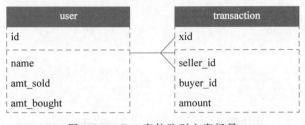  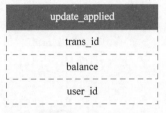

图 2-21 eBay 事件队列方案场景   图 2-22 增加操作记录表

第一阶段,通过交易服务的本地事务保障交易记录入库,以及用户表更新(买家、卖家)消息发送到消息队列。第二阶段,用户服务从消息队列读取用户表更新消息,启动本地事务,通过操作记录表 update_applied 来检测相关交易是否已经完成,未完成则会修改 user 表,然后增加一条操作记录到 update_applied,事务执行成功之后再删除队列消息。该方案通过两阶段多个本地事务的组合,实现了分布式系统的最终一致性。

可以看到,这个方案的核心在于第二阶段的重试和幂等执行。失败后重试,这是一种补偿机制,它是能保证系统最终一致的关键流程。但是重试操作有一个前提,就是重试操作本身不能引起副作用,即重试对象要支持幂等。

5. 补偿模式方案

随着业务场景的扩大和并发负载的增加,对系统的可用性要求日益提升,CAP 定理和 BASE 理论逐渐成为人们关注的焦点。在这样的背景下,柔性事务成为分布式事务的主要实现方式,而 TCC(Try-Confirm-Cancel)作为一种补偿事务也得到广泛应用。

补偿模式方案 TCC 的核心思想是针对每个资源的原子操作,应用程序都需要注册一个与之对应的确认操作和补偿(撤销)操作。TCC 分为如下 3 个阶段。

(1) Try 阶段。

在 Try 阶段,负责对业务系统以及要操作的对象进行检测和资源预留。这个阶段用于执行一些必要的检查,预留资源,为后续的确认或回滚操作做准备。

(2) Confirm 阶段。

在 Confirm 阶段,负责对业务系统做确认提交。如果 Try 阶段执行成功,表明针对资源的操作已经准备就绪,此时执行 Confirm 操作就会提交对资源的操作。也就是说,当资源准备好时,只需要提交该操作的执行就好了。

(3) Cancel 阶段。

在 Cancel 阶段,负责在业务执行错误、需要回滚时执行业务的取消操作。此时需要释放 Try 阶段预留的资源。换句话说,是在资源操作执行失败的情况下,根据之前预留的资源情况进行回滚。

TCC 模式的优点在于它提供了更细粒度的事务控制,可以适应更复杂的分布式环境和业务场景。它的核心是通过 Try、Confirm 和 Cancel 3 个阶段的操作,实现对分布式事务的有效控制和保障。

补偿模式是一种比较容易实现的数据一致性解决方案。如图 2-23 所示,由服务 A、服务

B、服务 C、服务 D 共同组成的一个微服务架构系统。服务 A 需要依次调用服务 B、服务 C 和服务 D 共同完成一个操作。当服务 A 调用服务 D 失败时,若要保证整个系统数据的一致性,就要对服务 B 和服务 C 的 invoke 操作进行回滚,执行反向的 revert 操作。回滚成功后,整个微服务系统是数据一致的。

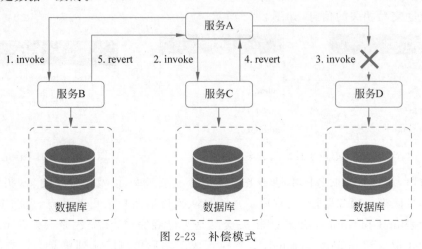

图 2-23　补偿模式

补偿模式的实现有以下几个关键要素。

(1)服务调用链必须被记录下来。服务调用链的记录可以以数据库或者日志的方式,由服务调用发起方记录,也可以由一个统一的第三方协调服务记录。这个调用链信息后续会被当成业务的流水记录,作为执行回滚操作的唯一依据。

(2)每个服务提供者都需要提供一组业务逻辑相反的操作,互为补偿,同时回滚操作要保证幂等,因为由服务调用发起方或者协调服务发起的回滚操作可能会出现多次。

上面的讨论没有考虑服务 A 调用服务 D 失败的原因,但是恰恰这个失败原因很重要,也是实现补偿模式的一个难点。把失败原因分为网络故障和拒绝服务,其中网络故障可以细分为网络超时或者网络中断,拒绝服务也可能包含服务内部错误。这就要求必须按失败原因对服务 D 执行不同的回滚策略。例如,网络中断造成的失败就不用对服务 D 执行回滚,对于服务 D 内部错误造成的调用失败,服务调用发起方或者协调服务无法获知服务 D 内部是否数据一致,因此,最合适的方式是调用服务 D 的回滚操作,由服务 D 来保证回滚操作的幂等性。

补偿模式的特点是实现简单,但是想形成一定程度的通用方案比较困难,特别是服务链的记录,因为大部分时候,业务参数或者业务逻辑千差万别。另外,很多业务特征使得该服务无法提供一个安全的回滚操作。

接下来通过一个例子帮助大家理解。

如图 2-24 所示,假设有一个转账服务,需要把 A 银行中 A 账户的 100 元分别转到 B 银行的 B 账户和 C 银行的 C 账户,这三个银行的转账服务各不相同,因此这次转账服务就形成了一次分布式事务。来看看如何用 TCC 的方式完成这个服务。

首先是 Try 阶段,该阶段主要用于检测资源的可用性,例如验证账户余额是否足够,检查缓存、数据库和队列是否可用等。在这个阶段,并不执行具体的转账逻辑。如图 2-25 所示,在进行从 A 账户转出资金的操作之前,系统会检查该账户的总金额是否大于 100 元,并记录总金额和转出金额。对于 B 账户和 C 账户,系统需要获取账户原有的总金额和转入金额,以便计算转账后的总金额。在交易数据库中,除了设有总金额字段,还需要包含转出金额或转入金额字段,供 Cancel 阶段在回滚时使用。

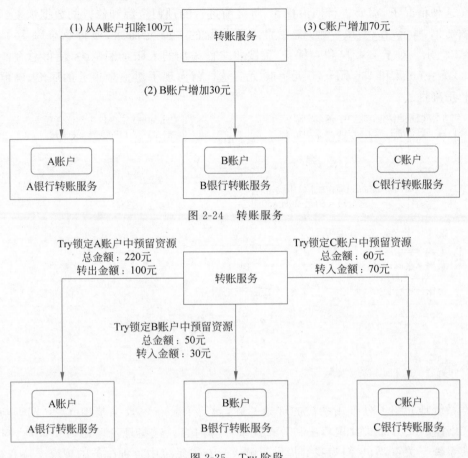

图 2-24 转账服务

图 2-25 Try 阶段

如果 Try 阶段执行成功,接下来进入 Confirm 阶段,执行具体的转账逻辑。如图 2-26 所示,在从 A 账户转出 100 元成功后,A 账户的剩余金额为 220 元－100 元＝120 元,系统会将这个剩余金额更新到总金额中并保存,同时将交易状态设置为转账成功。对于 B 账户和 C 账户,系统分别设置总金额为 50 元＋30 元＝80 元和 60 元＋70 元＝130 元,并将交易状态也设置为转账成功。此时,转账操作成功,整个事务完成。

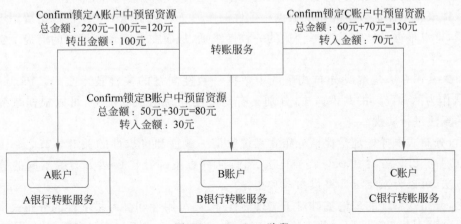

图 2-26 Confirm 阶段

如果 Try 阶段没有执行成功,意味着发生了一些错误或条件不满足,转账操作不能继续进行。在这种情况下,需要进行回滚操作,将之前进行的预留资源和修改的数据恢复到原始状态。如图 2-27 所示,在 A 账户中,需要将之前扣除的 100 元加回,使得总金额为 120 元＋100 元＝220 元。对于 B 账户和 C 账户,需要将之前添加的入账金额减去,使得总金额分别为80 元－30 元＝50 元和 130 元－70 元＝60 元。这样就实现了对整个事务的回滚,确保数据的一致性和正确性。

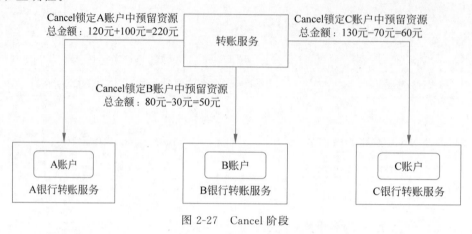

图 2-27　Cancel 阶段

本章小结

本章系统地介绍了分布式系统的理论基础,涵盖了分布式数据基础、CAP 定理与 BASE 理论、一致性模型、分布式共识算法和分布式事务等内容。这些理论基础对于设计、构建和管理分布式系统至关重要,它们为我们提供了解决分布式系统中各种挑战的理论支持和指导。

首先,分布式数据基础介绍了数据在分布式系统中的基本管理原则。分区和复制作为数据分布和备份的关键手段,通过合理的分区和复制策略,可以实现数据的高效管理和可靠性存储。

CAP 定理与 BASE 理论是分布式系统设计中的重要理论基石。CAP 定理指出了在分布式系统中一致性、可用性和分区容错性之间的不可兼得的抉择,而 BASE 理论则提出了一种基于最终一致性的设计原则,为分布式系统的设计提供了新的视角和思路。

一致性模型是保证分布式系统数据一致性的重要工具。不同的一致性模型适用于不同的业务场景,可以根据具体需求选择合适的一致性级别,从而在保证系统性能的前提下实现数据一致性。

分布式共识算法是解决分布式系统中数据一致性问题的关键技术之一。Paxos 算法和Raft 算法作为两种经典的共识算法,分别具有复杂度和易用性的优势,可以根据系统需求选择合适的算法进行实现。

最后,分布式事务处理是保证分布式系统数据一致性和可靠性的关键环节之一。通过了解 ACID 理论、2PC 方案、Paxos 提交算法、事件队列方案和补偿模式方案等不同的分布式事务处理方法,可以为系统设计提供参考和指导。

总之,分布式系统的理论基础对于实现高性能、高可用性和高可扩展性的分布式系统至关重要。通过深入理解和应用这些理论,可以更好地应对分布式系统中的各种挑战,构建出更加稳定和可靠的分布式系统,从而为实际应用场景提供更优秀的服务和支持。

课后习题

1. 单选题

(1) 分布式系统中,数据分区的主要目的是( )。

    A. 提高数据一致性   B. 提高系统的可用性

    C. 提高数据处理效率   D. 降低数据存储成本

(2) 数据复制的主要优点是( )。

    A. 提高系统的性能   B. 降低系统的复杂性

    C. 提高数据的可靠性   D. 降低数据存储成本

(3) CAP 定理中的 C 代表( )。

    A. consistency(一致性)   B. capacity(容量)

    C. concurrency(并发性)   D. control(控制)

(4) BASE 理论中的 BA 代表( )。

    A. best available storage   B. basically available

    C. binary access storage   D. base access system

(5) 一致性模型中,最严格的模型是( )。

    A. 最终一致性   B. 强一致性   C. 弱一致性   D. 因果一致性

(6) 以下( )不是分布式共识算法的特点。

    A. 提供高可用性   B. 确保数据一致性

    C. 降低系统的复杂性   D. 处理节点故障

(7) 两阶段提交协议主要用于( )。

    A. 数据分区   B. 数据复制   C. 分布式事务   D. 数据存储

(8) 在 CAP 定理中,如果系统选择了 CA(consistency and availability),那么它将无法满足( )。

    A. 数据一致性   B. 系统可用性   C. 分区容错性   D. 数据分片

(9) BASE 理论强调的是在分布式系统中需要( )。

    A. 严格的一致性   B. 高可用性和最终一致性

    C. 高可靠性和低延迟   D. 高并发和低成本

(10) 分布式共识算法的 个典型应用是( )。

    A. 数据压缩   B. 日志管理   C. 分布式事务   D. 负载均衡

2. 思考题

(1) 如何在分布式系统中实现数据一致性?请结合 CAP 定理进行解释。

(2) 分布式系统中的透明性指的是什么?如何实现透明性?

第 3 章

分布式系统基础架构与实践

随着互联网、云计算、大数据和物联网等技术的蓬勃发展,分布式系统作为一种强大的解决方案正变得越来越重要。相较于传统的单机系统,分布式系统具备更高的性能、可靠性和可扩展性,能够应对大规模数据处理和高并发访问的挑战。

3.1　问题导入

在现代信息技术和大数据时代,分布式系统的基础架构已经成为实现高效、可扩展和可靠应用的核心。本章将深入探讨分布式系统的基础架构和实践,并介绍一些实际应用的案例,如Hadoop 大数据平台、阿里云飞天分布式架构和华为云数据库 GaussDB。

在设计和实现分布式系统时,需要面对和解决以下关键问题。

- 如何有效地拆分和管理分布式应用服务?
- 如何在分布式环境中实现协同工作?
- 如何利用分布式计算来处理海量数据?
- 如何设计和实现高效的分布式存储系统?
- 如何进行分布式资源的管理和调度?

首先介绍分布式应用服务的拆分。分布式应用服务的拆分是实现微服务架构的基础,通过将单一的应用程序拆分为多个独立的服务,可以提高系统的可维护性和可扩展性。然而,这也带来了服务间通信、数据一致性和事务处理等新的挑战。

接下来探讨分布式协同的实现。分布式协同是指在多个节点之间实现协调和同步工作,以保证系统的整体一致性和可靠性。常见的分布式协同技术包括分布式锁、分布式事务和共识算法等,这些技术在实际应用中起着至关重要的作用。

分布式计算是分布式系统的核心之一,通过将计算任务分散到多个节点上并行处理,可以显著提高计算效率和处理能力。我们将介绍分布式计算的基本原理和常见的计算框架,如MapReduce 和 Spark。

分布式存储是分布式系统中另一个关键组件,用于存储和管理海量数据。分布式存储系统需要解决数据分区、数据复制和数据一致性等问题,以保证数据的高可用性和可靠性。我们将详细讨论分布式存储的设计原则和实现方法。

然后介绍分布式资源管理与调度。分布式资源管理与调度是指在分布式系统中,如何有效地分配和管理计算资源,以最大化资源利用率和系统性能。常见的资源管理与调度框架包括 YARN 和 Mesos。

在理解了分布式系统的基础架构后,将通过实际案例进一步加深理解。首先是 Hadoop 大数据平台,这是一个开源的分布式计算和存储平台,广泛应用于大数据处理和分析。我们将介绍 Hadoop 的发展历史、技术生态体系、环境搭建和运行模式。

接下来是阿里云飞天分布式架构,作为阿里巴巴的核心技术之一,飞天平台提供了强大的计算和存储能力,支持阿里云的大规模分布式应用。我们将介绍阿里云与飞天平台的基本情况、技术生态体系和开放服务。

最后探讨 GaussDB,这是华为云提供的高性能分布式数据库服务。我们将介绍 GaussDB 的服务特点和实际应用场景。

通过本章的学习,读者将全面了解分布式系统的基础架构和实践,并掌握在实际项目中设计和实现分布式系统的基本方法和技术。希望本章内容能够为读者提供有益的指导和帮助,使读者能够在实际工作中更好地应用分布式系统技术,解决大规模数据处理和高并发问题。

3.2　分布式系统基础架构

如前文所述,之所以需要有分布式系统,最根本的原因还是单机的计算和存储能力不能满足系统的需要。单机架构扩展为分布式架构后,可以解决由业务访问量增长和并发场景带来的问题,分布式架构将应用服务部署到了分散的资源上面,从而支持高性能和高可用。知道了分布式架构的特征和优势之后,接下来聚焦分布式架构的问题。要把成百上千台计算机组织成一个有机的系统绝非易事,例如,服务如何拆分、分散的服务如何通信及协同,以及如何处理分布式计算、调度和监控。

分布式架构按照拆分的原则,将应用分配到不同的物理资源上。既然分布式是从拆分开始的,那我们的问题也从拆分入手。任何一个系统都是为业务服务的,所以首先根据业务特点对应用服务进行拆分,拆分之后会形成一个个服务或者应用。这些服务具有自治性,可以完成自己对应的业务功能,以及拥有单独的资源。当一个服务需要调用其他服务时,需要考虑服务之间通信的问题。同理,多个服务要完成同一件事时,需要考虑协同问题。当遇到大量任务需要进行大量计算工作时,需要多个同样的服务共同完成。另外,任何应用或者计算架构都需要考虑存储的问题。最后,实现了对应用与资源的管理和调度,才能实现系统的高性能和可用性。根据以上分析,得到如图 3-1 所示的分布式系统逻辑结构。

3.2.1　分布式应用服务拆分

图 3-1 中的应用服务以商城为例,拆分成了用户服务、订单服务、商品服务、广告服务。分布式架构确实解决了高性能、高可用、可扩展、可伸缩等问题。其自治性特征也让服务从系统中独立出来,从业务到技术再到团队都是独立的个体。但在分布式架构的实践过程中产生了一些争论和疑惑,例如应用服务如何划分? 划分以后如何设计? 业务的边界如何定义? 应用服务如果拆分得过于细致,就会导致系统架构的复杂度增加,项目难以推进,程序员学习曲线变得陡峭;如果拆分得过于粗犷,又无法达到利用分布式资源完成海量请求以及大规模任务的目的。总之,定义业务的边界是划分应用服务的关键。要先划分业务,再针对划分后的业务进行技术实现。一般来说,应用服务的划分都是由项目中的技术或者业务专家凭借经验进行的。

既然技术的实现来源于业务,那么对业务的分析就需要放在第一位。可以利用领域驱动设计(domain-driven design,DDD)的方法定义领域模型,确定业务和应用服务的边界,最终引

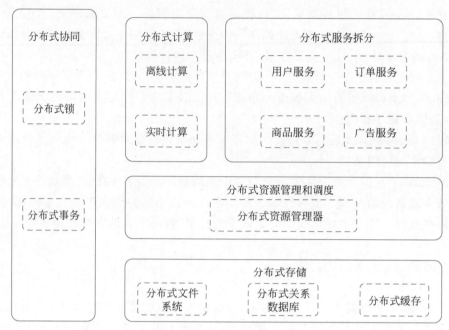

图 3-1　分布式系统逻辑结构

导技术的实现。按照 DDD 方法设计出的应用服务符合"高内聚、低耦合"的标准。DDD 是一种专注于复杂领域的设计思想,其围绕业务概念构建领域模型,并对复杂的业务进行分隔,再对分隔出来的业务与代码实践做映射。DDD 并不是架构,而是一种架构设计的方法论,它通过边界划分将业务转化成领域模型,领域模型又形成应用服务的边界,协助架构落地。

3.2.2　分布式协同

分布式系统之所以存在,最根本的原因是数据量或计算量超过了单机的处理能力,因此不得不求助于水平扩展,而为了协调多个节点的动作,则不得不引入分布式协调组件。

分布式协同顾名思义就是大家共同完成一件事,而且是一件大事。在完成这件大事的过程中,难免会遇到很多问题。例如,同时响应多个请求的库存服务会对同一商品的库存进行"扣减",为了保证商品库存这类临界资源的访问独占性,引入了分布式锁的概念,让多个"扣减"请求能够串行执行。又如,在用户进行"下单"操作时,需要将"记录订单"(订单服务)和"扣减库存"(库存服务)放在事务中处理,要么两个操作都完成,要么都不完成。再如,对商品表做了读写分离之后,产生了主从数据库,当主库发生故障时,会通过分布式选举的方式选举出新的主库,以替代原来主库的工作。针对这个问题,可以采用 ZooKeeper 实现分布式锁,或者使用分布式事务的方案。

在单机操作系统中,几个相互合作的进程(如生产者/消费者模型中的生产者进程和消费者进程)如果需要进行协调,就得借助于一些进程间通信机制,如共享内存、信号量、事件等。分布式协同本质上就是分布式环境中的进程间通信机制。

分布式协同服务是通过分布式协调组件对外提供的。为了获得健壮性,一个协调组件内部也是由多个节点组成的,节点之间通过一些分布式共识协议(如 Paxos、Raft)来协调彼此的状态。如果一个节点崩溃了,其他节点就自动接管过来,继续对外提供服务,好像什么都没有发生过一样。

3.2.3 分布式计算

在大数据和人工智能时代,有海量的信息需要处理,这些信息会经过层层筛选进入系统,最终形成数据。要想让数据产生商业价值,就离不开数据模型和计算。针对海量数据的计算,分布式架构通常采用水平扩展的方式来应对挑战。在不同的计算场景下有不同的计算方式,如批处理分布式计算、流处理分布式计算、混合计算。

1. 批处理分布式计算

批处理分布式计算适用于大规模数据处理,并且对实时性要求相对较低的场景。需要一次性处理大批的数据,而且在处理前数据已经就绪。要求数据集能够被拆分,而且可以独立进行计算,不同的数据集之间没有依赖。例如,谷歌的 PageRank 算法的迭代实现,每一次迭代时,可以把数据分为不同的分区,不同分区之间没有依赖,因此就可以利用 MapReduce 实现。但斐波那契数列的计算问题则不然,其后面值的计算必须要等前面的值计算出来后方可开始,因此就不能利用 MapReduce 实现。

2. 流处理分布式计算

流处理分布式计算适用于实时数据处理场景。在流处理计算中,数据以数据流的形式连续到达,并需要立即进行处理和响应,如实时的日志分析、实时的股票推荐系统等。对实时性要求很高的计算,MapReduce 就不适用了。

根据对新数据的处理方式,流处理系统分为以下两大类。

(1)微批处理(micro-batch processing)系统。

当新数据到达时,并不立即进行处理,而是等待一小段时间,然后将这一小段时间内到达的数据成批处理。这种方式可以减少数据处理的延迟,并提高计算效率。这类系统的例子有 Apache Spark。

(2)真正的流处理(true stream processing)系统。

当一条新数据到达后,立刻进行处理。这种方式更加关注实时性和低延迟,适用于需要立即响应和实时决策的场景。这类系统的例子有 Apache Storm、Apache Samza 和 Kafka Streams(只是一个客户端库)。

3. 混合计算

在分布式计算领域,还有一种混合了批处理和流处理的系统,这类系统的一个例子是电商的智能推荐系统,其既需要批处理的功能(为了确保响应速度,预先将大量的计算通过批处理系统完成),又需要流处理的功能(根据用户的最新行为,对推荐系统进行实时调整)。

对于这类系统,有一种很流行的架构,即 Lambda 架构(见图 3-2),其思想是用一个批处理系统(如 MapReduce)进行批处理计算,再用一个实时处理系统(如 Apache Spark/Storm)进行实时计算,最后用一个合并系统将二者的计算结果结合起来并生成最终的结果。

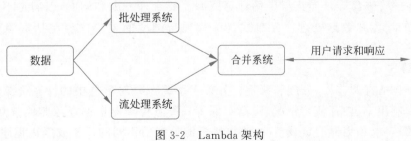

图 3-2 Lambda 架构

Lambda 架构的一个很大的缺点是处理逻辑需要在批处理系统和流处理系统中实现两遍。因此,也可以使用 Kafka 实现 Kappa 架构。与 Lambda 架构不同,Kappa 架构为批处理和流处理提供了单个管道。利用 Kafka 可以保存历史消息的特性,根据业务的需要,在 Kafka 中保存一定时间段内的历史数据,当需要进行批处理时,则访问 Kafka 中保存的历史数据,当需要实时处理时,则消费 Kafka 中的最新消息。如此这般,处理逻辑就只需要实现一套了。

3.2.4　分布式存储

简单理解,存储就是数据的持久化。从参与者的角度来看,数据生产者生产出数据,然后将其存储到媒介上,数据使用者通过数据索引的方式消费数据。从数据类型上来看,数据又分为结构化数据、半结构化数据和非结构化数据。

与单机系统类似,分布式系统的存储也分为两个层次:第一个层次是文件级的,即分布式文件系统,如谷歌文件系统(Google file system,GFS)、Hadoop 分布式文件系统(Hadoop distributed file system,HDFS)、淘宝文件系统(Taobao file system,TFS)等;第二个层次是在文件系统之上的进一步抽象,即数据库系统。不过,分布式系统下的数据库远比单机的关系数据库复杂,因为数据被存储在多个节点上,如何保证其一致性就成了关键,所以,分布式系统下的数据库采用的大都是最终一致性,而非满足 ACID 属性的强一致性。

例如,谷歌 Megastore 将同一数据的不同分区存放在不同的数据中心中,在每个数据中心内部,属于同一个分区的数据存放在同一个 Bigtable 中。借助于 Bigtable 对单行数据读写的事务支持,Megastore 支持同一个分区内的 ACID 属性,但对于跨分区(即跨数据中心)的事务,则通过 2PC 实现,因此,也是最终一致的。

再如阿里巴巴的 OceanBase,它将数据分为两部分:一部分是较早的数据(称为基准数据);另一部分是最新的数据(称为增量数据)。基准数据与增量数据分开存储,读写请求都由一个专门的合并服务器(merge server)来处理。合并服务器解析用户的 SQL 请求,然后生成相应的命令发给存储基准数据和增量数据的服务器,再合并它们返回的结果;此外,后台还定期将增量数据合并到基准数据中。OceanBase 定期将更新服务器(update server)上的增量数据合并到各个数据块服务器(chunk server)中。

因此,OceanBase 也是最终一致的,但通过合并服务器把暂时的不一致隐藏起来了。因此,本质上,只有两种数据库系统,即满足 ACID 属性的关系数据库管理系统(relational database management system,RDBMS)和满足最终一致性的 NoSQL 系统。

3.2.5　分布式资源管理与调度

分布式资源管理与调度是在分布式系统中,对系统资源进行有效管理和任务调度的关键过程。在分布式系统中,由多台计算机或服务器构成一个集群,每台计算机都有一定的计算资源(如 CPU、内存、磁盘等),而集群中的计算资源需要合理分配和调度,以满足不同任务的需求,实现高效的计算和数据处理。分布式资源管理与调度的主要内容包括资源管理和任务调度。

1. 资源管理

资源管理包括资源监控、分配和调整。分布式系统需要对集群中的计算资源进行实时监控,包括 CPU 利用率、内存使用情况、磁盘空间等;资源管理器根据资源监控信息,考虑任务的优先级、资源需求和集群的负载情况,将可用资源分配给不同的任务或应用程序;资源管理器需要根据系统的变化动态调整资源的分配,如在高负载时进行资源压缩,或在低负载时释放部分资源。

2. 任务调度

任务调度包括任务队列、调度策略和迁移。任务队列中保存了待执行的任务,资源管理器从队列中获取任务,并将其分配给可用资源执行;任务调度器根据任务的性质、优先级、资源需求等因素,选择合适的节点来执行任务;有时资源管理器可能需要对正在执行的任务进行迁移,将任务从一个节点迁移到另一个节点。

常见的分布式资源管理与调度系统包括 Apache Hadoop YARN、Apache Mesos、Kubernetes 等。这些系统都旨在有效管理分布式系统的资源,并根据任务的需求进行智能调度,从而实现高效、稳定和可靠的分布式计算和数据处理。

3.3　Hadoop 大数据平台的技术架构

为了更好地帮助大家理解分布式系统基础架构,本节介绍流行的大型分布式大数据平台——Hadoop。Hadoop 是一个开源的分布式计算框架,用于处理大规模数据集的存储和分析。它旨在解决传统数据处理系统在处理大数据时遇到的困难,如存储成本高、数据处理速度慢以及扩展性不足等问题。Hadoop 最初由 Apache 软件基金会开发,它的设计灵感来自Google 的两篇经典论文:Google File System 和 MapReduce。借助 Hadoop,用户可以在不了解分布式底层细节的情况下开发分布式程序,充分利用集群的威力进行高速运算和存储。下面将从 Hadoop 发展历史、技术生态、环境搭建和运行模式几方面来带领读者初步认识Hadoop。

3.3.1　Hadoop 发展历史

万维网(world wide web,WWW)将大量使用超文本标记语言(HTML)编写的文档用一个超链接连接在一起。它的客户端,也就是浏览器,成为用户通往万维网的窗口。由于万维网上的文档易于创建、编辑和发布,于是海量的文档出现在了万维网中。

在 20 世纪 90 年代后半段,万维网中海量的数据导致了查找的问题。用户发现在有信息需求时,很难发现和定位正确的文档,于是众多互联网公司在万维网的搜索领域掀起了一股淘金浪潮,诸如 Lycos、Altavista、Yahoo!和 Ask Jeeves 这样的搜索引擎或者目录服务变得司空见惯。

Hadoop 的发展历史可以追溯到一个称为 Nutch 的开源网络搜索引擎项目,它是 2003 年由 Doug Cutting 和 Mike Cafarella 开发的。这个项目的目标是建立一个基于 Lucene 的全文搜索引擎,提供一个现成的爬虫框架去满足文档搜索的需求,并使用分布式计算来提高搜索效率。

早期的 Nutch 曾演示过使用 4 台机器处理 1 亿个网页,不过调试和维护工作很烦琐。在21 世纪初期,谷歌引领了搜索技术的发展。大约在 2004 年,谷歌向世人公开了它的MapReduce 技术实现,这项技术引入了与 MapReduce 引擎配合使用的 GFS。受此启发,在2004 年,Doug Cutting 也开始开发一个分布式文件系统 NDFS(Nutch distributed file system),以解决 Nutch 在处理大规模数据时遇到的问题,后来这个系统改名为 HDFS。

到 2006 年,Nutch 的扩展性虽然提升了,但是也没能达到互联网级别。它可以使用 20 台机器抓取和构建几亿的网页文档的索引。同年,Doug Cutting 加入 Yahoo!,并将 Nutch 的代码和 HDFS 整合在一起,形成了 Hadoop 项目。Hadoop 项目是受 Apache 软件基金会

(Apache software foundation, ASF)支持的,不过它是从 Nutch 项目中分离出来的,并可以独立发展。

2007 年,Hadoop 的第一个正式版本 0.10.1 发布,Hadoop 开始吸引越来越多的开发者和用户。2008 年,Hadoop 在太字节(TB)级别数据的排序性能标杆竞赛中获胜,正式宣告它成为一个基于 MapReduce、适用于大规模的、可靠的集群计算框架。同年,Hadoop 成为 Apache 的顶级项目,Yahoo! 开始使用 Hadoop 来处理大规模的搜索和广告数据。2009 年,Hadoop 的子项目 Hive 开始开发,它提供了类似 SQL 的查询语言,使得用户可以通过 SQL 来操作和查询 Hadoop 中的数据。2010 年,Hadoop 的另一个子项目 Pig 开始开发,它提供了一个高级数据流语言和执行框架,使得用户可以更轻松地编写和执行复杂的数据处理任务。

直到 2011 年,Hadoop 才发布它的第一个稳定版本 1.0.0,这标志着 Hadoop 已经成熟到可以在生产环境中使用。第二年,Hadoop 2.0 发布,引入了 YARN(yet another resource negotiator)作为新的资源管理器,使得 Hadoop 可以支持更多类型的计算模式,如实时处理和流处理。

2014 年,Apache Spark 成为 Hadoop 生态系统中的另一个重要组件。Spark 是一个快速通用的大数据处理引擎,具有比 MapReduce 更高的性能和更丰富的功能。

2016 年,Hadoop 的第三个主要版本 Hadoop 3.0 发布,引入了一系列改进和优化,如支持容器化、增强的存储层和资源管理等。至今,Hadoop 仍持续发展并吸引着全球范围内的企业和研究机构,成为大数据处理和分析领域的标准和重要组成部分。截至 2023 年 7 月,Hadoop 的最新稳定版本是 Hadoop 3.3.6。

3.3.2　Hadoop 大数据技术生态体系

Hadoop 大数据技术生态体系如图 3-3 所示。

大数据技术生态体系包括以下技术。

(1) Sqoop。Sqoop 是一款开源的工具,主要用于在 Hadoop、Hive 与传统的数据库间进行数据的传递,可以将一个关系数据库(如 MySQL、Oracle 等)中的数据导入 Hadoop 的 HDFS 中,也可以将 HDFS 的数据导入关系数据库中。

(2) Flume。Flume 是 Cloudera 提供的一个高可用的、高可靠的、分布式的海量日志采集、聚合和传输的系统。Flume 支持在日志系统中定制各类数据发送方,用于收集数据;同时,Flume 提供对数据进行简单处理,并写到各种数据接受方(可定制)的能力。

(3) Kafka。Kafka 是一个高吞吐量的分布式消息队列系统。它可以高效地处理大规模的发布和订阅消息流,通常被用于构建实时数据管道和流处理应用程序,以满足日志收集、事件处理、监控、指标收集等场景的需求。

(4) HBase。HBase 是一个分布式的、面向列的开源数据库。HBase 不同于一般的关系数据库,它是一个适合于非结构化数据存储的数据库。

(5) YARN。YARN 是 Hadoop 的资源管理器,它是 Hadoop 2.0 版本引入的一个重要组件,用于管理集群中的资源分配和任务调度。在之前的 Hadoop 版本中,资源管理和任务调度是由 Hadoop 的 JobTracker 完成的,但 JobTracker 在大规模集群上容易成为性能瓶颈。

(6) Storm。Storm 用于连续计算,对数据流做连续查询,在计算时就将结果以流的形式输出给用户。

(7) Spark。Spark 是当前最流行的开源大数据内存计算框架,可以支持批处理、流处理和机器学习等多种数据处理模式。

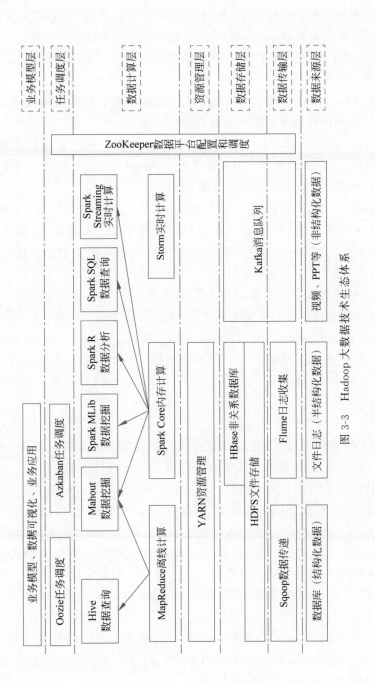

图 3-3　Hadoop 大数据技术生态体系

(8) Hive。Hive 是基于 Hadoop 的一个数据仓库工具,可以将结构化的数据文件映射为一张数据库表,并提供类 SQL 查询语言 HiveQL,可以将 SQL 语句转换为 MapReduce 任务运行。其优点是学习成本低,可以通过类 SQL 语句快速实现简单的 MapReduce 统计,不必开发专门的 MapReduce 应用,十分适合数据仓库的统计分析。

(9) Mahout 和 Spark MLib。Apache Mahout 是个可扩展的机器学习和数据挖掘库,Spark MLib 提供了通用的机器学习算法库以及数据预处理和特征工程库。

(10) R。R 是用于统计分析、绘图的语言和操作环境。R 是属于 GNU 系统的一个自由、免费、源代码开放的软件,它是一个用于统计计算和统计制图的优秀工具。

(11) Oozie。Oozie 是一个管理 Hadoop 作业(job)的工作流程调度管理系统,用于在 Hadoop 生态系统中编排和调度复杂的数据处理工作流。

(12) Azkaban。类似于 Oozie,Azkaban 也是为了简化和自动化大规模数据处理任务的调度和执行而设计的工作流调度和任务编排系统。Azkaban 相对于 Oozie 来说更加灵活和通用,可以适用于更多类型的任务和数据处理框架。

(13) ZooKeeper。ZooKeeper 是 Google 的 Chubby 一个开源的实现。它是一个针对大型分布式系统的可靠协调系统,提供的功能包括配置维护、命名服务、分布式锁、组服务等。ZooKeeper 的目标就是封装好复杂易出错的关键服务,将简单易用的接口和性能高效、功能稳定的系统提供给用户。

基于 Hadoop 的大数据存储与处理是一套完整的工业流程,其中涉及相当多的专业框架技术,除了基本的 HDFS 和 MapReduce 以外,本书会对其中的一些关键技术进行重点介绍。

本节后续内容将以 Hadoop 3.0 为例进行讲解。相比于 Hadoop 1.0,Hadoop 2.0 最重要的一点就是引入了 YARN 框架和解决了高可用问题,而 Hadoop 3.0 相比 Hadoop 2.0 又通过纠错码提高了存储效率,且增强了高可用能力,纠错码相关内容本节不作详述。

1. HDFS 简介

HDFS 是分布式文件存储系统的实现方式之一,采用将大文件拆分成小文件进行多节点存储的方式解决文件的存储问题。为了保证读者对后续分布式架构的搭建充分理解,此处先对 HDFS 进行一个基本介绍,后续第 4 章中将对 HDFS 进行详细的讲解。

简单而言,HDFS 采用以 Block(块)为单位的文件拆分方式,每 128MB 为一个 Block。例如一个 129MB 的文件,那么 HDFS 会将其分为两个 Block,一个为 128MB,另一个为 1MB,若文件不满 128MB,则单独作为一个 Block。对于拆分好的 Block,HDFS 会将其保存在不同的随机节点之上。所谓节点,本质上就是拥有单独的计算资源和存储资源的服务器,而保存 Block 则需要使用到这些服务器的存储资源。为了保证文件的安全性,每个 Block 会由 HDFS 复制出两份,以总共三个副本的形式保存在不同的节点上,这些节点在 HDFS 中称为 DataNode。

DataNode 负责保存 Block,也就是拆分好的具体数据,至于文件名、文件属性、文件所拆分出的 Block 列表、每个 Block 所在的 DataNode 位置,这些所谓的元数据则保存在另外的一台节点之上,HDFS 称这个节点为 NameNode。

为了保证元数据的统一,NameNode 只能设置一个,而一个 NameNode 又容易出现数据的安全问题,因此引入了 SecondaryNameNode 节点,这个节点用于生成 NameNode 的元数据快照,保证 NameNode 的数据不会因意外而丢失。关于各节点的工作机制会在后面的章节进行详细介绍。

2. MapReduce 简介

MapReduce 是一种分布式计算模型和编程范式,用于处理大规模数据集的并行计算。它是由 Google 在 2004 年提出并发表的一篇论文,用于支持 Google 内部的大规模数据处理。后来,Apache Hadoop 项目将 MapReduce 引入 Hadoop 生态系统,并成为了 Hadoop 的核心组件之一。

MapReduce 的推出给大数据并行处理带来了巨大的革命性影响,使其成为事实上的大数据处理的工业标准。尽管 MapReduce 还有很多局限性,但人们普遍认为,MapReduce 是最为成功、最广为接受和最易于使用的大数据并行处理技术。MapReduce 的发展普及和带来的巨大影响远远超出了发明者和开源社区当初的意料,以至于马里兰大学教授、2010 年出版的 *Data-Intensive Text Processing with MapReduce* 一书的作者 Jimmy Lin 在书中写道:"MapReduce 改变了组织大规模计算的方式,它代表了第一个有别于冯·诺依曼结构的计算模型,是在集群规模而非单个机器上组织大规模计算的新的抽象模型上的第一个重大突破,是我所见到的最为成功的基于大规模计算资源的计算模型。"

MapReduce 模型基于函数式编程思想。概念"Map(映射)"和"Reduce(归约)",都是从函数式编程语言中或从矢量编程语言中借来的特性。它极大地方便了编程人员在不会分布式并行编程的情况下,将自己的程序运行在分布式系统上。当前的软件实现是指定一个 Map(映射)函数,用来把一组键值对映射成一组新的键值对,指定并发的 Reduce(归约)函数,用来保证所有映射的键值对中的每一个共享相同的键组。

MapReduce 模型的优势在于其简单且易于扩展。它可以在大规模的分布式计算集群上并行运行,充分利用集群的计算资源。MapReduce 模型适用于许多数据处理和分析任务,例如批处理任务、日志分析、搜索引擎索引构建等。尽管在某些场景下,MapReduce 可能不够高效,但它仍然是 Hadoop 生态系统中重要的数据处理模型,并对其后的分布式计算框架产生了深远的影响。

3. YARN 简介

大数据框架需要解决的两个核心问题是海量数据的存储和海量数据的计算,HDFS 框架解决了数据的存储问题,MapReduce 解决了数据的计算问题,现在还需要考虑计算所需要的资源如何去调度管理。

对于一个服务器而言,磁盘就是数据的存储资源,而内存和 CPU 则是数据的计算资源,它们是相互独立的。在使用了 HDFS 进行存储的场景下,数据被拆分成不同的 Block 存储于不同的节点之上,因此在计算时也是由不同的服务器节点调用各自的内存和 CPU 进行计算并统筹结果。而在企业开发的场景下,一个集群往往会同时运行几十甚至上百个任务,每个任务又会基于数据的拆分被分布在多个节点运行,因此,每个节点也会在同一时间执行多个子任务。在这种情况下,如何合理分配计算资源成了提高集群计算能力的关键之一。

在 Hadoop 1.0 阶段,Hadoop 的设计者使用了 JobTracker 和 TaskTracker 两个服务解决资源调度问题。但是,计算任务在执行的过程中,除了需要关注资源的调度以外,任务本身的执行状态与子任务拆分工作同样重要。因此,Hadoop 1.0 的设计者将资源的调度和任务的状态与子任务拆分等工作交给了 JobTracker,它可以对应于 NameNode。而 TaskTracker 则是 JobTracker 与任务之间的桥梁,它负责执行具体任务,上报任务状态与节点资源使用情况,TaskTracker 可对应于 DataNode。

JobTracker 和 TaskTracker 的设计虽然解决了资源上报、调度和任务调度、执行的问题,但是所存在的隐患也是显而易见的。软件工程的知识告诉我们,程序的设计应该强调低耦合,

JobTracker 服务同时解决资源调度和任务调度,但本身的功能耦合度太高,且 JobTracker 作为 MapReduce 的一部分,未来若集群引入了非 MapReduce 的计算框架,则无法复用,甚至会存在资源争抢的问题。

在这种情况下,Hadoop 2.0 引入了新的资源调度框架 YARN,它在完成 JobTracker 和 TaskTracker 功能的情况下,对任务调度和资源调度进行了解耦,并且作为单独的服务进程运行。这使得 YARN 成为一个通用资源管理系统,可为上层应用也就是 MapReduce、Spark 等计算框架提供统一的资源管理和调度。它的引入为集群在利用率、资源统一管理和数据共享等方面带来了巨大好处。

YARN 主要由下面几大组件构成。

- 一个全局的资源管理器 ResourceManager。
- ResourceManager 的每个节点代理 NodeManager。
- 表示每个应用的 ApplicationMaster。

每个 ApplicationMaster 拥有多个在 NodeManager 上运行的 Container。

下面对这几个组件分别进行讲解。

(1) ResourceManager(RM)。

RM 是一个全局的资源管理器,负责整个系统的资源管理和分配。它主要由两个组件构成:调度器(scheduler)和应用程序管理器(applications manager,ASM)。

调度器根据容量、队列等限制条件(如每个队列分配一定的资源,最多执行一定数量的作业等),将系统中的资源分配给各个正在运行的应用程序。需要注意的是,该调度器是一个"纯调度器",它不再从事任何与具体应用程序相关的工作,如不负责监控或者跟踪应用的执行状态等,也不负责重新启动因应用执行失败或者硬件故障而产生的失败任务,这些均交由与应用程序相关的 ApplicationMaster 完成。调度器仅根据各应用程序的资源需求进行资源分配,而资源分配单位用一个抽象概念"资源容器"(resource container,简称 Container)表示。Container 是一个动态资源分配单位,它将内存、CPU、磁盘、网络等资源封装在一起,从而限定每个任务使用的资源量。此外,该调度器是一个可插拔的组件,用户可根据自己的需要设计新的调度器。YARN 也提供了多种直接可用的调度器,如 Fair Scheduler 和 Capacity Scheduler 等。

应用程序管理器负责管理整个系统中所有的应用程序,包括应用程序提交、与调度器协商资源以启动 ApplicationMaster、监控 ApplicationMaster 运行状态并在失败时重新启动它等。

(2) ApplicationMaster(AM)。

用户提交的每个应用程序均包含一个 AM,主要功能如下。

① 与 RM 调度器协商以获取资源(用 Container 表示)。

② 将得到的任务进一步分配给内部的任务(资源的二次分配)。

③ 与 NM 通信以启动/停止任务。

④ 监控所有任务运行状态,并在任务运行失败时重新为任务申请资源以重启任务。

当前 YARN 自带了两个 AM 实现,一个是用于演示 AM 编写方法的实例程序 distributedshell,它可以申请一定数目的 Container,然后并行运行一个 Shell 命令或者 Shell 脚本;另一个是运行 MapReduce 应用程序的 AM——MRAppMaster。

需要注意的是,RM 只负责监控 AM,在 AM 运行失败时重新启动它,AM 内部任务的容错则由它自己完成。

(3) NodeManager(NM)。

NM 是每个节点上的资源和任务管理器。一方面,它会定时向 RM 汇报本节点上的资源使用情况和各 Container 的运行状态；另一方面，它接收并处理来自 AM 的 Container 启动/停止等各种请求。

（4）Container。

Container 是 YARN 中的资源抽象，它封装了某个节点上的多维度资源，如内存、CPU、磁盘、网络等，当 AM 向 RM 申请资源时，RM 为 AM 返回的资源便是用 Container 表示。YARN 会为每个任务分配一个 Container，且该任务只能使用该 Container 中描述的资源。

对于各个服务的关系，也可参考图 3-4，图中的 ResourceManager 是 RM，AppMstr 即 AM，NodeManager 为 NM。

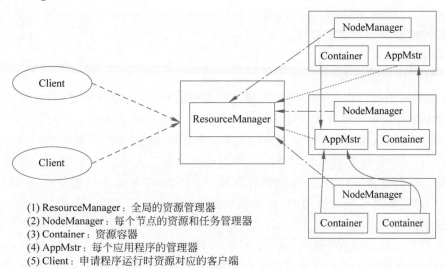

(1) ResourceManager：全局的资源管理器
(2) NodeManager：每个节点的资源和任务管理器
(3) Container：资源容器
(4) AppMstr：每个应用程序的管理器
(5) Client：申请程序运行时资源对应的客户端

图 3-4 YARN 架构图

3.3.3 Hadoop 环境搭建

本节介绍 Hadoop 环境的搭建过程，这是开展大数据分析和处理的关键一步。首先要了解如何配置和设置 Hadoop 集群，包括 HDFS 和 MapReduce 等组件，以及如何优化集群性能和确保高可用性。

Hadoop 的安装和运行通常需要在 Linux 环境下完成。为了搭建 Hadoop 集群，建议采用云服务器或虚拟主机来部署 CentOS 7 的 Linux 环境。

1. 软件准备

（1）Hadoop 的下载。

本书采用的实验基础环境为基于 Hadoop 3.0 的 3.3.6 版本，可以通过 Apache 官方网站直接下载（https://hadoop.apache.org/release.html），选择 3.3.6 版本下载压缩包即可。

（2）XShell 的下载。

为了使用远程云服务器，需要一个本地 Windows 连接到远程服务器的连接工具，本书采用的连接工具是 XShell。

XShell 是一款强大的安全终端模拟软件，它支持 SSH1、SSH2，以及 Microsoft Windows 平台的 Telnet 协议。可以在 Windows 界面下用来访问远端不同系统下的服务器，从而比较好地达到远程控制终端的目的。除此之外，其还有丰富的外观配色方案以及样式选择。

XShell 官方下载地址为 https://xshell.en.softonic.com/。

下载后按照安装引导安装即可。

（3）XFTP 的下载。

解决了本地和远程云服务器的连接问题以后，还需要解决本地和云服务器 ECS 的文件传输问题，后续实验需要将许多的本地文件发送到云服务器 ECS 中。本书采用的文件传输工具为 XFTP。

XFTP 是一个基于 MS Windows 平台的功能强大的 SFTP、FTP 文件传输软件。使用 XFTP 以后，MS Windows 用户能安全地在 UNIX/Linux 和 Windows PC 之间传输文件。XFTP 能同时适应初级用户和高级用户的需要。它采用了标准的 Windows 风格的向导，它简单的界面能与其他 Windows 应用程序紧密地协同工作，此外它还为高级用户提供了众多强大的功能。

XFTP 官方下载地址为 https://www.netsarang.com/zh/xftp/。

下载后按照安装引导安装即可。

2．环境搭建准备

（1）基础运行环境解析。

Hadoop 是一个运行在 Linux 操作系统上的底层服务，在搭建服务之前，首先要搞清楚两个问题：这个服务将来会由什么样的用户群体使用？它还依赖于哪些基础环境？

对于前一个问题，通过前面章节的学习，不难看出 Hadoop 服务所携带的 HDFS 分布式存储与 MapReduce 并行计算都是针对开发人员的功能。开发人员启用 Hadoop，实现对文件的分布式存储与并行计算，以此提高存储和计算效率。因此，基于最小权限原则，在设计 ECS 的对外权限时，只需要将开发人员的 IP 加入安全组 22 端口的 IP 即可，不必要采用 0.0.0.0/0 给所有人授权的方式。

对于第二个问题，通过在 Windows 中解压下载下来的 Linux 下使用的 Hadoop 压缩包，可以明显看到压缩包的 share 目录下存在有大量的 jar 包，说明 Hadoop 是由 Java 开发出的一款大数据框架。因此，基础环境中的 JDK 是必不可少的运行环境。

（2）安全组权限修改。

现在需要先设置 ECS 的安全组权限。进入 ECS 安全组，选择"入方向"，修改 22 端口授权 IP 为自己的 IP。

个人 IP 查看可通过 WIN+R 组合键，输入 cmd，进入命令提示符界面，输入 ipconfig，找到的 IPv4 的地址即是个人 IP。

（3）下载 JDK。

配合 Hadoop 3.3.6 版本，本书采用的 JDK 版本为 JDK 8，这也是当前使用最广泛的 JDK 版本。官方下载地址为 https://www.oracle.com/java/technologies/javase/javase-jdk8-downloads.html。

需要注意的是，下载的版本为 Linux 的压缩版本。

JDK 发送至 ECS，在下一部分会详细介绍。

3．Hadoop 的安装

（1）远程连接 ESC。

首先启动 XShell 客户端，XShell 远程连接 ECS 有多种方式，这里介绍两种。

① 通过命令的方式。

```
ssh root@[ECS 公网 IP 地址]
```

② 通过客户端连接工具的方式。

选择 File→New，进入 Hadoop 连接会话窗口后输入连接名、Host 地址、端口号和描述，选择连接方式,如图 3-5 所示。

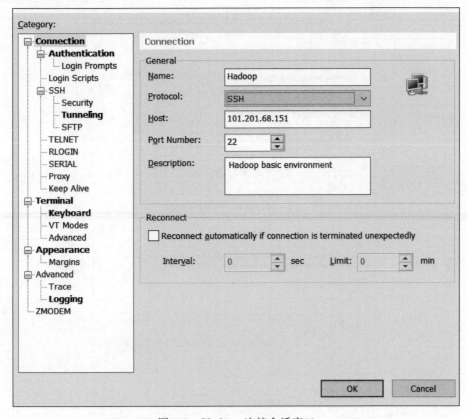

图 3-5　Hadoop 连接会话窗口

其中的各选项释义如下。

- Name 为连接名,用户自定义,一般使用有意义的名字,做到见名知意。
- Protocol 为连接方式,此处采用 SSH 的方式。SSH 是一种加密的网络传输协议,可在不安全的网络中通过创建安全隧道来实现 SSH 客户端与服务器之间的连接,为网络服务提供安全的传输环境。SSH 最常见的用途是远程登录系统,人们通常利用 SSH 来传输命令行界面和远程执行命令。
- Host 需要填写 ECS 的公网 IP 地址,可以在阿里云的 ECS 控制台看到。本地 XShell 客户端通过公网 IP 地址和下面的端口号找到远程的 ECS 并建立连接,ECS 通过维护安全组的方式保证拥有连接授权 IP 的 XShell 客户端可以通过安全组建立远程连接。
- Port Number 为端口号,如果把 IP 地址比作一间房子,端口是出入这间房子的门,那么端口号就是打开门的钥匙,从每个不同的门进入后,提供给用户的服务是不一样的。采用 SSH 方式连接的默认端口为 22,即使用 22 这把钥匙进入 ECS 这个房子,就拥有了远程操作这台 ECS 的能力。假如未来想要修改 SSH 的默认端口(22),那么只需要进入系统后修改/etc/ssh/sshd_config 中 Port 22,把 22 改成自己要设的端口即可。
- Description 为连接描述,这里可以描述一下此连接的作用或功能。

两种方式连接 ECS 后都会进入密码确认界面,如图 3-6 所示。

如果是个人计算机,此处可以单击 Accept and Save(同意并保存)按钮,则下次可直接登录。若是公用计算机,可单击 Accept Once 按钮。

下一步进入密码输入界面,如图 3-7 所示。

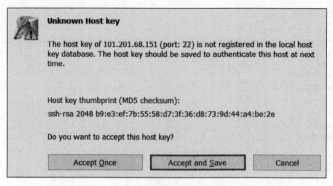

图 3-6　密码确认界面

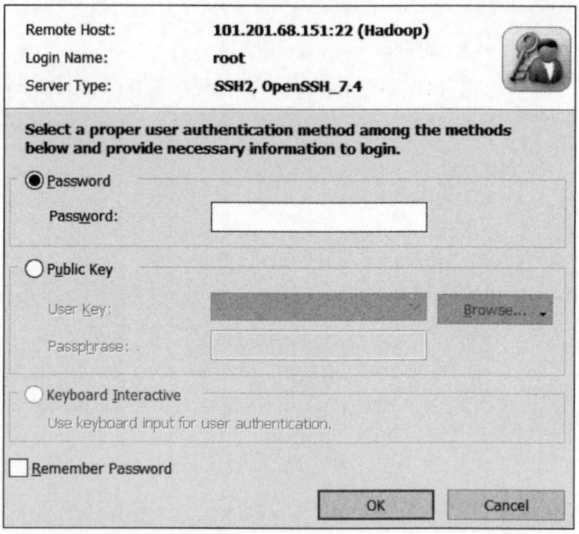

图 3-7　密码输入界面

如果 ECS 开通时密码设置选择的是密钥对形式,则此处选择 Public Key。

阿里云密钥对采用的是非对称加密的方式,即阿里云保存公钥,用户个人保存私钥。传输的消息数据通过公钥加密,只有用户的私钥才可以解密。用户的私钥也可以用作登录验证,公私钥匹配则登录成功。

当选择的是 Public Key 时,单击 Browse 按钮,选择 User Key,选择在设置 ECS 密钥对时下载的私钥文件,然后不用输入密码直接登录即可。

如果 ECS 开通时密码设置选择的是自定义密码的形式,则此处选择 Password,输入自定义密码连接即可。

当 XShell 显示 Welcome to Alibaba Cloud Elastic Compute Service 提示时,代表连接成功。

(2) 上传安装文件至 ESC。

通过前面的基础环境解析可知,安装基础的 Hadoop 环境至少需要 JDK 和 Hadoop 压缩包,因此需要先将下载在 Windows 中的 JDK 和 Hadoop 压缩包发送至 ECS 中。

在确保 XFTP 安装好之后,可以直接单击 XShell 菜单栏的 New File Transfer 开启 XFTP 和 ECS 的连接,也可以通过打开 XFTP 客户端的方式进行连接配置后开启 XFTP 和 ECS 的连接。连接配置和 XShell 一致。建立连接后如图 3-8 所示。

左侧框内为本地 Windows 文件环境,右侧框内为远程云服务器 ECS 文件环境,当右侧顶

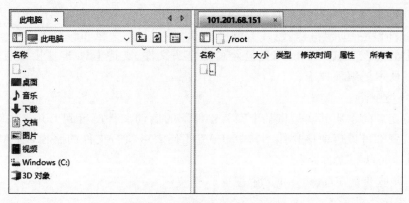

图 3-8　XFTP 连接后的界面

部显示的 IP 地址与本次连接的 ECS 公网 IP 地址一致时则代表连接成功。

随后在本地 Windows 中找到 Hadoop 和 JDK 的安装包,拖曳至 ECS 服务器的 opt 目录下即可。

上传完成后可以通过如下命令检查 ECS 中是否有对应两个压缩文件。

① 进入 opt 目录。

```
cd /opt
```

② 查看目录下文件详情,比对文件大小确保文件没有在上传过程中产生丢失,结果如图 3-9 所示。

```
ls - lh
```

```
总用量 900320
-rw-r--r--. 1 root root 730107476 7月  21 09:12 hadoop-3.3.6.tar.gz
-rw-r--r--. 1 root root 191817140 7月  21 09:10 jdk-8u201-linux-x64.tar.gz
```

图 3-9　文件上传后查看结果

(3) 安装 JDK。

由于下载的是压缩包,因此要采用解压并修改环境变量的方式进行 JDK 的安装。

① 解压 JDK 压缩包。

```
tar - zxvf jdk - 8u201 - linux - x64.tar.gz
```

② 解压后产生 jdk1.8.0_201 目录,先给 jdk1.8.0_201 目录改名,方便后续操作。

```
mv jdk1.8.0_201 jdk1.8
```

③ 进入 jdk1.8 解析 JDK 目录结构。

```
cd jdk1.8
```

查看 jdk1.8 下的目录文件,如图 3-10 所示。

```
[root@master jdk1.8]# ls
bin             lib           src.zip
COPYRIGHT       LICENSE       THIRDPARTYLICENSEREADME-JAVAFX.txt
include         man           THIRDPARTYLICENSEREADME.txt
javafx-src.zip  README.html
jre             release
```

图 3-10　jdk1.8 下的目录文件

其中,bin 目录为 JDK 开发工具的可执行文件;lib 目录为开发工具使用的归档包文件;jre 为 Java 运行时环境的根目录,包含 Java 虚拟机、运行时的类包和 Java 应用启动器,但不包含开发环境中的开发工具;include 为包含 C 语言头文件、支持 Java 本地接口与 Java 虚拟机调试程序接口的本地编程技术。

④ 配置环境变量。

配置环境变量的本质其实是将某个安装软件下的启动文件配置到 Linux 系统环境中,以保证在任何位置都可以启动该软件。其中,PATH 代表可执行文件的路径,CLASSPATH 代表 Java 的 class 可执行文件路径。

Linux 的环境变量在/etc/profile 中配置。

```
vim /etc/profile
```

将如下的环境变量配置复制到文件最后。

```
JAVA_HOME = /opt/jdk1.8
CLASSPATH = $JAVA_HOME/lib/
PATH = $PATH: $JAVA_HOME/bin
export PATH JAVA_HOME CLASSPATH
```

随后保存文件并退出。

⑤ 加载配置文件使环境变量生效。系统环境变量的配置需要加载才能再次生效。

```
source /etc/profile
```

⑥ 验证环境变量是否配置成功。

```
java - version
```

如果出现如图 3-11 所示提示,则表示配置成功。

```
[root@localhost opt]# java -version
java version "1.8.0_201"
Java(TM) SE Runtime Environment (build 1.8.0_201-b09)
Java HotSpot(TM) 64-Bit Server VM (build 25.201-b09, mixed mode)
```

图 3-11　JDK 配置成功后提示

(4) 安装 Hadoop。

JDK 安装好之后,下一步安装已经提前上传至 ECS 的 Hadoop 压缩包。

① 解压 Hadoop。

```
tar - zxvf hadoop - 3.3.6.tar.gz
```

② 进入解压好的 hadoop-3.3.6 目录,解析 Hadoop 目录文件。

```
cd hadoop - 3.3.6
```

查看 hadoop-3.3.6 下的目录文件,如图 3-12 所示。

```
bin       lib             licenses-binary   NOTICE.txt   share
etc       libexec         LICENSE.txt       README.txt
include   LICENSE-binary  NOTICE-binary     sbin
```

图 3-12　hadoop-3.3.6 下的目录文件

其中,bin 目录为存放对 Hadoop 相关服务如 HDFS、YARN 等进行操作的脚本。etc 目录为 Hadoop 的配置文件目录,存放 Hadoop 的配置文件。lib 目录为存放 Hadoop 的本地库,同时有对数据进行压缩/解压缩功能。sbin 目录为存放启动或停止 Hadoop 相关服务的脚本。share 目录为存放 Hadoop 的依赖 jar 包、文档和官方案例。

③ 配置 Hadoop 环境变量。

```
vim /etc/profile
```

将如下的环境变量配置复制到文件最后。

```
# #HADOOP_HOME
export HADOOP_HOME = /opt/hadoop - 3.3.6
export PATH = $PATH: $HADOOP_HOME/bin
export PATH = $PATH: $HADOOP_HOME/sbin
```

随后保存文件并退出。

④ 加载配置文件使环境变量生效。系统环境变量的配置需要加载才能再次生效。

```
source /etc/profile
```

⑤ 验证环境变量是否配置成功。

```
hadoop version
```

如果出现如图 3-13 所示提示,则表示配置成功。

```
Hadoop 3.3.6
Source code repository https://github.com/apache/hadoop.git -r 1be78238728da9266a4f88195058f08fd012bf9c
Compiled by ubuntu on 2023-06-18T08:22Z
Compiled on platform linux-x86_64
Compiled with protoc 3.7.1
From source with checksum 5652179ad55f76cb287d9c633bb53bbd
This command was run using /opt/hadoop-3.3.6/share/hadoop/common/hadoop-common-3.3.6.jar
```

图 3-13 Hadoop 配置成功后提示

(5) 创建快照。

当基础运行环境配置好之后,建议创建 ECS 快照。快照是某一时间点云盘数据状态的备份文件,是一种无代理(agentless)的数据备份方式,可以为所有类型的云盘创建崩溃一致性快照,用于备份或者恢复整个云盘。它是一种便捷高效的数据容灾手段,常用于数据备份、制作镜像、应用容灾等。

简而言之,拍摄好快照后,未来当 ECS 出现问题后,可以快速回滚至当前快照,也就恢复到了当前 ECS 状态,不需要重复搭建基础环境。

设置快照可进入阿里云控制台,选择 ECS,单击快照栏,选择"创建快照"。

3.3.4 Hadoop 运行模式

1. Hadoop 本地运行模式

Hadoop 运行模式包括本地模式、伪分布式模式以及完全分布式模式 3 种,本节先介绍本地运行模式的配置方式。

本地运行模式又被称为独立运行模式。默认情况下,Hadoop 被配置为以非分布式模式作为单个 Java 进程运行。本地运行模式无须运行任何守护进程,所有程序都在单个 JVM 上执行。这种模式适宜用在开发阶段,因为在本机模式下测试和调试 MapReduce 程序较为方便。

在解压完成 Hadoop 并配置完成环境变量后,当前环境即为本地运行模式,无须任何额外配置。

那么,如何测试本地运行模式是否正常呢? 在本地模式下,没有分布式概念,因此文件仍然保存在 ECS 服务器本地,也不存在 MapReduce 的并行执行模式,但仍然可以运行 MapReduce 程序调用其框架,因此可采用运行 MapReduce 代码的方式进行 Hadoop 本地模式的测试。

那么,在还未学习 MapReduce 的情况下,如何找到 MapReduce 程序? 在 3.3.3 节提到,Hadoop 安装目录下有一个 share 目录,里面存放有 Hadoop 的依赖 jar 包,自然也存在 MapReduce 的 jar 包,所以可以使用这里面的 jar 包进行测试。

现在采用最经典的案例 WordCount 的测试单词统计功能。

(1)创建输入文件。

在/opt 目录下,创建 WordCount 输入文件,即统计某个文件下单词出现的个数。

```
touch input
```

(2)编辑 input 文件。

打开并编辑输入文件,向里面填入任意可重复单词。

```
vim input
```

输入内容如下所示。

```
hadoop map reduce hive hadoop
hdfs ZooKeeper hive hive
```

(3)执行 Hadoop 自带的 WordCount 程序。

```
hadoop jar hadoop - 3.3.6/share/hadoop/mapreduce/hadoop - mapreduce - examples - 3.3.6.jar
wordcount input output
```

下面解析一下这句命令。

hadoop 意为使用 Hadoop 框架执行后续的指令,这里会调用 Hadoop 安装目录下 bin 目录下的 hadoop 可执行文件,本质是执行这个名为 hadoop 的脚本文件,等待后续的参数调用这个脚本文件中的代码。

jar 为 hadoop 可执行文件接收的第一个参数,意为使用 Hadoop 框架执行一个 jar 包。后面紧跟这个 jar 包的相对路径或绝对路径,即使用 Hadoop 执行 hadoop-common-3.3.6.jar 这个 jar 包。

wordcount 为 hadoop-common-3.3.6.jar 这个 jar 包下的类名。对于 jar 包来说,打包的是一个完整的 Java 程序,其中一般都会包含多个类,而每个类都是可以作为主类执行的,因此需要指定具体执行这个 jar 包下的哪个类,而非是将执行粒度放到 jar 包上。

input 和 output 是 wordcount 的两个参数。使用 wordcount 类进行单词统计,需要指定两个参数:一个是要统计的输入文件路径;另一个是存放统计结果的输出文件路径。这里需要注意的是,要确保指定的输出路径文件夹是不存在的,否则需要删除已有的输出路径,或者重新指定另一个没有 output 文件夹的路径。

```
File Input Format Counters
        Bytes Read=55
File Output Format Counters
        Bytes Written=62
```

图 3-14 WordCount 任务
执行结果打印

执行后控制台会开始打印任务执行日志,当出现如图 3-14

所示的结果时则任务执行成功。

图示结果很明显,输入文件的大小为 55 字节,输出文件为 62 字节。可以自行验证。

(4)检查输出文件内容。

```
cat output/ *
```

即查看 output 目录下所有文件的内容,这里需要注意的是,输出路径指定的是一个目录,原因在于输出文件未来会根据 partition 进行区分,这在后续的章节中会详细介绍。输出文件的内容如图 3-15 所示。

```
hadoop     2
hdfs       1
hive       3
map        1
reduce     1
zookeeper          1
```

图 3-15　output 输出内容

可以看到,Hadoop 已经正确执行了 WordCount 代码,准确完成了单词统计任务。

2. Hadoop 伪分布式运行模式

分布式文件存储采用了文件的拆分和多副本的机制对大文件进行了处理,但是单节点模式并没有这么去做,原因在于单节点只是用于开发测试 MapReduce 程序而存在的。本节所介绍的伪分布式则真正开始实现了文件的拆分存储。

所谓伪分布式,代表 Hadoop 可以在单节点上以分布式的模式运行,此时每个 Hadoop 守护进程都作为一个独立的 Java 进程运行。也就是说,在伪分布式的环境中,仍然只操作一台计算机,但不论是文件的存储还是任务的执行,伪分布式都会模拟多台计算机分布并行执行的模式来执行相应操作。它是通过部署多个服务,将每个服务都作为一个独立运行的 Java 进程来实现的。

接下来在单节点的环境基础之上开始进行伪分布式模式的配置。

(1)进入 Hadoop 的配置文件目录。

```
cd /opt/hadoop - 3.3.6/etc/hadoop/
```

(2)查看目录下文件并解析。

```
ls
```

目录内容如图 3-16 所示。

```
capacity-scheduler.xml              httpfs-env.sh                    mapred-site.xml
configuration.xsl                   httpfs-log4j.properties          shellprofile.d
container-executor.cfg              httpfs-site.xml                  ssl-client.xml.example
core-site.xml                       kms-acls.xml                     ssl-server.xml.example
hadoop-env.cmd                      kms-env.sh                       user_ec_policies.xml.template
hadoop-env.sh                       kms-log4j.properties             workers
hadoop-metrics2.properties          kms-site.xml                     yarn-env.cmd
hadoop-policy.xml                   log4j.properties                 yarn-env.sh
hadoop-user-functions.sh.example    mapred-env.cmd                   yarnservice-log4j.properties
hdfs-rbf-site.xml                   mapred-env.sh                    yarn-site.xml
hdfs-site.xml                       mapred-queues.xml.template
```

图 3-16　Hadoop 配置文件

Hadoop 的所有配置信息都可以根据目录下的配置文件进行修改,对于初学者而言比较常用的有如下几个配置文件。

- core-site. xml:Hadoop 的核心配置文件,可在里面配置 NameNode 的地址、Hadoop 的集群文件本地存储位置等。
- hdfs-site. xml:HDFS 的配置文件,可在里面配置 HDFS 的副本数量,SecondaryNameNode 的节点位置等。

- yarn-site. xml：YARN 的配置文件，可在里面配置 YARN 的 Reducer 数据获取方式，ResourceManager 的节点位置等。

（3）修改服务器的主机名。

```
#设置临时主机名
hostname master
#设置永久主机名
vim /etc/hostname
```

编辑/etc/hostname 文件，输入如下内容将 host 名字改成 master。

```
master
```

修改主机名主要原因在于后续的配置涉及主机名的地方可以进行统一。

（4）关闭防火墙。

```
#临时关闭防火墙
systemctl stop firewalld
#永久关闭防火墙
systemctl disable firewalld
```

（5）配置 SSH 免密登录。

在启动集群时只需要在一台机器上启动就行，然后 Hadoop 会通过 SSH 连到其他机器，把其他机器上对应的程序也启动起来。但是现在有一个问题，就是使用 SSH 连接其他机器时会发现需要输入密码，所以现在需要实现 SSH 免密码登录。

当前配置的是伪分布集群，虽然只有一台机器，但启动集群中程序的步骤都是一样的，需要通过 SSH 远程连接去操作，所以同样需要配置 SSH 免密登录。

首先执行如下命令，生成密钥文件。执行过程中需要连续按 4 次 Enter 键回到 Linux 命令行才表示这个操作执行结束，在按 Enter 键时不需要输入任何内容，最终命令行终端显示类似如图 3-17 所示的内容，说明 SSH 密钥对生成成功。

```
ssh-keygen -t rsa
```

```
Generating public/private rsa key pair.
Enter file in which to save the key (/root/.ssh/id_rsa):
Created directory '/root/.ssh'.
Enter passphrase (empty for no passphrase):
Enter same passphrase again:
Your identification has been saved in /root/.ssh/id_rsa.
Your public key has been saved in /root/.ssh/id_rsa.pub.
The key fingerprint is:
SHA256:tnIo8uitlut8kuHv/L3YZBkT74YfeDMz47doAOPcXHY root@master
The key's randomart image is:
+---[RSA 2048]----+
|                 |
|        .        |
|     o  oo E     |
|    o =So..      |
| .    oo+O       |
| ..+. o 0.@      |
| .**.. 0 =.0.    |
| +BB*.o +o+...   |
+----[SHA256]-----+
```

图 3-17　生成密钥文件

上述命令执行以后会在～/. ssh 目录下生产对应的公钥和秘钥文件。把公钥复制到需要免密码登录的机器上面，把 id_rsa. pub 追加到授权的 key 里面去，具体命令如下所示。

```
cat ~/.ssh/id_rsa.pub >> ~/.ssh/authorized_keys
```

如果出现提示"Are you sure you want to continue connecting（yes/no）?"，输入 yes 并按
Enter 键。

现在可以通过 SSH 免密码登录到 master 机器了。

（6）修改 hadoop-env.sh 文件。

```
cd /opt/hadoop - 3.3.6/etc/hadoop
vim hadoop - env.sh
```

增加环境变量信息，添加到 hadoop-env.sh 文件末尾即可。

```
export JAVA_HOME = /opt/jdk1.8
export HADOOP_LOG_DIR = /data/logs/hadoop/
```

（7）配置核心配置文件 core-site.xml。

```
vim core - site.xml
```

将如下内容添加到 core-site.xml 的 configuration 中。

```
<!-- 指定 HDFS 中 NameNode 的地址 -->
< property >
< name > fs.defaultFS </name >
 < value > hdfs://master:9000 </value >
</property >
<!-- 指定 Hadoop 运行时产生文件的存储目录 -->
< property >
< name > hadoop.tmp.dir </name >
< value >/opt/hadoop - 3.3.6/data/tmp </value >
</property >
```

fs.defaultFS 用于指定 NameNode。在一个集群中，只会存在一个 NameNode，需要显式
地指定，未来使用该节点启动 NameNode 时进行匹配。

hadoop.tmp.dir 用于指定 Hadoop 的实际存储目录。虽然 Hadoop 的数据是存储在
HDFS 上的，但是 HDFS 框架仍然是基于基础 Linux 操作系统的框架，实际存储文件仍然是
在本地文件系统。此处所指定的即是文件的实际存储目录。

（8）配置 hdfs-site.xml。

```
vim hdfs - site.xml
```

将如下内容添加到 hdfs-site.xml 的 configuration 中。

```
<!-- 指定 HDFS 副本的数量 -->
< property >
< name > dfs.replication </name >
< value > 1 </value >
</property >
```

dfs.replication 用于指定 HDFS 的默认副本数量。为了保证数据的安全性，每个 Block

在集群中都会存在若干副本。通常情况下，HDFS 默认每个 Block 存在 3 个副本。由于此处采用的是伪分布式，实际存储节点只有 1 个，因此指定副本数为 1。

（9）格式化 NameNode。

配置完成 core-site. xml 和 hdfs-site. xml 后，就可以准备启动 Hadoop 伪分布式集群了。在初次启动 Hadoop 集群时，需要对 NameNode 进行格式化。格式化的本质是 NameNode 节点通过读取 core-site. xml 等配置文件，生成集群 ID 等一系列信息，同时让集群了解按照怎样的格式组织数据，这些信息存储在 Hadoop 安装目录下的 data 目录下。在 NameNode 格式化时，NameNode 节点会自动生成 data 目录，而 DataNode 的 data 目录会在 DataNode 初次启动时生成，DataNode 通过读取配置文件中 NameNode 的地址，找到 DataNode 的 data 目录，复制 NameNode 的集群 ID 等信息，与 NameNode 进行匹配，未来重启时通过 data 目录中的信息保证找到自己所属的 NameNode。

格式化命令如下。

```
hdfs namenode - format
```

当控制台打印日志出现 successfully formatted 时则代表格式化成功，如图 3-18 所示。

```
2023-07-21 09:49:43,248 INFO common.Storage: Storage directory /opt/hadoop-3.3.6/data/tmp/dfs/name has been success
fully formatted.
2023-07-21 09:49:43,275 INFO namenode.FSImageFormatProtobuf: Saving image file /opt/hadoop-3.3.6/data/tmp/dfs/name/
current/fsimage.ckpt_0000000000000000000 using no compression
2023-07-21 09:49:43,366 INFO namenode.FSImageFormatProtobuf: Image file /opt/hadoop-3.3.6/data/tmp/dfs/name/current
/fsimage.ckpt_0000000000000000000 of size 396 bytes saved in 0 seconds .
2023-07-21 09:49:43,374 INFO namenode.NNStorageRetentionManager: Going to retain 1 images with txid >= 0
2023-07-21 09:49:43,387 INFO namenode.FSNamesystem: Stopping services started for active state
2023-07-21 09:49:43,387 INFO namenode.FSNamesystem: Stopping services started for standby state
2023-07-21 09:49:43,390 INFO namenode.FSImage: FSImageSaver clean checkpoint: txid=0 when meet shutdown.
2023-07-21 09:49:43,391 INFO namenode.NameNode: SHUTDOWN_MSG:
/************************************************************
SHUTDOWN_MSG: Shutting down NameNode at master/192.168.0.180
************************************************************/
```

图 3-18　NameNode 格式化成功提示

值得一提的是，NameNode 的格式化只有在初次启动时才需要进行，重复格式化会导致集群启动失败。这是因为 NameNode 的格式化会生成新的集群 ID，它和原本 DataNode 保存在 data 目录中的集群 ID 不一致，导致 NameNode 和 DataNode 匹配失败。

（10）启动 HDFS。

```
cd /opt/hadoop - 3.3.6/sbin
./start - dfs.sh
```

执行时发现有很多 ERROR 信息，提示缺少 HDFS 和 YARN 的一些用户信息，如图 3-19 所示。

```
[root@localhost sbin]# ./start-dfs.sh
Starting namenodes on [master]
ERROR: Attempting to operate on hdfs namenode as root
ERROR: but there is no HDFS_NAMENODE_USER defined. Aborting operation.
Starting datanodes
ERROR: Attempting to operate on hdfs datanode as root
ERROR: but there is no HDFS_DATANODE_USER defined. Aborting operation.
Starting secondary namenodes [master]
ERROR: Attempting to operate on hdfs secondarynamenode as root
ERROR: but there is no HDFS_SECONDARYNAMENODE_USER defined. Aborting operation.
```

图 3-19　启动 HDFS 报错

修改 sbin 目录下的 start-dfs. sh 和 stop-dfs. sh 这两个脚本文件，编辑文件中的第二行，增加如下内容。

```
HDFS_DATANODE_USER = root
HDFS_DATANODE_SECURE_USER = hdfs
HDFS_NAMENODE_USER = root
HDFS_SECONDARYNAMENODE_USER = root
```

再次启动 HDFS,通过 jps 查看进程,当出现 NameNode、DataNode 和 SecondaryNameNode 这 3 个进程时则代表启动成功,如图 3-20 所示。

（11）打开 ECS 安全组 9870 端口。

HDFS 提供了 Web 客户端,供用户在页面上查看 HDFS 的数据信息,对应的 Web 端口为 9870。因此,需要在 ECS 中打开 9870 端口,授权给 HDFS 的使用者 IP。

```
13920 NameNode
14416 Jps
14057 DataNode
14287 SecondaryNameNode
```

图 3-20　HDFS 启动成功

（12）访问 HDFS 的 Web 客户端。

在浏览器中使用公网 IP 9870 访问 HDFS 的 Web 客户端,访问后如图 3-21 所示。

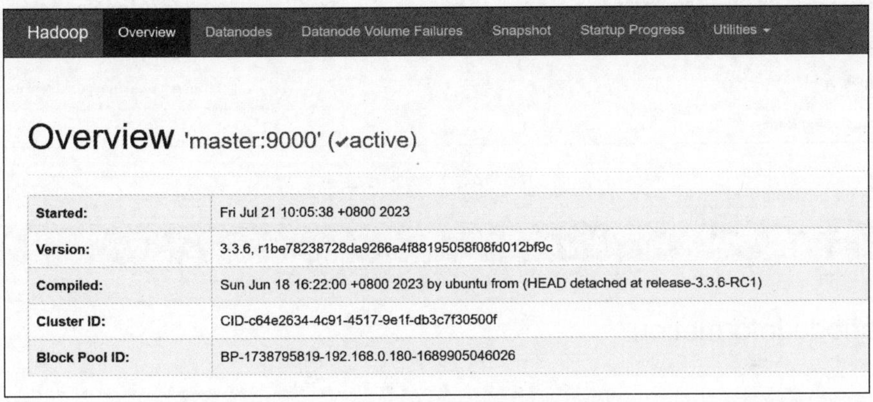

图 3-21　HDFS 的 Web 客户端

首页 Overview 为概述,这部分会有当前 HDFS 运行情况的一些概述信息。

master:9000(active)代表 NameNode 服务器名字为 master,使用 9000 端口访问,9000 端口是 HDFS 的文件访问默认端口。这需要和 9870 端口区分开来,9870 端口仅代表 WebUI 的端口。

- Started 代表集群何时开始启动。
- Version 代表 Hadoop 的版本号。
- Compiled 代表 Hadoop 的版本是在何时编译的。
- Cluster ID 代表集群 ID 号,NameNode 和 DataNode 通过 Cluster ID 进行匹配。
- Block Pool ID 代表数据块池的 ID,通过这个 ID 将同一个集群的 Block 进行捆绑。

除此以外,在概述下方还有如图 3-22 所示的更多信息。这里面包括集群配置容量、DataNode 使用率、退役节点、使用的 DFS 大小等一系列信息。

下一个 Tab 为 Datanodes,这里面有集群中所有 DataNode 的详细信息,如图 3-23 所示。其中:

- Node 为节点名。
- Last contact 为最后连接的时间。
- Admin State 为管理状态。
- Used 为节点已用的容量大小。
- Non DFS Used 为非 Hadoop 文件系统所使用的空间,例如本身的 Linux 系统使用的

Summary

Security is off.

Safemode is off.

145 files and directories, 44 blocks (44 replicated blocks, 0 erasure coded block groups) = 189 total filesystem object(s).

Heap Memory used 33.48 MB of 50.32 MB Heap Memory. Max Heap Memory is 440.81 MB.

Non Heap Memory used 72.22 MB of 74.23 MB Commited Non Heap Memory. Max Non Heap Memory is <unbounded>.

Configured Capacity:	73.95 GB
Configured Remote Capacity:	0 B
DFS Used:	1.17 MB (0%)
Non DFS Used:	8.53 GB
DFS Remaining:	62.91 GB (85.08%)
Block Pool Used:	1.17 MB (0%)
DataNodes usages% (Min/Median/Max/stdDev):	0.00% / 0.00% / 0.00% / 0.00%
Live Nodes	2 (Decommissioned: 0, In Maintenance: 0)
Dead Nodes	0 (Decommissioned: 0, In Maintenance: 0)
Decommissioning Nodes	0

图 3-22　概述信息

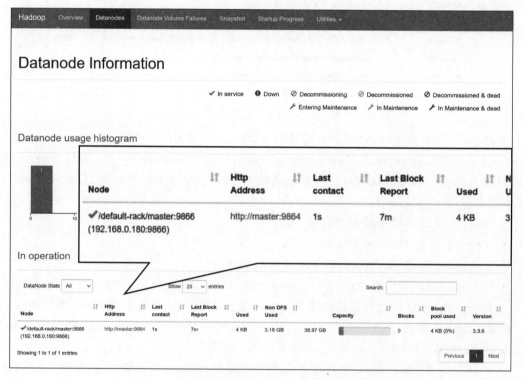

图 3-23　Datanodes 详情

或者存放的其他文件。

- Capacity 为节点总容量,Capacity＝Used＋Non DFS Used＋DFS Remaining(分布式文件系统中剩余的可用空间大小)。
- DFS Remaining 为剩余可用的容量大小。
- Blocks 为块的数量。

- Block pool used 为块的总容量大小。
- Version 为 Hadoop 节点的版本。

下一个 Tab 页为 Datanode Volume Failures，显示故障磁盘信息；之后的 Snapshot 页为快照信息页，Startup Progress 为启动信息页，最后为 Utilities 实用工具页，此处可以选择浏览文件系统或者日志，如图 3-24 所示。

其中，选择 Browse the file system 则是浏览 Hadoop 文件系统中的文件；选择 Logs 则是查看 DataNode 和 NameNode 在运行时所产生的日志，在未来的排错等操作中非常有效。

（13）执行 WordCount 程序进行测试。

在确定 Hadoop 伪分布式的核心配置文件和 HDFS 配置文件配置完成之后，可以通过 WordCount 程序进行测试。需要注意的是，因为此处尚未配置 YRAN，因此执行 WordCount 时所采用的仍然是 MapReduce 自带的 JobTracker 和 TaskTracker。

图 3-24 Utilities 选项

① 创建 HDFS 集群的输入目录。

```
hdfs dfs - mkdir - p /input
```

和单节点不同的是，伪分布式是按照分布式的模式进行计算的，而分布式的计算模式又必须依赖于分布式的文件系统，因此，必须要先把计算的文件放到 HDFS 中才可以进一步操作。

当前这句命令代表在 HDFS 中的根目录下创建一个 input 目录。后续会专门介绍 HDFS 的 Shell 命令。

此时可以在 HDFS 的 WebUI 中的文件浏览中看到新建的 input 目录，如图 3-25 所示。

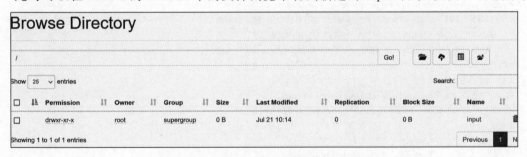

图 3-25 WebUI 中找到新建的 input 目录

② 在本地 /opt 目录下创建文件并录入数据。

```
vim words
```

输入内容如下。

```
hadoop hdfs map
reduce hbase hdfs
hdfs hadoop
```

③ 将 words 文件上传到 HDFS 的 input 目录下。

```
hdfs dfs - put words /input 执行 wordcount 程序。
Hadoop jar hadoop - 3. 3. 6/share/hadoop/mapreduce/hadoop - mapreduce - examples - 3. 3. 6. jar
wordcount /input /output
```

当控制台日志打印 completed successfully 时则代表任务执行成功,同时控制台在任务执行初期会提示 processName＝JobTracker,也代表了任务使用的是 JobTracker 进行任务的执行。

④ 查看结果。

```
hdfs dfs – cat /output/ *
```

hadoop 2
hbase   1
hdfs   3
map   1
reduce 1

图 3-26 WordCount 执行结果

执行结果如图 3-26 所示。

当出现以上结果时,则代表 Hadoop 伪分布式基本部署成功。

接下来开始配置 YARN 的环境,默认使用的 JobTracker 前面已经讨论过,因此 YARN 是必不可少的配置。

(14) 修改配置文件目录中的 yarn-site. xml。

```
vim yarn – site. xml
```

将如下内容填入 configuration 中。

```
<!-- Reducer 获取数据的方式 -->
< property >
< name > yarn. nodemanager. aux – services </name >
< value > mapreduce_shuffle </value >
</property >
<!-- 配置 NodeManager 的环境变量白名单 -->
< property >
< name > yarn. nodemanager. env – whitelist </name >
< value > JAVA_HOME, HADOOP_COMMON_HOME, HADOOP_HDFS_HOME,
    HADOOP_CONF_DIR, CLASSPATH_PREPEND_DISTCACHE,
    HADOOP_YARN_HOME, HADOOP_MAPRED_HOME </value >
</property >
< property >
<!-- 设置 MapReduce 作业的类路径(classpath) -->
< name > mapreduce. application. classpath </name >
< value >
        /opt/hadoop – 3.3.6/etc/ * ,
        /opt/hadoop – 3.3.6/etc/hadoop/ * ,
        /opt/hadoop – 3.3.6/lib/ * ,
        /opt/hadoop – 3.3.6/share/hadoop/common/ * ,
        /opt/hadoop – 3.3.6/share/hadoop/common/lib/ * ,
        /opt/hadoop – 3.3.6/share/hadoop/mapreduce/ * ,
        /opt/hadoop – 3.3.6/share/hadoop/mapreduce/lib – examples/ * ,
        /opt/hadoop – 3.3.6/share/hadoop/hdfs/ * ,
        /opt/hadoop – 3.3.6/share/hadoop/hdfs/lib/ * ,
        /opt/hadoop – 3.3.6/share/hadoop/yarn/ * ,
        /opt/hadoop – 3.3.6/share/hadoop/yarn/lib/ * ,x
</value >
</property >
```

- yarn. nodemanager. aux-services 用于配置 Reducer 数据获取方式。
- yarn. nodemanager. env-whitelist 用于配置 NodeManager 的环境变量白名单。
- mapreduce. application. classpath 用于设置 MapReduce 作业的类路径(classpath),这个属性允许为作业指定附加的类路径,以便在运行作业时,作业的任务可以访问和加载这些附加资源。

(15) 修改配置文件目录中的 map-site. xml。

```
vim mapred - site.xml
```

将如下内容填入 configuration 中。

```
<!-- 指定 MR 运行在 YARN 上 -->
< property >
< name > mapreduce. framework. name </name >
< value > yarn </value >
</property >
```

mapreduce. framework. name 用于指定 MapReduce 计算框架的资源调度器,此处代表采用 YARN 进行资源调度。

(16) 启动 YARN。

在启动 YARN 之前,修改 sbin 目录下的 start-yarn. sh 和 stop-yarn. sh 这两个脚本文件,编辑文件中的第二行,增加如下内容。

```
YARN_RESOURCEMANAGER_USER = root
HADOOP_SECURE_DN_USER = yarn
YARN_NODEMANAGER_USER = root
```

保存修改后,运行如下命令,启动 YARN。

```
start - yarn. sh
```

使用 jps 命令查看是否开启 resourcemanager 和 nodemanager 进程,若未开启则查看日志输出进行排错。

(17) 再次执行 WordCount 检查 YARN 配置是否成功。

此处需要注意的是,WordCount 程序要求输出目录不存在,否则会报错,因此需要先删除原本的 output 输出目录,再执行 WordCount 程序。

① 删除集群中的输出目录。

```
hdfs dfs - rm - r /output
```

② 执行 WordCount 程序。

```
hadoop jar /opt/hadoop - 3.3.6/share/hadoop/mapreduce/hadoop - mapreduce - examples - 3.3.6. jar
wordcount /input /output
```

此时控制台打印的前部分会显示 Connecting to ResourceManager,代表 WordCount 的任务执行已经在通过连接 ResourceManager 进行了,也就是在通过 YARN 进行调度了。在执行任务的过程中,可以通过浏览器访问 ECS 公网 IP:8088 的方式访问 YARN 的 WebUI,以查看基于 YARN 的计算框架执行状态,同样需要保证 ECS 的安全组打开了 8088 端口,WebUI 如图 3-27 所示。

在这个页面可以看到当前运行在 YARN 上的所有计算任务执行状态,包括任务名、所属用户、任务类型、任务开始时间、任务结束时间、任务执行状态、任务执行进度等。通过单击任务 ID 可以进入任务详情,详细查看任务状态、执行日志等信息。

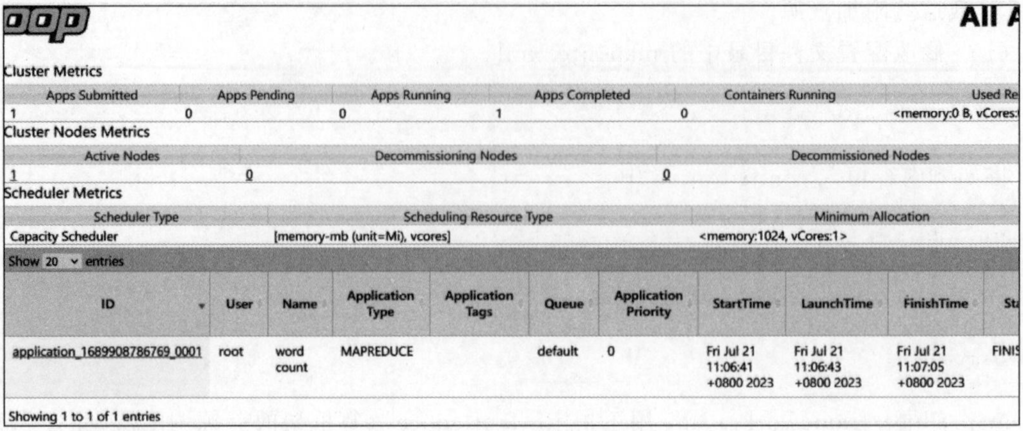

图 3-27 YARN 的 WebUI

③ 查看结果。

```
hdfs dfs - cat /output/ *
```

执行后会得到与图 3-26 相同的结果。

至此,Hadoop 的伪分布式运行模式配置成功,配置成功后可通过 ECS 拍摄快照,以保证后期环境的变化发生错误后可以回到当前状态。

3. Hadoop 完全分布式运行模式

通过对单节点和伪分布式运行模式的搭建,相信读者已对 Hadoop 的安装与搭建有了一定的了解,同时需要明确的是,Hadoop 的真正运行肯定不是单节点,也不是伪分布式。伪分布式虽然搭载了 HDFS 和 YARN,但仍然是以单节点模拟多个节点并行工作的模式。其运行模式虽然是分布式的,执行效率却并不能达到 Hadoop 框架设计真正目的——通过分布式的存储提高存储能力与效率,通过分布式的并行计算提高计算效率。若要真正提高效率,文件的存储与计算必定是并行的,而单节点的 I/O 和计算能力是有限的,无法达到此目标。本节将介绍的完全分布式运行模式即是多节点共同组成的真正的集群运行模式。

(1)集群规划。

在搭建集群之前,首先需要对集群进行规划,也就是说,需要明确集群规模——使用几台服务器,部署多少 DataNode、NodeManager 等。这样的规划在真实场景下肯定取决于当前和未来的数据规模,需要进行完整和详细的评估,但是在学习阶段,可以先使用最小集群规模进行搭建。

如图 3-28 所示,最左边是主节点,右边的两个是从节点,配置的主从架构集群中,每个节点运行的进程是不一样的。

(2)ECS 开通。

开通 3 台基础的 ECS 服务器,或者配置 3 台虚拟主机。

3 个节点的 IP 与主机名如下:

- 192.168.0.180 master
- 192.168.0.181 slave01
- 192.168.0.182 slave02

(3)基础环境配置。

参考伪分布式中的安装步骤,完成 3 台服务器的主机名配置、防火墙关闭、JDK 安装、

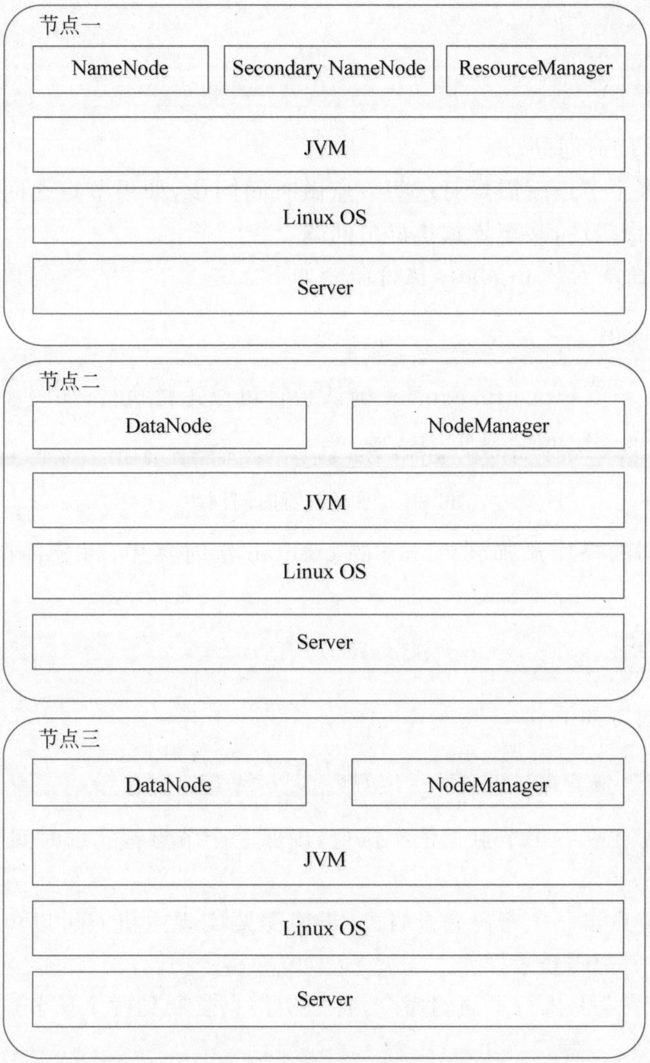

图 3-28 集群规划

Hadoop 压缩包上传。

在 master 节点中关闭 HDFS 和 YARN 的进程，并删除 hadoop-3.3.6 目录，具体命令如下。

```
cd /opt/hadoop-3.3.6/sbin
./stop-all.sh
rm -rf /opt/hadoop-3.3.6
```

假设现在已经具备 3 台 Linux 服务器，里面都是全新的环境。

（4）配置/etc/hosts。

因为需要在主节点远程连接两个从节点，所以需要让主节点能够识别从节点的主机名，使用主机名远程访问，默认情况下只能使用 IP 远程访问，若要使用主机名远程访问，需要在节点的/etc/hosts 文件中配置对应机器的 IP 和主机名信息。

修改 3 个节点的/etc/hosts 文件，添加如下配置信息。

```
192.168.0.180 master
192.168.0.181 slave01
192.168.0.182 slave02
```

（5）集群节点间的时间同步。

集群只要涉及多个节点就需要对这些节点做时间同步，如果节点之间时间不同步相差太多，则会影响集群的稳定性，甚至导致集群出问题。

需要使用 yum 在线安装 ntpdate，执行命令如下。

```
yum install - y ntpdate
```

手动执行 ntpdate -u ntp. sjtu. edu. cn 确认是否可以正常执行，如图 3-29 所示。

```
[root@master ~]# ntpdate -u ntp.sjtu.edu.cn
21 Jul 11:55:52 ntpdate[1574]: adjust time server 193.182.111.12 offset 0.018356 sec
```

图 3-29　手动执行时间同步

把这个同步时间的操作添加到 Linux 的 crontab 定时器中，每分钟执行一次，具体命令如下。

```
vi /etc/crontab
```

在文件中添加内容如下。

```
* * * * * root /usr/sbin/ntpdate - u ntp. sjtu. edu. cn
```

上述操作同样需要在 3 个节点上依次执行，确保 3 个节点都实现时间同步。

（6）SSH 免密码登录。

目前只实现了节点自己免密码登录自己，最终需要实现主机点可以免密码登录到所有节点，所以还需要完善免密码登录操作。

首先在 master 节点上执行下面的命令，将公钥信息复制到两个从节点，如图 3-30 所示。

```
scp ~/.ssh/authorized_keys slave01:~/
scp ~/.ssh/authorized_keys slave02:~/
```

```
[root@master ~]# scp ~/.ssh/authorized_keys slave01:~/
The authenticity of host 'slave01 (192.168.0.181)' can't be established.
ECDSA key fingerprint is SHA256:D79NUZWLeFA7eKM32nbgI1vtiXsjkUoaVxnNWDXGnx4.
ECDSA key fingerprint is MD5:ae:c5:7a:e6:05:f7:40:b8:71:90:4e:11:2e:94:22:fe.
Are you sure you want to continue connecting (yes/no)? yes
Warning: Permanently added 'slave01,192.168.0.181' (ECDSA) to the list of known hosts.
authorized_keys                                          100%  393   177.9KB/s   00:00
您在 /var/spool/mail/root 中有新邮件
[root@master ~]# scp ~/.ssh/authorized_keys slave02:~/
The authenticity of host 'slave02 (192.168.0.182)' can't be established.
ECDSA key fingerprint is SHA256:D79NUZWLeFA7eKM32nbgI1vtiXsjkUoaVxnNWDXGnx4.
ECDSA key fingerprint is MD5:ae:c5:7a:e6:05:f7:40:b8:71:90:4e:11:2e:94:22:fe.
Are you sure you want to continue connecting (yes/no)? yes
Warning: Permanently added 'slave02,192.168.0.182' (ECDSA) to the list of known hosts.
authorized_keys                                          100%  393   219.6KB/s   00:00
```

图 3-30　复制公钥

然后分别在 slave01 和 slave02 两个节点上执行如下命令。

```
cat ~/authorized_keys >> ~/.ssh/authorized_keys
```

来验证一下效果，在 master 节点上使用 SSH 远程连接两个从节点，如果不需要输入密码就表示是成功的，此时主节点可以免密码登录到所有节点，如图 3-31 所示。

从节点之间的免密登录就没有必要配置了，因为在启动集群时只有主节点需要远程连接其他节点。

（7）解压 Hadoop 压缩包。

```
cd /opt
tar - zxvf hadoop - 3.3.6.tar.gz
```

```
[root@master ~]# ssh slave01
Last login: Fri Jul 21 12:04:39 2023 from master
[root@master ~]# exit
登出
Connection to slave01 closed.
[root@master ~]# ssh slave02
Last login: Fri Jul 21 12:05:05 2023 from master
[root@master ~]# exit
登出
Connection to slave02 closed.
```

图 3-31　验证主节点免密登录从节点

（8）修改 hadoop-env.sh。

在 master 节点上执行如下命令。

```
cd hadoop - 3.3.6/etc/hadoop/
vim hadoop - env.sh
```

增加环境变量信息，添加到 hadoop-env.sh 文件末尾即可。

```
export JAVA_HOME = /opt/jdk1.8
export HADOOP_LOG_DIR = /data/logs/hadoop/
```

（9）修改 core-site.xml。

在 master 节点上执行如下命令。

```
vim core - site.xml
```

configuration 中增加如下配置信息，注意 fs.defaultFS 属性中的主机名需要和主节点的主机名保持一致。

```
<!-- 指定 HDFS 中 NameNode 的地址 -->
< property >
< name > fs.defaultFS </name >
 < value > hdfs://master:9000 </value >
</property >
<!-- 指定 Hadoop 运行时产生文件的存储目录 -->
< property >
< name > hadoop.tmp.dir </name >
< value >/opt/hadoop - 3.3.6/data/tmp </value >
</property >
```

（10）修改 hdfs-site.xml。

在 master 节点上执行如下命令。

```
vim hdfs - site.xml
```

在 configuration 中增加如下配置信息。

```
< property >
< name > dfs.replication </name >
< value > 2 </value >
</property >
<!-- 指定 Hadoop 辅助名称节点主机配置 -->
< property >
 < name > dfs.namenode.secondary.http - address </name >
 < value > master:50090 </value >
</property >
```

　　把 HDFS 中文件副本的数量设置为 2，最多为 2，因为现在集群中有两个从节点，还有 secondaryNamenode 进程所在的节点信息。

（11）修改 yarn-site. xml。

在 master 节点上执行如下命令。

```
vim yarn – site.xml
```

在 configuration 中增加如下配置信息。

```
<!-- Reducer 获取数据的方式 -->
< property >
< name > yarn. nodemanager. aux – services </name>
< value > mapreduce_shuffle </value>
</property>
< property >
< name > yarn. nodemanager. env – whitelist </name> < value > JAVA _HOME, HADOOP_COMMON_HOME, HADOOP_HDFS_
HOME, HADOOP_CONF_DIR, CLASSPATH_PREPEND_DISTCACHE, HADOOP_YARN_HOME, HADOOP_MAPRED_HOME </value>
  </property>
< property >
< name > yarn. resourcemanager. hostname </name>
< value > master </value>
</property>
```

　　分布式集群中，这个配置文件需要设置 ResourceManager 的 hostname，否则 NodeManager 找不到 ResourceManager 节点。

（12）修改配置文件中的 maped-site. xml。

在 master 节点上执行如下命令。

```
vim mapred – site. xml
```

在 configuration 中增加如下配置信息。

```
<!-- 指定 MR 运行在 YARN 上 -->
< property >
< name > mapreduce. framework. name </name>
< value > yarn </value>
</property>
```

（13）修改 workers 文件。

在 master 节点上执行如下命令。

```
vim works
```

修改 works 文件中的内容，改为所有从节点的主机名，一个一行。

```
slave01
slave02
```

（14）修改启动脚本。

修改 sbin 目录下的 start-dfs. sh 和 stop-dfs. sh 这两个脚本文件，编辑文件中的第二行，增加如下内容。

```
HDFS_DATANODE_USER = root
HDFS_DATANODE_SECURE_USER = hdfs
HDFS_NAMENODE_USER = root
HDFS_SECONDARYNAMENODE_USER = root
```

修改 sbin 目录下的 start-yarn.sh 和 stop-yarn.sh 这两个脚本文件,编辑文件中的第二行,增加如下内容。

```
YARN_RESOURCEMANAGER_USER = root
HADOOP_SECURE_DN_USER = yarn
YARN_NODEMANAGER_USER = root
```

(15)复制 Hadoop 目录。

将 master 节点上修改好配置的安装包复制到其他两个从节点,具体命令如下所示。

```
scp − rq hadoop − 3.3.6 slave01:/opt/
scp − rq hadoop − 3.3.6 slave02:/opt/
```

(16)格式化 NameNode。

在 master 节点执行格式化命令。

```
hdfs namenode − format
```

当控制台提示 has been successfully formatted 则表示格式化成功。

(17)启动集群。

在 master 节点执行如下命令。

```
cd /opt/hadoop − 3.3.6/sbin
start − all.sh
```

分别在 3 台机器上执行 jps 命令,进程信息如图 3-32 所示。

```
[root@master sbin]# jps    [root@master opt]# jps     [root@master hadoop]# jps
2915 ResourceManager       2818 Jps                   2855 Jps
2668 SecondaryNameNode      2595 DataNode              2632 DataNode
2397 NameNode              2714 NodeManager           2751 NodeManager
3245 Jps
```

图 3-32 3 台机器的进程信息

至此,Hadoop 完全分布式集群安装成功。

3.4 阿里云飞天分布式架构

本节将介绍阿里云飞天分布式架构,这是阿里云在云计算领域的创新与技术突破。飞天架构是阿里巴巴集团多年经验的总结,旨在构建高可用、高性能、高可扩展的云计算平台,为用户提供稳定、安全、高效的云服务。本节将深入探讨飞天架构的核心设计原则、关键组件和特点,以及其开放服务。

3.4.1 阿里云与飞天平台简介

1. 阿里云

云计算是分布式计算、并行计算和网格计算的发展,或者说是这些计算机科学概念的商业实现。云计算代表着计算和数据资源日益迁移到互联网上去的一个趋势,提供了新的 IT 基础设施和平台服务,顺应了当前全球范围内整合计算资源和服务能力的需求,满足了高速处理海量数据的需求,为高效、可扩展和易用的软件开发和使用提供了支持和保障。它的核心价值在于提供了新的应用开发和运营模式,是下一代互联网、物联网和移动互联网的基础。

云计算通过资源的虚拟化(virtualization)实现了有弹性可扩展(elastic scalability)的服务。云计算的服务商通过对软硬件资源的虚拟化,将基础资源变成了可以自由调度的"池子",这意味着客户能够使用的资源是"取之不尽,用之不竭"的,从而实现资源的按需配给,并做到向客户提供按使用付费的服务。

阿里云计算平台可以追溯到 2009 年,当时阿里巴巴集团的内部部门"阿里云计算"正式成立,负责构建和维护阿里巴巴集团的内部云计算基础设施。随着阿里巴巴业务的快速增长,云计算需求逐渐增加,集团决定将这一强大的云计算能力开放给外部用户,从而形成了阿里云计算平台。2011 年,阿里云正式面向外部客户推出公测版,提供弹性计算服务等基础云计算服务。2012 年,阿里云推出对象存储服务,成为国内首家提供公有云对象存储服务的云计算平台。2015 年,阿里云开始在全球范围内建设多个数据中心和服务器集群,扩展了全球化的业务服务能力。2016 年,阿里云首次进入 Gartner 公布的全球云基础设施服务提供商魔力象限(magic quadrant)领导者象限。2018 年,阿里云成为全球领先的公共云服务提供商之一,占据全球市场份额前列。

阿里云致力于打造云计算的基础服务平台,注重为中小企业提供大规模、低成本的云计算服务。通过构建飞天这个支持多种不同业务类型的公有云计算平台,帮助中小企业在云服务上建立自己的网站和处理自己的业务流程,帮助开发者向云端开发模式转变,用方便、低廉的方式让互联网服务全面融入人们的生活,将网络经济模式带入移动互联网,构建出以云计算为基础的全新互联网生态链,并在此基础上实现阿里云成为互联网数据分享第一平台的目标。

阿里云对外提供丰富的服务,并不断更新和扩展。如弹性计算服务提供可弹性伸缩的云服务器实例,存储与数据库服务提供云端对象存储服务、文件存储服务、关系和非关系数据库服务,还提供阿里云大数据计算服务和人工智能服务等。用户可以根据自己的业务需求选择合适的服务,构建高效稳定的云计算环境。

2. 飞天平台

飞天(Apsara)是阿里巴巴集团自主研发的分布式计算平台。它是阿里云飞天架构的核心组成部分之一,也是阿里巴巴集团内部广泛使用的云计算基础设施。

飞天诞生于 2009 年 2 月,是由阿里云自主研发、服务全球的超大规模通用计算操作系统。它可以将遍布全球的百万级服务器连成一台超级计算机,以在线公共服务的方式为社会提供计算能力。

为什么叫飞天?

在世界神话中,不乏飞向太空这个主题,这是人类对探索的终极想象力的定义:飞向未知的浩瀚苍穹。在中国神话中,轻盈、美好的飞天更承载了幸福与快乐的意义。所以阿里云把自己开发的通用计算操作系统命名为"飞天",是希望通过计算让人类的想象力与创造力得到最大的释放。

飞天管理着互联网规模的基础设施,最底层是遍布全球的几十个数据中心,数百个 PoP 节点。飞天平台在阿里巴巴集团内部广泛应用,支撑了众多核心业务的稳定运行,包括淘宝、天猫、支付宝等平台。随着阿里云的不断发展壮大,飞天平台也持续进行优化和扩展,成为阿里云飞天架构的重要组成部分之一,为阿里云在全球范围内提供高性能、高可靠性的云计算服务奠定了坚实基础。

阿里云的飞天系统是中国唯一自主研发的计算引擎,它可以扩展到 10 万台计算集群,用通俗的比喻,就相当于把 10 万台计算机组成一个巨大的计算力池子,当成一台超级计算机来使用;单日数据处理量超过 600PB(空间),相当于 6 亿部高清的电影。2018 年 9 月 19 日,在杭州云栖大会上,阿里云发布了面向万物智能的新一代云计算操作系统——飞天 2.0,可满足百亿级设备的计算需求,覆盖了从物联网场景随时启动的轻计算到超级计算的能力。

3.4.2 阿里云技术生态体系

1. 飞天平台体系架构

飞天平台的体系架构如图 3-33 所示。

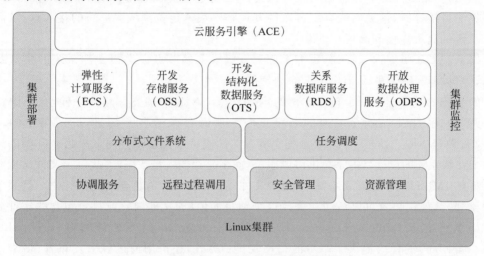

图 3-33 飞天平台的体系架构

整个飞天平台包括飞天内核(图中浅灰色组件)和飞天开放服务(图中白色组件)两大部分。飞天内核为上层的飞天开放服务提供存储、计算和调度等方面的底层支持,对应于图中的协调服务、远程过程调用、安全管理、资源管理、分布式文件系统、任务调度、集群部署和集群监控模块。

飞天开放服务为用户应用程序提供了存储和计算两方面的接口和服务,包括弹性计算服务(elastic compute service,ECS)、开放存储服务(open storage service,OSS)、开放结构化数据服务(open table service,OTS)、关系数据库服务(relational database service,RDS)和开放数据处理服务(open data processing service,ODPS),并基于弹性计算服务提供了云服务引擎(Aliyun cloud engine,ACE)作为第三方应用开发和 Web 应用运行和托管的平台。

2. 飞天平台内核

飞天平台内核包含的模块可以分为以下几部分。

(1)分布式系统底层服务:提供分布式环境下所需要的协调服务、远程过程调用、安全管理和资源管理的服务。这些底层服务为上层的分布式文件系统、任务调度等模块提供支持。

(2)分布式文件系统:提供一个海量的、可靠的、可扩展的数据存储服务,将集群中各节点的存储能力聚集起来,并能够自动屏蔽软硬件故障,为用户提供不间断的数据访问服务;支持增量扩容和数据的自动平衡,提供类似于 POSIX 的用户空间文件访问 API,支持随机读写和追加写的操作。

(3)任务调度:为集群系统中的任务提供调度服务,同时支持强调响应速度的在线服务和强调处理数据吞吐量的离线任务;自动检测系统中故障和热点,通过错误重试、针对长尾作业并发备份作业等方式,保证作业稳定、可靠地完成。

(4)集群监控和部署:对集群的状态和上层应用服务的运行状态与性能指标进行监控,对异常事件产生警报和记录;为运维人员提供整个飞天平台以及上层应用的部署和配置管理,支持在线集群扩容、缩容和应用服务的在线升级。

3. 分布式系统底层服务

(1)协调服务(女娲)。

女娲(Nuwa)系统为飞天提供高可用的协调服务(coordination service),是构建各类分布式应用的核心服务。它的作用是采用类似文件系统的树形命名空间来让分布式进程互相协同工作。例如,当集群变更导致特定的服务被迫改变物理运行位置时,如服务器或者网络故障、配置调整或者扩容时,借助女娲系统可以使其他程序快速定位到该服务新的接入点,从而保证了整个平台的高可靠性和高可用性。

女娲系统基于类 Paxos 协议,由多个部署女娲服务的节点以类似文件系统的树形结构存储数据,提供高可用、高并发用户请求的处理能力。

女娲系统的目录表示一个包含文件的集合。与 UNIX 中的文件路径一样,女娲中路径是以“/”分割的,根目录(root entry)的名字是“/”,所有目录的名字都是以“/”结尾的。其与 UNIX 文件路径不同之处在于:女娲系统中所有文件或目录都必须使用从根目录开始的绝对路径。由于女娲系统的设计目的是提供协调服务,而不是存储大量数据,因此每个文件的内容的大小被限制在 1MB 以内。在女娲系统中,每个文件或目录都保存有创建者的信息。一旦某个路径被用户创建,其他用户就可以访问和修改这个路径的值(即文件内容或目录包含的文件名)。

女娲系统支持 Publish-Subscribe 模式,其中一个发布者、多个订阅者(one publisher/many subscriber)的模式提供了基本的订阅功能;另外,还可用通过多个发布者、多个订阅者(many publisher/many subscriber)的方式提供分布式选举(distributed election)和分布式锁的功能。

再举一个使用女娲系统来实现负载均衡的例子:提供某一服务的多个节点,在服务启动时在女娲系统的同一目录下创建文件,例如,server1 创建文件 nuwa://cluster/myservice/server1,server2 在同一目录下创建 nuwa://cluster/myservice/server2。当客户端使用远程过程调用时,首先列举女娲系统服务中 nuwa://cluster/myservice 目录下的文件,这样就可以获得 server1 和 server2,客户端随后可以从中选择一个节点发出自己的请求,从而实现负载均衡。

(2)远程过程调用(夸父)。

在分布式系统中,不同计算机之间只能通过消息交换的方式进行通信。显式的消息通信必须通过 Socket 接口编程,而远程过程调用(remote procedure call,RPC)可以隐藏显式的消息交换,使得程序员可以像调用本地函数一样来调用远程的服务。

夸父(Kuafu)是飞天平台内核中负责网络通信的模块,它提供了一个 RPC 的接口,简化编写基于网络的分布式应用。夸父的设计目标是提供高可用(7×24 小时)、大吞吐量、高效率、易用(简明 API、多种协议和编程接口)的 RPC 服务。

RPC 客户端(RPC client)通过 URI 指定请求需要发送的 RPC 服务端(RPC server)的地址,目前夸父支持两种协议形式。

- TCP:例如,tcp://fooserver01:9000。
- Nuwa:例如,nuwa://nuwa01/FooServer。

和用流(stream)传输的 TCP 通信相比,夸父通信是以消息(message)为单位的,支持多种类型的消息对象,包括标准字符串 std::string 和基于 std::map 实现的若干 string 键值对。

夸父 RPC 同时支持异步(asynchronous)和同步(synchronous)的远程过程调用形式。

- 异步调用：RPC 函数调用时不等接收到结果就会立即返回。用户必须通过显式调用接收函数取得请求结果。

- 同步调用：RPC 函数调用时会等待，直到接收到结果才返回。在实现中，同步调用是通过封装异步调用来实现的。

在夸父的实现中，客户端程序通过 UNIX Domain Socket 与本机上的一个夸父代理(Kuafu proxy)连接，不同计算机之间的夸父代理会建立一个 TCP 连接。这样做的好处是可以更高效地使用网络带宽，系统可以支持上千台计算机之间的互联需求。此外，夸父利用女娲来实现负载均衡；对大块数据的传输做了优化；与 TCP 类似，夸父代理之间还实现了发送端和接收端的流控(flow control)机制。

(3) 安全管理(钟馗)。

钟馗(Zhongkui)是飞天平台内核中负责安全管理的模块，它提供了以用户为单位的身份认证和授权，以及对集群数据资源和服务进行的访问控制。

- 用户的身份认证(authentication)是基于密钥机制的。

- 用户对资源的访问控制是基于权能(capability)机制进行授权(authorization)的。

capability 是用于访问控制的一种数据结构，它定义了对一个或多个指定的资源(如目录、文件、表等)所具有的访问权限。用户访问飞天系统的资源时必须持有 capability，否则即视为非法。打一个比方，如果把 capability 理解为地铁票，乘坐地铁(对地铁的一种访问方式)时必须要有 capability，即地铁票。

密钥对是基于公开密钥方法的，包括一个私钥和相对应的公钥。在飞天平台系统中，密钥对用于数字签名服务，以保证 capability 的不可伪造。换句话说，私钥用于产生数字签名(如签发 capability)，公钥用于验证数字签名的有效性(如验证签发过的 capability 的有效性)。

考虑网络通信时任何通信节点都是不可信的，所以即使是飞天自身模块内部之间的通信也同样是需要认证和授权的，而且验证的机制也完全一样。

4. 分布式文件系统(盘古)

盘古(Pangu)是一个分布式文件系统，盘古系统的设计目标是将大量通用机器的存储资源聚合在一起，为用户提供大规模、高可靠、高可用、高吞吐量和可扩展的存储服务，是飞天平台内核中的一个重要组成部分，具体分析如下。

(1) 大规模：能够支持数十皮字节(PB)量级的存储大小(1PB＝1000TB)，总文件数量达到亿量级。

(2) 数据高可靠性：保证数据和元数据(metadata)是持久保存并能够正确访问的，保证所有数据存储在处于不同机架的多个节点上面(通常设置为 3)。即使集群中的部分节点出现硬件和软件故障，系统能够检测到故障并自动进行数据的备份和迁移，保证数据的安全存在。

(3) 服务高可用性：保证用户能够不中断地访问数据，降低系统的不可服务时间。即使出现软硬件的故障、异常和系统升级等情况，服务仍可正常访问。

(4) 高吞吐量：运行时系统 I/O 吞吐量能够随机器规模线性增长，保证响应时间。

(5) 高可扩展性：保证系统的容量能够通过增加机器的方式得到自动扩展，下线机器存储的数据能够自动迁移到新加入的节点上。

同时，盘古系统也能很好地支持在线应用的低延时需求。在盘古系统中，文件系统的元数据存储在多个主服务器(Master)上，文件内容存储在大量的块服务器上。客户端程序在使用盘古系统时，首先从主服务器获取元数据信息(包括接下来与哪些块服务器交互)，然后在块服务器上直接进行数据操作。由于元数据信息很小,大量的数据交互是客户端直接与块服务器进行的,因此盘古系统采用少量的主服务器来管理元数据,并使用 Paxos 保证元数据的一致性。此外,块大小被设置为 64MB,进一步减少了元数据的大小,因此可以将元数据全部放到内存里,从而使得主服务器能够处理大量的并发请求。

块服务器负责存储大小为 64MB 的数据块。在向文件写入数据之前,客户端将建立到 3 个块服务器的连接,客户向主副本写入数据以后,由主副本负责向其他副本发送数据。与直接由客户端向 3 个副本写入数据相比,这样可以减少客户端的网络带宽使用。块副本在放置时,为保证数据可用性和最大化地使用网络带宽,会将副本放置在不同机架上,并优先考虑磁盘利用率低的机器。当硬件故障或数据不可用造成数据块的副本数目不满 3 份时,数据块会被重新复制。为保证数据的完整性,每块数据在写入时会同时计算一个校验值,与数据同时写入磁盘。当读取数据块时,块服务器会再次计算校验值与之前存入的值是否相同,如果不同就说明数据出现了错误,需要从其他副本重新读取数据。

在线应用对盘古系统提出了与离线应用不同的挑战:OSS、OTS 要求低时延数据读写,ECS 在要求低时延的同时还需要具备随机写的能力。针对这些需求,盘古系统实现了事务日志文件和随机访问文件,用于支撑在线应用。其中,日志文件通过多种方法对时延进行了优化,包括设置更高的优先级、由客户端直接写多份副本而不是用传统的流水线方式、写入成功不经过 Master 确认等。随机访问文件则允许用户随机读写,同时也应用了类似日志文件的时延优化技术。

5. 资源管理和任务调度(伏羲)

伏羲(Fuxi)是飞天平台内核中负责资源管理和任务调度的模块,同时也为应用开发提供了一套编程基础框架。伏羲同时支持强调响应速度的在线服务和强调处理数据吞吐量的离线任务。在伏羲中,这两类应用分别简称为 Service 和 Job。

在资源管理方面,伏羲主要负责调度和分配集群的存储、计算等资源给上层应用,管理运行在集群节点上任务的生命周期;在多用户运行环境中,支持计算额度、访问控制、作业优先级和资源抢占,在保证公平的前提下,达到有效地共享集群资源。

在任务调度方面,伏羲面向海量数据处理和大规模计算类型的复杂应用,提供了一个数据驱动的多级流水线并行计算框架,在表述能力上兼容 MapReduce、Map-Reduce-Merge 等多种编程模式;自动检测故障和系统热点,重试失败任务,保证作业稳定可靠运行完成;具有高可扩展性,能够根据数据分布优化网络开销。

伏羲中应用了 Master-Worker 工作模型。其中,Master 负责进行资源申请和调度、为 Worker 创建工作计划并监控 Worker 的生命周期,Worker 负责执行具体的工作计划并及时向 Master 汇报工作状态。此外,Master 支持多级模式,即一个 Master 可以隶属于另外一个 Master 之下。

伏羲 Master 负责整个集群资源管理和调度,处理 Job/Service 的启动、停止、故障转移等生命周期的维护。同时伏羲 Master 支持多用户额度配置、Job/Service 的多优先级设置和动态资源抢占逻辑,可以说是飞天平台的"大脑"。伏羲对资源调度是多维度的,可以根据 CPU、内存等系统资源,以及应用自定义的虚拟资源对整个集群进行资源分配和调度。

土伯(Tubo)是部署在每台由伏羲管理的机器上的后台进程,负责收集并向伏羲 Master 报告本机的状态,包括系统资源的消耗、Master 或 Worker 进程的运行、等待、完成和失败事件,并根据伏羲 Master 或者 Job/Service Master 的指令,启动或杀死指定的 Master 或 Worker 进程。同时土伯还负责对计算机健康状况进行监控,对异常 Worker(如内存超用)进行及时的清理和汇报。

对于在线服务(Service),由伏羲 Master 负责 Service Master 的启动与状态监控,处理相应 Service Master 的资源申请请求。Service Master 负责管理 Service Worker 的任务分配、生命周期管理以及故障转移的管理。

对于离线任务(Job),伏羲 Master 负责 Job Master 的启动与状态监控,处理相应 Job Master 的资源申请请求。Job Master 根据用户输入的 Job 描述文件,将任务分解成一个或以上的 Task,每个 Task 的资源申请、Task Worker 的调度和生命周期维护由 Task Master 负责。

(1) 在线服务调度。

在飞天平台内核中,每个 Service 都有一个 Service Master 和多个不同角色的 Service Worker,它们一起协同工作来完成整个服务的功能。Service Master 是伏羲 Master 管理下的子 Master,它负责这个 Service 相关的资源申请、状态维护以及故障恢复,并定期与伏羲 Master 进行交互,确保整个 Service 正确、正常地运行。每个 Service Worker 的角色和执行的动作都是由用户来定义的。

每个 Service Worker 负责处理一个到多个数据分片(partition),同一时刻一个分片只会被分配到一个 Service Worker 处理。将数据分割成为互不相关的分片,然后将不同分片给不同 Service Worker 来处理是构建大规模应用服务的关键特性。数据分片是一个抽象的概念,在不同的应用中有不同的含义。

在服务运行的过程中,每个 Service 的数据分片的数目和内容是可以动态变化的,应用程序可以根据实际需要对数据分片动态地进行加载(load)、卸载(unload)、分裂(split)和迁移(migrate)等操作。

(2) 离线任务调度。

在飞天平台中,一个离线任务的执行过程被抽象为一个有向无环图(directed acyclic graph,DAG):图上每个顶点对应一个 Task,每条边对应一个管道。一个连接两个 Task 的管道表示前一个 Task 的输出是后一个 Task 的输入。

每个离线任务都有一个 Job Master 负责根据用户输入的任务描述(job description)构造 DAG 和调度 DAG 中所有 Task 的执行。每个 Task 的 Task Master 会根据要处理的实例数量、数据在集群的分布及处理实例的资源需求,向伏羲 Master 申请机器资源并分配 Task Worker 在其上执行。分配到每台机器上的实例(instance)是由 Task Worker 来具体执行完成的。每台机器上的 Task Worker 可以根据需要选择多线程或者多进程的不同运行模式。

在离线 Job 的容错方面,除了提供对异常机器的黑名单机制、长尾 Instance 的后备 Worker 机制外,伏羲还提供了快照(snapshot)机制。快照是 Task 级别的容错机制。如果一个 Task 的 n 个 Instance 在前一次运行失败时完成了 m 个,那么 Task 重启后只会重新调度运行剩余的 $n-m$ 个 Instance。

6. 集群监控和部署

(1) 集群监控(神农)。

神农(Shennong)是飞天平台内核中负责信息收集、监控和诊断的模块。它通过在每台物理机器上部署轻量级的信息采集模块,获取各个机器的操作系统与应用软件运行状态,监控集群中的故障,并通过分析引擎对整个飞天的运行状态进行评估。

神农系统包括 Master、Inspector 和 Agent 3 部分。

- Master:负责管理所有神农 Agent,并对外提供统一的接口来处理神农用户的订阅请求,在集群中只有一个 Master。

- Inspector：部署在每一台机器上的进程，负责采集当前机器和进程的通用信息，并实时发送给该机器上的神农 Agent。
- Agent：部署在每台物理机器的后台程序。Agent 负责接受来自应用和 Inspector 写入的信息。Agent 启动后，会立刻向 Master 注册自己，并根据 Master 发来的订阅命令执行相应的信息采集、过滤、聚合和处理操作。目前神农 Agent 处理的数据分为两类：事件类数据（如应用程序故障和报警）和数值类数据（如当前应用的性能计数、机器 I/O 吞吐量等）。

神农的用户通过 Master 来访问神农系统，以数据订阅的方式获取神农系统采集到的信息。

神农的 MonitorService 和 AnalysisService 是使用神农系统的两个应用程序。

- MonitorService 在集群中的一台机器上部署，通过向各 Agent 发送特定的监控请求，并根据配置设定的规则，实现对集群的状态和事件的监控，以及报警和记录。
- AnalysisService 也是部署在集群中的一台机器上，通过访问神农来获得主要性能数据，然后聚合数据并计算出系统的总体资源情况（例如，集群的总资源消耗、总 I/O 吞吐量等），并且向外提供计算结果供查询。

（2）集群部署（大禹）。

大禹（Dayu）是飞天内核中负责提供配置管理和部署的模块，它包括一套为集群的运维人员提供的完整工具集，功能涵盖了集群配置信息的集中管理、集群的自动化部署、集群的在线升级、集群扩容、集群缩容，以及为其他模块提供集群基本信息等。每个飞天模块的发布包都包含一个部署升级的描述文件，定义了该模块部署和升级的流程，提供给大禹使用。

在结构上，大禹包含了集群配置数据库、节点守护进程、客户端工具集等部分。

集群配置数据库负责存放和管理所有部署了飞天的集群的配置信息，包括集群中每个节点承担的角色、各个模块的软件版本、各个模块的基本参数配置等。同时，数据库中还记录了部署或升级时每个节点的任务执行状态，保证了在部署或升级时少量不在线节点可以在重新连线后进行自动修复。

节点守护进程运行在集群的每个节点上，负责与集群配置数据库同步该节点相关的集群信息，执行节点相关的具体运维任务，并汇报任务执行状态。节点守护进程本身是自我升级的，只需部署一次，即能保证运行的是该集群最适合的版本。在模块软件部署和升级的过程中，节点守护进程还负责软件的下载分发，为了保证效率和规避单点故障，软件的分发采用 P2P 的方式进行。

客户端工具集是运维人员实际使用的命令行工具和网页界面，运维人员通过这些工具对集群进行部署、升级、扩容、缩容等具体操作。大部分操作都提供了自动化和人机交互执行两种方式，分别适应简便操作和精细化控制这两种场景。在部署和升级的过程中，客户端工具负责控制总体的操作顺序，维护模块之间的依赖关系，并根据状态信息决定是否回滚或中断当前流程。

3.4.3　阿里云飞天开放服务

这部分内容从整体上简要介绍飞天开放服务，包括弹性计算服务、开放存储服务、开放结构化数据服务、关系数据库服务、开放数据处理服务和云服务引擎。这些开放服务运行在飞天平台内核之上，具有以下一些共同的特点。

（1）全托管式服务。开放服务运行在数据中心的公共云平台之上，用户无须关心硬件设备的采购和软件系统的配置、管理,这些服务以全托管的方式为用户提供直接可用的软件服务。这样,用户可以专注于应用层逻辑的设计与实现,按照实际使用的多少进行付费,因此减少了初期在基础设施上的投入,节省了应用的成本。此外,开放服务还向用户提供详细的资源使用统计、性能指标和操作日志,方便用户调查错误和分析应用的行为。开放服务由阿里云的专业人士进行维护和优化,提供高端的基础设施和网络安全保障,用户无须担心数据备份、故障恢复和扩展升级等方面的问题。

(2)数据安全可靠。开放服务都采用盘古作为底层的存储,所有数据都为多份冗余存储。底层存储系统会自动处理集群中的硬件和软件错误,对用户屏蔽这些错误。此外,用户的数据在存储层完全被隔离,用户对数据的访问必须通过身份验证的机制,有效地保障了用户数据的安全和隐私。

(3)可扩展性。开放服务提供的资源完全可以随着用户使用负载的变化而弹性伸缩,用户只需要专注自身最核心的业务,而不用担心数据量的激增带来的数据可靠性和客户访问的性能问题。例如,在OTS中,系统通过对表进行横向切分(partitioning)来实现规模的扩展,数据均匀地散落到多个存储节点上,可以通过增加机器和调整调度实现服务整体规模的扩展。

1. 弹性计算服务

弹性计算服务为用户提供一个根据需求动态运行的虚拟服务器的环境。对于弹性计算服务提供的虚拟服务器,用户可以像使用一台物理机器一样进行各种操作。弹性计算服务允许用户根据自己的需要,租用多台虚拟服务器来完成各种任务。在运行的过程中,用户也可以根据计算资源的需要,动态增加或减少虚拟服务器的数量,如图3-34所示。

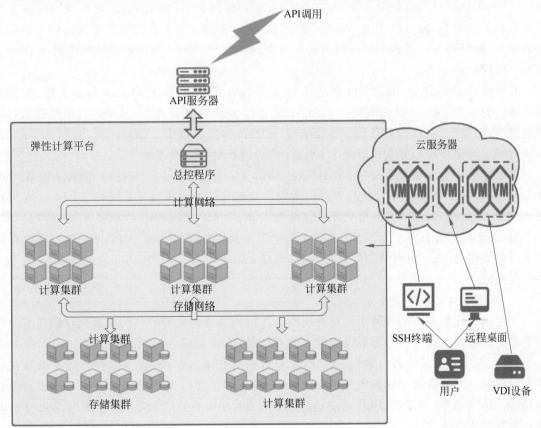

图 3-34 弹性计算服务的体系结构

对于用户来说,弹性计算服务解决了业务的周期性变化带来的资源利用率不高和IT成本高的问题。同时,弹性计算服务还可以减少IT采购的周期,提供数据的可靠存储和可扩展的能力,并可以有效地减少网络安全的威胁。

针对弹性计算服务,阿里云还提供了云监控、云盾和负载均衡这3个产品。

(1)云监控为云服务器提供第三方监控服务,可以及时发现故障并通过多种方式报警,包括网站、Ping、TCP端口、UDP端口、DNS、POP3、SMTP、FTP等监控。云监控除了可以为ECS提供安全有效的监控服务外,还能为其他自由服务器提供监控服务,用户只需要通过简单的配置即可实现各种监控需求。

(2)云盾为云服务器提供一站式安全增值服务,包括安全体检(网页漏洞检测、网页挂马检测)、安全管家(防DDOS、端口安全检测、网站后门检测、异地登录提醒、主机密码暴力破解防御)等功能。

(3)负载均衡(server load balancer,SLB)通过设置虚拟IP,将位于同一数据中心的多台云服务器资源虚拟成一个高性能、高可用的应用服务池,再根据应用特性,将来自客户端的网络请求分发到云服务器池中。SLB会检查池中云服务器的健康状态,自动隔离异常状态云服务器。同时,SLB还可以增强云服务器池的抗攻击能力、安全隔离应用和云服务器。云服务器无须特殊设置即可透明接入SLB。

2. 开放存储服务

开放存储服务是阿里云对外提供的海量、安全、低成本和高可靠的云存储服务。开放存储服务支持海量的文件存储,同时在多个地方调用呈现,极大地简化了用户数据管理、迁移和更新的工作,用户可以通过简单的RESTful API,在任何时间、任何地点、任何互联网设备上进行上传和下载数据,也可以使用Web页面对数据进行管理。开放存储服务目前已经在多个云存储服务、电子商务网站和手机应用网站中使用,提供包括图片、软件和音视频文件在内的存储和互联网访问服务。

在开放存储服务中,用户文件都是以Object的方式存储,每个Object包含名称、数据和用户存储的关于Object的元数据(metadata)。由于开放存储服务中Object不允许重命名和部分修改,因此,开放存储服务适合于存储写一次、读多次的数据,例如,视频、音频、图片和备份文件等。开放存储服务支持对整个Object内容进行替换的修改操作。

开放存储服务的命名空间采用Bucket的方式:每个Bucket中可以存储任意数量的Object,但Bucket本身并不直接包含任何数据。存储在开放存储服务上的每个Object必须都属于某个Bucket,Bucket名在整个开放存储服务系统中具有全局唯一性,且不能修改。如果一个Bucket名已经被某个用户使用,那么其他用户都不能再使用这个Bucket名。开放存储服务目前提供Bucket级别的访问权限控制,包括public-read-write、public-read和private这3种访问权限。

3. 开放结构化数据服务

开放结构化数据服务是阿里云对外提供的支持海量结构化和半结构化数据存储与实时访问的服务。开放结构化数据服务以表的方式存储数据,保证强一致性。一个用户可以拥有多个表,每个表中包含任意多行数据,每一行又可以包含任意多个列,除主键外的列不需要在创建表时指定。开放结构化数据服务还支持视图、表组和事务等高级功能。用户可以在表中查询、插入、修改和删除数据。用户可以通过RESTful API来使用服务,也可使用Web Portal页面对数据进行管理。

开放结构化数据服务目前在多个互联网应用场景中得到成功的使用,提供结构化数据的存储和实时访问服务。用户使用开放结构化数据服务可以免去雇用专人来管理和维护数据库软件的开销。开放结构化数据服务按实际使用量付费的方式降低了客户的使用成本。用户也无须担心随着应用规模的不断扩大,数据量和并发访问的可扩展性需求,开放结构化数据服务通过自动扩展的方式为应用的长期快速发展解决后顾之忧。

4. 关系数据库服务

关系数据库服务通过 Web 方式为用户提供可以在几分钟内生成并投入生产的、经过优化的数据库实例,支持 MySQL 和微软 SQL Server 这两种关系数据库,适合于各行业中小企业的关系数据库应用。使用阿里云的关系数据库服务能够使得中小企业根据业务规模发展的需要快速部署适合自己的数据库实例,因而无须购买昂贵的硬件和聘用管理维护人员,降低了企业使用数据库的综合成本。

关系数据库服务提供的数据库与用户自己搭建的数据库环境和使用方式完全相同,用户只需要使用通用的数据导入导出工具即可直接将已有的数据库迁移至关系数据库服务中。由于关系数据库服务数据库硬件和数据都部署在云端,利用阿里云提供的基础设施、网络安全保障、专业的系统运维维护及热备服务,数据库的备份、恢复和扩展升级等日常管理功能都极大地得到了简化。

以上关系数据库服务提供的各项功能及服务都不需要前期投资,用户只需要根据使用量进行付费即可。传统企业自建数据库的方式一般存在设备利用率偏低、不能按需部署、无法快速应对规模变化以及投入成本过高、维护成本高和建设周期过长等问题。而关系数据库服务相对于用户自建数据库具有低成本、高效率、高可靠、灵活易用等优点,使企业有更多的时间聚焦于自身的核心业务上面。

5. 开放数据处理服务

开放数据处理服务提供了大规模数据的离线处理和分析服务,它以 RESTful API 的形式支持基于描述性查询语言 SQL 的数据处理,并提供 MapReduce 的并行计算框架。开放数据处理服务重点面向数据量大(PB 级别)且实时性要求不高的海量数据分析应用,适用于海量数据统计、数据建模、数据挖掘、数据商业智能等互联网应用。

开放数据处理服务提供了 SQL 与 MapReduce 两种 API 供用户开发调用。SQL 采用类似 SQL 的语法来处理大规模(PB 级别)数据,适合于处理强调数据吞吐量的离线任务。开放数据处理服务 SQL 提供了大量操作海量数据的 SQL 语法支持(API),例如,创建、删除表和视图的 DDL 语法以及更新表的 DML 语法等。为了方便用户完成数据处理的各类任务,开放数据处理服务 SQL 还提供了很多高级功能,例如,窗口函数、用户自定义函数、存储过程等。与数据库相比,开放数据处理服务 SQL 并不具备数据库的一些特征,包括事务和主键约束。开放数据处理服务 SQL 的优势在于能够快速处理海量数据,它能够将多个 SQL 语句以它们之间的数据依赖关系组成一个工作流,然后以执行工作流的方式完成复杂的数据分析功能。

开放数据处理服务的 MapReduce 语法与 Hadoop MapReduce 类似,基于此编程框架编写的程序以一种可靠容错的模式运行在由数千个通用服务器搭建的大规模集群上,能并行处理 PB 级别的海量数据。与 Hadoop 上使用的 MapReduce 相比,开放数据处理服务为用户提供了开箱即用的离线数据处理环境,用户在注册开放数据处理服务账号以后即可使用。这样,用户可以集中精力于业务逻辑的实现上,而不用关心环境的搭建、配置、监控和调优。

6. 云服务引擎

云服务引擎是飞天平台提供的一个基于云计算基础架构的网络应用程序托管环境,帮助应用开发者简化网络应用程序的构建和维护,并可根据应用访问量和数据存储的增长进行动态扩展。

云服务引擎支持使用 PHP 和 Node.js 语言编写的应用程序,支持标准的关系数据库(例如 MySQL)、MemCache、Cron、Session 和 Storage,同时增加一些高级特性来满足开发者的需求。云服务引擎选择 PHP 作为首选支持语言,云服务引擎的 PHP Runtime 和官方标准 PHP 环境几乎完全一样,99% 的代码可以不加任何修改就可以完美地运行在云服务引擎环境中。出于安全和性能的考虑,云服务引擎对标准 PHP 进行了一些扩展和改进。

3.5　华为云数据库 GaussDB

本节介绍华为云数据库产品 GaussDB,GaussDB 是基于华为 20 余年战略投入、软硬全栈协同所创新研发的分布式关系数据库,具备高可用、高性能、高安全、高弹性、高智能、易部署、易迁移等关键能力,是企业核心业务数字化转型升级的坚实数据底座。本节将深入探讨 GaussDB 的整体架构、产品优势以及应用服务场景。

3.5.1　GaussDB 服务介绍

GaussDB 是华为自主创新研发的分布式关系数据库。该产品支持分布式事务,同城跨 AZ(availability zone,可用区)部署,数据 0 丢失,支持超过 1000 的扩展能力,PB 级海量存储。同时拥有云上高可用、高可靠、高安全、弹性伸缩、一键部署、快速备份恢复、监控告警等关键能力,能为企业提供功能全面、稳定可靠、扩展性强、性能优越的企业级数据库服务。

1. 产品优势

- 高性能。性能强劲,单节点 150 万 tpmC(当前每分钟事务数)、32 节点 1500 万 tpmC、百亿数据查询秒级响应。
- 高可用。支持跨机房、同城、异地、多活高可用,支持分布式强一致性,数据 0 丢失。
- 高扩展。通过分布式全局事务一致性优化,打破传统分布式性能瓶颈,实现计算与存储的自由水平扩展能力,同时支持新增分片的数据在线重分布能力。
- 高智能。国内首个 AI-Native 数据库,全流程智能化,诊断效率提升 5 倍多。
- 高安全。GaussDB 拥有 TOP 级的商业数据库安全特性:数据动态脱敏,TDE 透明加密,行级访问控制,密态计算;能够满足政企与金融级客户的核心安全诉求。

2. 整体架构

整体架构如图 3-35 所示。

1) 技术特点

- 支持 SQL 优化、执行、存储分层解耦架构。
- 分布式强一致性,GaussDB 实现了基于 GTM 的分布式 ACID 设计。
- 支持存储技术分离,也支持本地架构。
- 支持可插拔存储引擎架构。

2) 核心角色

- 协调节点(Coordinator Node,CN):负责接收来自应用的访问请求,并向客户端返回执行结果;负责分解任务,并调度任务分片在各 DN 上并行执行。
- 全局事务管理器(Global Transaction Manager,GTM):负责生成和维护全局事务 ID、事务快照、时间戳、序列信息等全局唯一的信息。

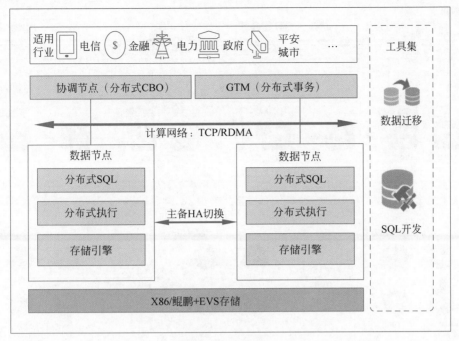

图 3-35 整体架构

- 数据节点(Data Node,DN):负责存储业务数据(支持行存、列存、混合存储)、执行数据查询任务以及向 CN 返回执行结果。

3.5.2 GaussDB 服务应用

1. 应用场景

1)交易型应用

大并发、大数据量、以联机事务处理为主的交易型应用,如政务、金融、电商、O2O、电信 CRM/计费等,服务能力支持高扩展、弹性扩缩,应用可按需选择不同的部署规模。

2)详单查询

具备 PB 级数据负载能力,通过内存分析技术满足海量数据边入库边查询要求,适用于安全、电信、金融、物联网等行业的详单查询业务。

2. 场景案例

(1)金融场景:高并发、高性能,如图 3-36 所示。

业务挑战如下。

- 核心系统超高并发、海量存储,业务低时延等要求无法满足。
- 多渠道、全天候对外服务能力当前无法支撑。
- 传统集中式数据库与业务高度耦合,改造成本高。

解决方案如下。

- 可靠性:具备 PB 级海量数据存储能力和企业级高可靠能力。
- 时延低:采用 Ustore 存储引擎,可以有效降低单位时间内的滚动值以及存储空间。
- 服务高连续性:业务不中断,主备集群满足金融核心应用 7×24 小时服务连续性要求。
- 迁移成本低,转型平稳安全:自动迁移成功率和编译通过率均可达 95% 以上,整体自动化测试覆盖率可达 80%,新旧系统功能完全对等,可完整承载业务压力。

(2)政企场景:实时同步、高效运转,如图 3-37 所示。

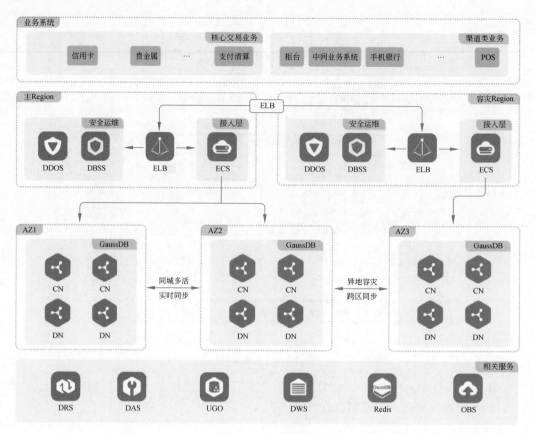

图 3-36　金融场景

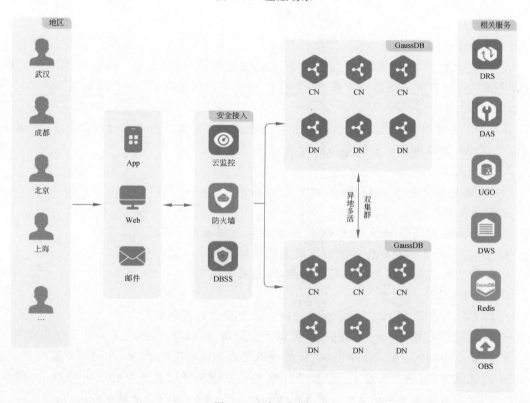

图 3-37　政企场景

业务挑战如下。

- 业务逻辑复杂,缺乏统一管理。
- 数据上报限制多,时效性差。
- 要求分布式 TP(事务处理)场景性能不劣化,同时解决报表和复杂查询类业务性能问题。

解决方案如下。

- 数据集中化管理:跨地域多数据中心、多网络资源的统一管理,分布式数据库实现核心业务数据的集中管理、共享。
- 业务高效运转:业务无感知扩容,核心业务集中管理、共享,业务整体性能提升数倍,无卡顿、无等待,用户体验大幅改进。
- 实时查询:查询基于数据库日志的 CDC 同步(这是一种基于日志文件或数据表的同步方式,可以在不影响源数据的情况下,保证目标数据的实时性和准确性),查询可接收时延 5ms 内,读写分离,查询业务不影响生产业务。

本章小结

本章深入研究了分布式系统的基础架构和实践应用,提供了关于分布式系统设计、构建和运行的重要见解。通过对分布式系统基础架构、Hadoop 大数据平台、阿里云飞天分布式架构以及华为云 GaussDB 服务的全面讨论,深入了解了这些系统的核心原理、技术特点以及在实际应用中的优势和挑战。

首先,探讨了分布式系统基础架构的关键组成部分。分布式应用服务拆分强调了将传统的单体应用拆分为小而自治的服务单元的重要性,从而实现更灵活、可扩展和可维护的系统。同时,分布式协同、分布式计算、分布式存储以及分布式资源管理与调度等概念进一步揭示了分布式系统中各方面的关键技术和挑战。

接着,深入研究了 Hadoop 大数据平台的分布式系统架构。通过追溯其发展历史、介绍其技术生态体系、讨论环境搭建和运行模式,了解到 Hadoop 是如何通过分布式存储和计算能力,支持对大规模数据的高效处理和分析的。

随后,探索了阿里云飞天分布式架构的实践。阿里云作为领先的云计算服务提供商,其飞天平台为用户提供了强大的分布式计算服务。通过了解其与飞天平台的简介、技术生态体系和开放服务,看到了阿里云在分布式计算领域的先进技术和丰富经验。

最后,研究了华为云 GaussDB 服务的分布式架构。作为华为云提供的分布式数据库服务,GaussDB 通过分布式架构和优化算法,提供了高可用性、高性能的数据处理能力。在各种应用场景下,GaussDB 都能够满足用户对数据管理和分析的需求,为用户提供了强大的支持。

综上所述,通过对这些实践案例的分析和理解,我们不仅对分布式系统的设计原理和技术特点有了更深入的认识,还能够更好地把握分布式系统在实际应用中的优势和挑战。随着分布式系统技术的不断发展和完善,相信它们将在更广泛的领域发挥重要作用,推动信息技术的进步和创新。未来,我们期待看到更多创新性的分布式系统架构和应用场景涌现,为数字化转型和智能化发展提供强有力的支持。

课后习题

1. 单选题

(1) 分布式系统相较于单机系统具备的优势有( )。

    A. 高性能、可靠性和可扩展性   B. 低成本、易于维护

    C. 数据安全性高   D. 易于部署和使用

(2) 在分布式系统中,( )涉及服务间通信、数据一致性和事务处理。

    A. 分布式存储设计   B. 分布式应用服务的拆分

    C. 分布式计算实现   D. 分布式资源的管理和调度

(3) Hadoop 大数据平台主要用于( )。

    A. 网页浏览   B. 大数据处理和分析

    C. 客户关系管理   D. 企业资源规划

(4) 阿里云飞天分布式架构是( )公司的核心技术。

    A. 百度   B. 阿里巴巴   C. 腾讯   D. 华为

(5) HBase 是一个( )。

    A. 关系数据库   B. 面向列的分布式数据库

    C. 图数据库   D. 文档存储数据库

(6) 在 Hadoop 生态系统中,( )组件用于数据的存储。

    A. MapReduce   B. YARN   C. HDFS   D. Hive

(7) Kafka 通常被用于( )场景。

    A. 实时数据管道和流处理应用程序

    B. 批量数据处理

    C. 机器学习模型训练

    D. 静态网站托管

(8) 在分布式系统中,( )组件负责资源管理和任务调度。

    A. Hadoop   B. YARN   C. Hive   D. Kafka

(9) Quick BI 是一个( )工具。

    A. 数据库管理系统   B. 可视化分析

    C. 编程开发环境   D. 操作系统

(10) 在 Hadoop 集群中,( )守护进程负责数据存储。

    A. JobTracker   B. TaskTracker

    C. NameNode   D. DataNode

2. 思考题

(1) 分布式系统设计中,为什么需要考虑数据一致性和服务自治性?

(2) Hadoop 生态系统中的 Sqoop 和 Flume 各自承担了哪些不同的角色?

第 **4** 章

分布式文件系统**HDFS**

本章将深入探讨 Hadoop 分布式文件系统（Hadoop distributed file system，HDFS）。HDFS 是 Hadoop 生态系统的核心组件之一，它是为大规模数据存储和处理而设计的高可靠性、高可扩展性的分布式文件系统。

本章内容首先介绍 HDFS 的发展和优缺点，之后介绍其组成架构、读写流程及工作原理等，讲解不同的 HDFS 数据文件访问方式，详细分析不同服务节点的工作机制并实践，帮助读者理解如何将大文件切分为块并在集群中分布存储，以及如何实现数据冗余和故障恢复，确保数据的高可靠性和可用性。

通过这些内容的学习，将深入了解 HDFS 的设计与运作方式，为后续的大数据处理和分布式计算打下坚实基础。

4.1 问题导入

当涉及大数据处理时，一个关键的挑战是如何有效地管理和存储海量的数据。传统的文件系统往往无法满足这种规模和复杂性，因此需要一种能够支持大规模数据存储和处理的解决方案。在这种背景下，分布式文件系统应运而生，它可以将数据分布式存储在多个节点上，实现数据的高可靠性和高可用性。

然而，随着数据量的不断增长和数据处理需求的提升，分布式文件系统本身也面临着一些挑战和问题。

- 如何保证数据的一致性和完整性？
- 如何处理大规模数据的读写操作？
- 如何实现系统的高可用性和容错性？

这些问题都是在设计和使用分布式文件系统时需要考虑和解决的关键问题。

本章将针对这些问题展开讨论，并以分布式文件系统 HDFS 为例进行详细探究。通过对 HDFS 的概述、核心组件与工作原理的分析，以及基于 HDFS 的实际案例演示，读者将能够更深入地理解分布式文件系统的运作机制和应用场景，为解决大数据处理中的挑战提供有力支持。

4.2 HDFS 概述

HDFS 旨在解决大规模数据集的存储和处理问题，适用于大数据分析、批处理和数据挖掘等应用场景。它采用分布式存储的方式，将大文件分割成多个数据块，然后将这些数据块存储在集群中的多个数据节点上,以实现数据的高可用性、高扩展性和高吞吐量。HDFS 是 Hadoop 生态系统的核心组件之一,为 Hadoop 的分布式计算能力提供了稳定的数据存储基础。

4.2.1　分布式文件系统的定义

传统的文件系统对海量数据的处理方式是将数据文件直接存储在一台计算机中。在早期的场景下,这样做并不会存在什么问题,但是随着数据量的不断攀升,这样单节点的存储方式越来越多地面临一些新问题,例如,当保存的文件越来越多时,计算机面临存储瓶颈,就需要扩容;当面临大文件的上传、下载,单节点的存储会变得非常耗时。

为了解决传统文件系统遇到的存储瓶颈问题,首先考虑的就是扩容,扩容有两种形式:一种是纵向扩容,即增加磁盘和内存,但是,即使技术飞速发展,这些存储设备也已经无法满足大规模数据存储的需求;另一种是横向扩容,即通过增加服务器数量,扩大规模达到分布式存储的效果,这种存储形式就是分布式文件存储的雏形。

由此可见,分布式文件系统(DFS)是一种用于存储和管理大规模数据的分布式存储系统。它能够将数据分布在多台服务器上,从而实现数据的共享、容错、高可用性和高扩展性。DFS 通常用于处理大数据和大规模应用的存储需求,如在云计算、大数据处理、分布式计算和科学研究等领域。

设计 DFS 时,通常会考虑包括以下几方面的问题。

(1)分布式架构。DFS 采用分布式存储的方式,将数据分割成多个块,并将这些数据块存储在不同的服务器上。这样可以通过并行处理和数据分布来提高性能和吞吐量。

(2)数据冗余与复制。为了保障数据的容错性和可用性,DFS 通常会将数据块复制到多个节点上。如果某个节点出现故障,仍然可以从其他副本中恢复数据。

(3)共享文件访问。DFS 允许多个客户端同时对同一个文件进行读写操作,实现文件的共享访问。这在分布式计算和协作环境中特别重要。

(4)高可用性。DFS 通常设计为高可用的系统,通过在多个服务器上复制数据块,确保即使部分节点发生故障,系统仍然能够继续提供服务。

(5)数据一致性。DFS 需要确保数据在各副本之间保持一致,这通常涉及复制管理和数据同步机制。

(6)元数据管理。DFS 会维护文件系统的元数据,如文件的名称、位置、权限等信息。元数据的管理对于文件系统的正确运行至关重要。

(7)扩展性。DFS 应该具备良好的扩展性,能够适应不断增长的数据量和用户访问量,通过增加服务器节点来提升性能。

(8)安全性。DFS 需要提供数据传输和访问的安全保障,确保数据在传输和存储过程中不受到未经授权的访问和篡改。

常见的 DFS 包括 Hadoop 分布式文件系统(HDFS)、Google 文件系统(GFS)、分布式对象存储系统 Ceph 和 Gluster 公司开发的开源分布式文件系统 GlusterFS。本书将以被广泛使用的 HDFS 为例进行详细讲解。

4.2.2　HDFS 的发展

HDFS 的发展源于 Google 在 2003 年 10 月份发表的一篇名为 *Google File System*(GFS)的论文。该论文详细介绍了 Google 用于存储大规模数据的分布式文件系统 GFS 的设计和实现,并解决了 Google 在处理大规模数据时遇到的挑战。HDFS 的设计者 Doug Cutting 在了解了 GFS 的论文后,将其作为 Hadoop 的分布式文件系统的设计灵感来源,并将 HDFS 的设计与 GFS 的特点进行了类比和借鉴。HDFS 在很大程度上采用了 GFS 的架构和功能,并在此基础上进行了适应 Hadoop 生态系统和开源社区的改进和优化。

HDFS 最初由 Doug Cutting 和 Mike Cafarella 于 2005 年创建,当时是作为 Apache Nutch 搜索引擎项目的一部分。在经历一段时间的开发和改进后,Hadoop 项目于 2006 年成为 Apache 软件基金会的顶级项目。HDFS 作为 Hadoop 的关键组件之一,也得到了更多开发者的贡献和关注。2008 年至 2011 年,HDFS 版本不断更新,相继引入了块复制和容错机制、权限控制,开始支持 HBase,允许在一个 HDFS 集群中创建多个命名空间。2012 年,Hadoop 2.0 发布,其最重要的改变是引入了 YARN 作为资源管理器,将 HDFS 从 Hadoop 核心中解耦。YARN 负责资源的管理和作业调度,HDFS 负责数据存储,使得 HDFS 可以独立于 Hadoop 核心运行。2014 年,Hadoop 2.6 版本引入了 HDFS 的 Heterogeneous Storage 功能,支持将数据根据访问模式存储在不同类型的存储介质上,如 SSD 和 HDD。这种设计可以根据数据的访问频率来优化存储成本和性能。2019 年,Hadoop 3.2 版本引入了 HDFS 的 Erasure Coding 支持。Erasure Coding 是一种数据编码技术,用于实现数据冗余和容错性,同时可以节省存储空间。相较于传统的副本机制,Erasure Coding 在一定程度上降低了数据存储的开销。

随着时间的推移,HDFS 不断改进和优化,成为大数据处理和分布式计算领域的重要基础设施。它的广泛应用促使许多企业和组织采用 Hadoop 生态系统来处理海量数据,应对大数据带来的各项挑战。

4.2.3 HDFS 的优缺点

HDFS 作为大规模数据存储和处理的分布式文件系统,在应用中有其独特的优势和一些限制。在选择使用 HDFS 时,需要根据具体的应用场景和需求来权衡其优点和缺点。

1. 优点

(1) 高容错性。

HDFS 通过数据冗余和副本机制确保数据的可靠性和容错性。默认情况下,HDFS 将文件数据切分成数据块,将数据块复制到多个数据节点上,即使某个节点出现故障,仍然可以从其他副本中恢复数据。

(2) 高吞吐量。

HDFS 支持数据流式数据访问,适合大规模数据处理。它采用分布式存储和并行读写的方式,允许多个客户端同时访问数据,从而实现高效的数据读写操作。

(3) 支持超大文件。

HDFS 适用于存储和处理大文件(GB、TB、PB 级别的数据),它将每个文件切分成多个小的数据块进行存储,除了最后一个数据块之外的所有数据块大小都相同,块的大小可以在指定的配置文件中进行修改,在 Hadoop 2.x 和 Hadoop 3.x 版本中默认大小是 128MB。

(4) 简单的数据一致性模型。

HDFS 采用的是"一次写入,多次读取"这种简单的数据一致性模型。在 HDFS 中,一旦一个文件创建并写入数据后,它就成为一个不可变的数据块。这意味着文件内容不能直接修改,而只能进行追加操作。这样的设计保证了数据的一致性和可靠性的同时,在批量处理和大规模数据读取的场景具有显著优势。

（5）低成本。

Hadoop 的设计对硬件要求低，无须构建在昂贵的高可用性机器上，因为在 HDFS 设计中充分考虑了数据的可靠性、安全性和高可用性。

2. 缺点

（1）不适合低延迟数据访问。

HDFS 的设计重点是高吞吐量而不是低延迟。因此，它不适合用于需要快速访问和响应的场景，如在线事务处理（OLTP）系统。

（2）不适合小文件存取场景。

HDFS 不擅长管理大量小文件，因为每个文件都会占用一个数据块的存储空间，导致资源浪费和元数据管理开销增加。

（3）不支持高并发写入。

同样是由于 HDFS 采用了"一次写入、多次读取"的数据访问模式，对于需要频繁更新和随机读写的情况，可能会导致性能瓶颈，因为每次更新都需要进行追加而不是直接覆盖。对于这些场景，可能需要考虑其他更适合的文件系统或数据库。

（4）复杂性。

HDFS 的配置和管理可能相对复杂，特别是在设置高可用性（HA）和跨数据中心复制时需要更多的配置和管理。

（5）单一命名空间。

HDFS 目前只支持单一命名空间，这意味着所有的文件都属于同一个文件系统命名空间。这在一些多租户或多组织的场景下可能不太灵活。

4.3　HDFS 的核心组件与工作原理

HDFS 的分布式文件存储通过增加服务器数量和大文件分块存储来提高效率，那么，文件被切分成数据块分别存储在服务器集群中的不同服务器中，如何获取一个完整的文件呢？针对这个问题，就需要再考虑增加一台服务器，专门用来记录文件被切割后的数据块信息以及数据块的存储位置信息。现在，第二个问题来了，当存储数据块的服务器中突然有一台机器宕机，就无法正常地获取文件了，这个问题称为单点故障。针对这个问题，可以采用备份的机制解决。也就是说，每个数据块除了在自己的节点存在以外，还会在自己节点以外的其他节点保存备份文件以用于节点宕机后的数据恢复。

这样的分布式存储、分布式上传/下载和多副本机制就共同组成了最简单的 HDFS。所以，理解 HDFS 的工作原理，需要涉及文件切分、数据块复制、元数据管理以及容错与数据恢复等关键内容。本节将首先介绍 HDFS 的组成架构，分析每个组件的工作过程，以帮助读者深入理解 HDFS 的底层逻辑和各组件之间的协同工作流程。

4.3.1　HDFS 组成架构

HDFS 是一个易于扩展的分布式文件系统，运行在成百上千台低成本的机器上。HDFS 提供对应用程序数据的高吞吐量访问，主要用于对海量文件信息进行存储和管理，也就是解决大数据文件如 TB 级乃至 PB 级数据的存储问题。

HDFS 采用主从架构（Master/Slave 架构）。HDFS 集群由一个 NameNode 和多个 DataNode 组成。其中，NameNode 是 HDFS 集群的主节点，负责管理文件系统的命名空间以及客户端对文件的访问；DataNode 是集群的从节点，负责管理它所在节点上的数据存储。HDFS 中的 NameNode 和 DataNode 两种角色各司其职，共同协调完成分布式的文件存储服务。

HDFS 组成架构如图 4-1 所示。

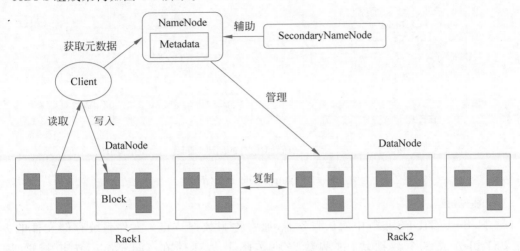

图 4-1　HDFS 组成架构

4.3.2 HDFS 核心组件

从图 4-1 可以看出，HDFS 系统的主要构成组件如下。

1. NameNode

NameNode 是 HDFS 集群的主服务器，通常称为名称节点或者主节点。一旦 NameNode 关闭，就无法访问 Hadoop 集群。NameNode 主要以元数据的形式进行管理和存储，用于维护文件系统名称并管理客户端对文件的访问；NameNode 记录对文件系统名称空间或其属性的任何更改操作；HDFS 负责整个数据集群的管理，并且在配置文件中可以设置备份数量，这些信息都由 NameNode 存储。

在 HDFS 中，NameNode（名称节点）负责管理分布式文件系统的命名空间（namespace），保存了两个核心的数据结构，即 FsImage 和 EditLog。FsImage 用于维护文件系统树以及文件树中所有的文件和文件夹的元数据。在操作日志文件 EditLog 中记录了所有针对文件的创建、删除、重命名等操作。NameNode 记录了每个文件中各个块所在的数据节点的位置信息，但是并不持久化存储这些信息，而是在系统每次启动时扫描所有数据节点重构得到这些信息。

NameNode 在启动时，会将 FsImage 的内容加载到内存当中，然后执行 EditLog 文件中的各项操作，使得内存中的元数据保持最新。这个操作完成以后，就会创建一个新的 FsImage 文件和一个空的 EditLog 文件。NameNode 启动成功并进入正常运行状态以后，HDFS 中的更新操作都会被写入 EditLog，而不是直接写入 FsImage，这是因为对于分布式文件系统而言，FsImage 文件通常都很庞大（一般都是 GB 级别以上），如果所有的更新操作都直接往 FsImage 文件中添加，那么系统就会变得非常缓慢。相对而言，EditLog 通常都要远远小于 FsImage，更新操作写入 EditLog 是非常高效的。NameNode 在启动的过程中处于"安全模式"，只能对外提供读操作，无法提供写操作。启动过程结束后，系统就会退出安全模式，进入正常运行状态，对外提供读写操作。NameNode 数据结构如图 4-2 所示。

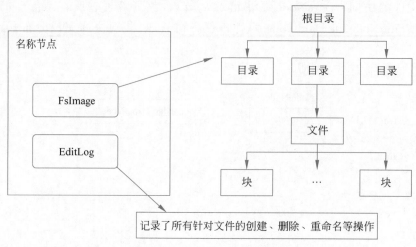

图 4-2　NameNode 数据结构

2. DataNode

DataNode 是 HDFS 集群中的从服务器，通常称为数据节点。文件系统存储文件的方式是将文件切分成多个数据块，这些数据块实际上是存储在 DataNode 节点中的，因此 DataNode 机器需要配置大量磁盘空间，它与 NameNode 保持不断的通信。DataNode 在客户端或者 NameNode 的调度下，存储并检索数据块，对数据块进行创建、删除等操作，并且定期向 NameNode 发送所存储的数据块列表，每当 DataNode 启动时，它将负责把持有的数据块列表（DataNode 所持有的所有数据块的记录）发送到 NameNode 机器中。

3. Block

在传统的文件系统中，为了提高磁盘读写效率，一般以数据块为单位，而不是以字节为单位。例如，机械式硬盘（磁盘的一种）包含了磁头和转动部件，在读取数据时有 3 个寻道的过程，通过转动盘片和移动磁头的位置来找到数据在机械式硬盘中的存储位置，然后才能进行读写。在 I/O 开销中，机械式硬盘的寻址时间是最耗时的部分，一旦找到第一条记录，剩下的顺序读取效率是非常高的。因此，以块为单位读写数据，可以把磁盘寻道时间分摊到大量数据中。

HDFS 也同样采用了块的概念，称为 Block，即示意图 4-1 中 DataNode 中的小方块。Hadoop 1.x 默认的一个块大小是 64MB，Hadoop 2.x 之后默认大小是 128MB。在 HDFS 中的文件会被拆分成多个块，每个块作为独立的单元进行存储。我们所熟悉的普通文件系统的块一般只有几千字节，可以看出，HDFS 在块的大小的设计上明显要大于普通文件系统，这也是为了最小化寻址开销。HDFS 寻址开销不仅包括磁盘寻道开销，还包括数据块的定位开销。当客户端需要访问一个文件时，首先从 NameNode 获得组成这个文件的数据块的位置列表，然后根据位置列表获取实际存储各数据块的数据节点的位置，最后数据节点根据数据块信息在本地文件系统中找到对应的文件，并把数据返回给客户端。设计一个比较大的块，可以把上述寻址开销分摊到较多的数据中，降低单位数据的寻址开销。当然，数据块也不宜设置过大，因为，通常 MapReduce 中的 Map 任务一次只处理一个块中的数据，如果启动的任务太少，就会降低作业并行处理速度。

HDFS 采用抽象的块概念可以带来以下几个明显的好处。

（1）支持大规模文件存储。

文件以块为单位进行存储，一个大规模文件可以被分拆成若干文件块，不同的文件块可以被分发到不同的节点上,因此一个文件的大小不会受到单个节点的存储容量的限制,可以远远大于网络中任意节点的存储容量。

（2）简化系统设计。

首先,大大简化了存储管理,因为文件块的大小是固定的,这样就可以很容易地计算出一个节点可以存储多少文件块;其次,方便了元数据的管理,元数据不需要和文件块一起存储,可以由其他系统负责管理元数据。

（3）适合数据备份。

（4）每个文件块都可以冗余存储到多个节点上,大幅提高了系统的容错性和可用性。

4. SecondaryNameNode

SecondaryNameNode 又可以称为第二名称节点,是 HDFS 中的一个辅助组件,用于协助 NameNode 的工作。在 NameNode 运行期间,HDFS 会不断发生更新操作,这些更新操作都是直接被写入 EditLog 文件中,因此 EditLog 文件也会逐渐变大。在 NameNode 运行期间,不断变大的 EditLog 文件通常对于系统性能不会产生显著影响,但是当 NameNode 重启时,需要将 FsImage 加载到内存中,然后逐条执行 EditLog 中的记录,使得 FsImage 保持最新。可想而知,如果 EditLog 很大,就会导致整个过程变得非常缓慢,使得 NameNode 在启动过程中长期处于"安全模式",无法正常对外提供写操作,影响了用户的使用。

为了有效解决 EditLog 逐渐变大带来的问题,HDFS 在设计中采用了 SecondaryNameNode。SecondaryNameNode 是 HDFS 架构的重要组成部分,具有两方面的功能。

（1）EditLog 与 FsImage 的合并操作。

每隔一段时间,SecondaryNameNode 会和 NameNode 通信,请求其停止使用 EditLog 文件（这里假设这个时刻为 t1）,暂时将新到达的写操作添加到一个新的文件 EditLog. new 中。然后,SecondaryNameNode 把 NameNode 中的 FsImage 文件和 EditLog 文件拉回到本地,再加载到内存中;对二者执行合并操作,即在内存中逐条执行 EditLog 中的操作,使得 FsImage 保持最新。合并结束后 SecondaryNameNode 会把合并后得到的最新的 FsImage 文件发送到 NameNode。NameNode 收到后,会用最新的 FsImage 文件去替换旧的 FsImage 文件,同时用 EditLog. new 文件去替换 EditLog 文件（这里假设这个时刻为 t2）,从而减小了 EditLog 文件的大小。

（2）作为 NameNode 的"检查点"。

从上面的合并过程可以看出,SecondaryNameNode 会定期和 NameNode 通信,从 NameNode 获取 FsImage 文件和 EditLog 文件,执行合并操作得到新的 FsImage 文件。从这个角度来讲,SecondaryNameNode 相当于为 NameNode 设置了一个"检查点",周期性地备份 NameNode 中的元数据信息,当 NameNode 发生故障时,就可以用 SecondaryNameNode 中记录的元数据信息进行系统恢复。但是,需要注意的是,在 SecondaryNameNode 上合并操作得到的新的 FsImage 文件是合并操作发生时（即 t1 刻）HDFS 记录的元数据信息,并没有包含 t1 时刻和 t2 时刻期间发生的更新操作,如果 NameNode 在 t1 时刻和 t2 时刻期间发生故障,系统就会丢失部分元数据信息,在 HDFS 的设计中,也并不支持把系统直接切换到 SecondaryNameNode,因此从这个角度来讲,SecondaryNameNode 只是起到了 NameNode 的"检查点"作用,并不能起到"热备份"作用。

因此,即使有了 SecondaryNameNode 的存在,当 NameNode 发生故障时,系统还是有可能会丢失部分元数据信息的。SecondaryNameNode 工作过程如图 4-3 所示。

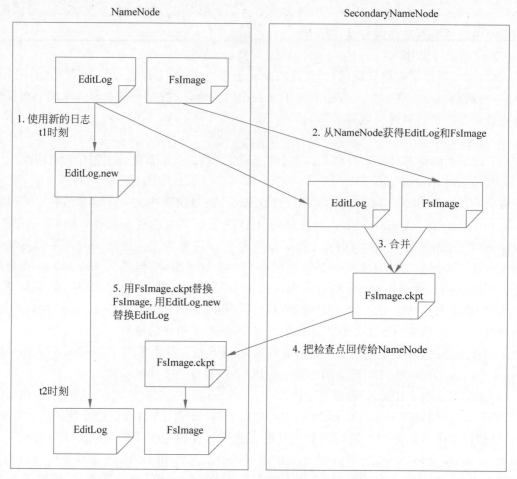

图 4-3　SecondaryNameNode 工作过程

5. Rack

Rack 是用来存放部署 Hadoop 集群服务器的机架，不同机架之间的节点通过交换机通信，HDFS 通过机架感知策略，使 NameNode 能够确定每个 DataNode 所属的机架 ID，使用副本存放策略改进数据的可靠性、可用性和网络带宽的利用率。

6. Metadata

Metadata 即元数据，从类型上可分为 3 种信息形式：一是维护 HDFS 中文件和目录的信息，如文件名、目录名、父目录信息以及文件大小、创建时间、修改时间等；二是记录文件内容，存储相关信息，如文件分块情况、副本个数、每个副本所在的 DataNode 信息等；三是用来记录 HDFS 中所有 DataNode 的信息，用于 DataNode 管理。需要注意的是，具体文件内容不是元数据，元数据是用于描述和组织文件的相关信息，如果没有元数据，具体的文件内容将变得没有意义。元数据的作用十分重要，它们的可用性直接决定了 HDFS 的可用性。

综上所述，HDFS 实现易于扩展的主要机制是通过分布式存储和数据复制策略。它采用主从架构，由一个 NameNode 和多个 DataNode 组成。NameNode 是 HDFS 集群的主节点，负责管理文件系统的命名空间和维护文件的元数据信息。NameNode 记录了文件和数据块的映射关系，以及每个数据块的复制策略。

数据实际存储在多个 DataNode 节点上，每个 DataNode 负责管理它所在节点上的数据存储。HDFS 将大文件切分成多个固定大小的数据块，并将这些数据块分散地存储在不同的

DataNode 节点上。数据块的复制策略是 HDFS 的一个重要特性,它确保数据的可靠性和高可用性。每个数据块默认会有多个副本存储在不同的 DataNode 上,这样即使某个 DataNode 发生故障,数据仍然可以从其他 DataNode 获取,保证了数据的可靠性。

此外,HDFS 还通过 Rack 感知机制来优化数据复制策略。它知道 DataNode 所在的机架信息,并尽量将数据副本分布在不同的机架上,以避免机架级别的故障导致数据不可用,提高了系统的可用性。

另一个关键的设计是 SecondaryNameNode。SecondaryNameNode 作为辅助组件协助 NameNode 的工作。它定期合并 NameNode 的 EditLog 和 FsImage,以减小 EditLog 文件的大小并缩短 NameNode 的重启时间。同时,SecondaryNameNode 作为 NameNode 的"检查点",定期备份 NameNode 中的元数据信息,以便在 NameNode 故障时进行系统恢复,增加了系统的可靠性。

简而言之,HDFS 通过分布式存储、数据复制策略、Rack 感知和 SecondaryNameNode 的协助,实现了易于扩展的分布式文件系统,能够运行在大规模的低成本机器集群上,处理海量数据,并保障数据的可靠性和高可用性。这使得 HDFS 成为处理大数据文件存储和管理的理想解决方案。

4.3.3　HDFS 数据读写流程

1. 数据写入流程

在写流程开始介绍之前,读者需要先明确的是读写流程中重要的角色——客户端到底是怎样的存在。客户端指的是用户操作的那一台服务器。如对一个完全分布式环境,用户可以连接到集群中任意一个节点进行文件的上传、下载操作,此时连接到的那台 Linux 服务器就是客户端,同时也可能是 DataNode 或 NameNode。

把文件上传到 HDFS 中,HDFS 究竟是如何存储到集群中去的? 又是如何创建备份的? 接下来学习客户端向 HDFS 中写数据的流程,如图 4-4 所示。

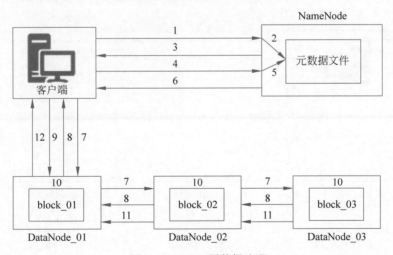

图 4-4　HDFS 写数据流程

从图 4-4 中可以看出,HDFS 中的写数据流程可以分为 12 个步骤,具体如下。

（1）客户端发起文件上传请求,通过 RPC(远程过程调用)与 NameNode 建立通信。

（2）NameNode 检查元数据文件的系统目录树。

（3）若系统目录树的父目录不存在该文件相关信息,则返回客户端,可以上传文件。

（4）客户端请求上传第一个 Block（数据块），以及数据块副本的数量（可以自定义副本数量，也可以使用集群规划的副本数量）。

（5）NameNode 检测元数据文件中 DataNode 信息池，找到可用的数据节点（DataNode_01、DataNode_02 和 DataNode_03）。

（6）将可用的数据节点的 IP 地址返回给客户端。

（7）客户端请求 3 台节点中的一台服务器 DataNode_01，进行传送数据（本质上是一个 RPC 调用，建立管道），DataNode_01 收到请求会继续调用服务器 DataNode_02，然后服务器 DataNode_02 调用服务器 DataNode_03。

（8）DataNode 之间建立管道后，逐个返回建立完毕信息。

（9）客户端与 DataNode 建立数据传输流，开始发送数据包（数据以数据包形式进行发送）。

（10）客户端向 DataNode_01 上传第一个 Block，以 Packet 为单位（默认 64KB）发送数据块。当 DataNode_01 收到一个数据包就会传给 DataNode_02，DataNode_02 传给 DataNode_03；DataNode_01 每传送一个数据包都会放入一个应答队列等待应答。

（11）数据被分割成一个个数据包在管道上依次传输，而在管道反方向上，将逐个发送 Ack（即确认字符，在数据通信中，接收站发给发送站的一种传输类控制字符，表示发来的数据已确认接收无误），最终由管道中第一个 DataNode 节点 DataNode_01 将管道的 Ack 信息发送给客户端。

（12）客户端接收到来自管道中第一个 DataNode 节点 DataNode_01 的 Ack 信息，表示第一个 Block 传输完成。客户端则会再次请求 NameNode 上传第二个 Block 和第三个 Block 到服务器上，重复上面的步骤，直到 3 个 Block 全部上传完毕。

2. 数据读取流程

当对 HDFS 写数据流程有了充分的理解之后，不难将 HDFS 的读数据流程推导而出，下面对 HDFS 的读数据流程做一个详细介绍。读数据流程如图 4-5 所示。

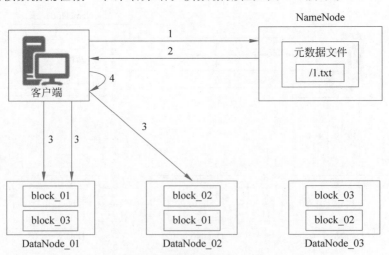

图 4-5　HDFS 读数据流程

从图 4-5 可以看出，HDFS 中的读数据流程可以分为 4 个步骤，具体如下。

（1）客户端向 NameNode 发起 RPC 请求，获取请求文件 Block 数据所在的位置。

（2）NameNode 检测元数据文件，会视情况返回 Block 信息或者全部 Block 信息，对于每个 Block，NameNode 都会返回含有该 Block 副本的 DataNode 地址。需要注意的是，

NameNode 返回的 DataNode 地址会按照集群拓扑结构得出 DataNode 与客户端的距离,然后进行排序。排序有两个规则:网络拓扑结构中距离客户端近的则靠前;心跳机制中超时汇报的 DataNode 状态为无效的则排靠后。

(3) 客户端会选取排序靠前的 DataNode 来依次读取 Block(如果客户端本身就是 DataNode,那么将从本地直接获取数据),每个 Block 都会进行 CheckSum(完整性验证),若文件不完整,则客户端会继续向 NameNode 获取下一批的 Block 列表,直到验证读取出来文件是完整的,则 Block 读取完毕。

(4) 客户端会把最终读取出来所有的 Block 合并成一个完整的最终文件(如 1.txt)。

3. 机架感知与节点距离

在写数据流程中,第 5 步提到 NameNode 将会给 Client 返回 3 个 DataNode 节点信息,那么 NameNode 是以什么样的依据将哪些 DataNode 返回给 Client 的呢?这其中用到的就是 HDFS 另外两项技术——机架感知(Rack Awareness)与节点距离计算。

大型 HDFS 实例在通常分布在许多机架上的计算机集群上运行。在 Hadoop 集群中,机架内的节点通常连接到同一个交换机,因此机架内的网络带宽相对较大,而机架间的网络带宽较小。

机架感知是 Hadoop 分布式系统中的一个重要概念,它用于优化数据的存储和复制策略,以提高系统的容错性和性能。

机架感知的主要目标是尽量将数据的副本放置在不同的机架上,从而增加数据的容错性。如果所有的副本都放置在同一个机架上,并且该机架发生故障,那么数据将会丢失。通过将副本分布在不同机架上,即使某个机架发生故障,数据仍然可以从其他机架上的副本进行恢复,确保数据的可靠性。

机架感知的块放置策略通常是这样的。

首先,Hadoop 会将一个数据块的首个副本放置在数据节点所在的机架上,这个副本通常被称为 Primary Replica,因为它在同一个机架上,数据读取的性能最好。

接着,Hadoop 将选择一个不同机架的数据节点来放置第二个副本,以提高数据的容错性,但仍然保持相对较低的机架间网络开销。

最后,Hadoop 会将第三个副本放置在与第二个副本不同的机架上,进一步增加数据的容错性,同时可能会增加一些机架间网络流量。

此策略在集群中平均分配副本,这使得在组件故障时轻松平衡负载成为可能。但是,此策略增加了写入成本,因为写入需要将块传输到多个机架。

为了更好地满足不同的需求和优化资源利用,Hadoop 提供了一些其他的数据块副本放置策略。例如,Hadoop 2.x 版本引入了"同一机架优先"和"任意机架"等策略,用于更灵活地配置数据块副本的放置规则。Hadoop 3.x 版本也进一步改进了数据块放置的算法,提供了更多配置选项,以满足不同场景下的需求。

例如一种常见情况,当复制因子为 3 时,HDFS 的放置策略是将一个副本放置在本地机架中的一个节点上,将另一个副本放置在本地机架中的另一个节点上,最后一个副本放置在不同机架中的另一个节点上。该策略减少了机架间的写流量,通常可以提高写性能。机架故障的机会远小于节点故障的机会,此策略不会影响数据的可靠性和可用性保证。但是,由于一个块仅放置在两个唯一的机架中,而不是三个,因此它确实减少了读取数据时使用的总网络带宽。

节点距离计算在 Hadoop 集群中是机架感知的一个关键部分,用于评估数据节点之间的物理距离,从而优化数据的存储和复制策略。节点距离计算通常是通过网络拓扑信息来完成的,主要有如下两种方法。

（1）静态节点距离计算。在这种方法中,Hadoop 管理员手动配置了数据节点之间的网络拓扑信息,包括节点所在的机架信息和网络连接关系。这些信息被存储在 Hadoop 集群的配置文件中,如 hdfs-site.xml 和 yarn-site.xml。静态节点距离计算通常适用于相对简单的集群部署,其中网络拓扑变化较少。

（2）动态节点距离计算。在这种方法中,Hadoop 集群动态地获取节点之间的网络拓扑信息。它通常通过发送网络请求和收集响应来探测数据节点之间的网络连接。这样可以实时地更新节点之间的距离信息,以适应网络拓扑的变化。动态节点距离计算适用于复杂的集群部署,其中网络拓扑可能经常发生变化,例如动态增加或移除数据节点。

无论使用静态节点距离计算还是动态节点距离计算,节点距离通常以网络跳数(network hop)或其他度量来表示。网络跳数是指在网络中从一个节点到另一个节点所需的中间路由器或交换机的数量。较小的网络跳数通常表示节点之间的网络连接更近,而较大的网络跳数表示节点之间的网络连接更远。

机架感知使用节点距离计算来优化数据的副本放置策略,以确保数据副本尽量分布在不同的机架上,从而增加数据的容错性和可用性,同时降低机架间的网络开销,提高整体数据传输性能。

4.3.4 HDFS 工作原理

1. NameNode 工作机制

通过前面的学习,已经知道 NameNode 中的 FsImage 文件负责维护元数据信息。当 NameNode 启动时,会将 FsImage 文件加载到内存以提高访问效率。但是,当在内存中的元数据更新时,如果同时更新 FsImage 文件,就会导致效率过低,但如果不更新,就会发生一致性问题,一旦 NameNode 节点断电,就会产生数据丢失。因此,引入 EditLog 文件。EditLog 文件只进行追加操作,效率很高。每当元数据有更新或者添加元数据时,修改内存中的元数据并追加到 EditLog 文件中。这样,一旦 NameNode 节点断电,可以通过 FsImage 和 EditLog 两个文件的合并,合成元数据。

这样又会带来新的问题,如果长时间添加数据到 EditLog 文件中,会导致该文件数据过大,效率降低,而且一旦断电,恢复元数据需要的时间过长。因此,需要定期进行 FsImage 和 EditLog 文件的合并。如果这个操作由 NameNode 节点完成,又会效率过低。因此,引入一个新的节点 SecondaryNameNode,专门用于两个文件的合并。这种特别的 NameNode 和 SecondaryNameNode 工作机制,如图 4-6 所示。图中,FsImage 文件和 EditLog 文件对应的具体名称分别为 fsimage 和 edits。

第一阶段：NameNode 启动。

（1）第一次启动 NameNode 格式化后,创建 fsimage 和 edits 文件。如果不是第一次启动,则直接加载编辑日志和镜像文件到内存。

（2）客户端发送对元数据进行增、删、改的请求。

（3）NameNode 记录操作日志,更新滚动日志。

（4）NameNode 在内存中对元数据进行增、删、改。

第二阶段：SecondaryNameNode 工作。

（1）SecondaryNameNode 询问 NameNode 是否需要检查点。直接带回 NameNode 是否检查结果。

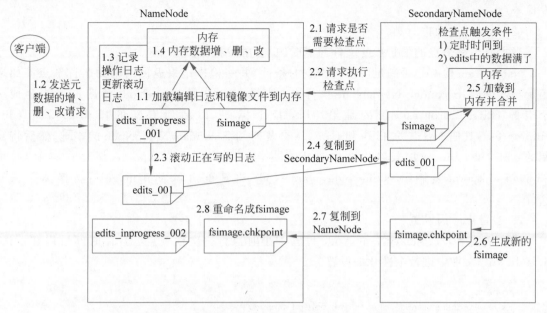

图 4-6 NameNode 和 SecondaryNameNode 工作机制

（2）SecondaryNameNode 请求执行检查点。

（3）NameNode 滚动正在写的 edits 日志。

（4）将滚动前的编辑日志和镜像文件复制到 SecondaryNameNode。

（5）SecondaryNameNode 加载编辑日志和镜像文件到内存，并合并。

（6）生成新的镜像文件 fsimage. chkpoint。

（7）复制 fsimage. chkpoint 到 NameNode。

（8）NameNode 将 fsimage. chkpoint 重新命名成 fsimage。

2. 工作机制详解

通过对图示的探究，可知 FsImage 是 NameNode 内存中元数据序列化后形成的文件，EditLog 主要用于记录客户端更新元数据信息的每一步操作，也就是说 SecondaryNameNode 可通过 edits 运算出元数据。

NameNode 启动时，先滚动 edits 并生成一个空的 edits. inprogress，然后加载 edits 和 fsimage 到内存中，此时 NameNode 内存就持有最新的元数据信息。客户端开始对 NameNode 发送元数据的增、删、改请求，这些请求的操作首先会被记录到 edits. inprogress 中（查询元数据的操作不会被记录在 edits 中，因为查询操作不会更改元数据信息），如果此时 NameNode 宕机，重启后会从 edits 中读取元数据的信息。然后，NameNode 会在内存中执行元数据的增、删、改操作。

随着 edits 中记录的操作越来越多，文件会越来越大，导致 NameNode 在启动加载 edits 时会很慢，所以需要对 edits 和 fsimage 进行合并（所谓合并，就是将 edits 和 fsimage 加载到内存中，按照 edits 中的记录依次执行，形成新的 fsimage）。SecondaryNameNode 的作用就是帮助 NameNode 进行 edits 和 fsimage 的合并工作。

SecondaryNameNode 定期向 NameNode 发送检查点请求，询问是否需要进行检查点操作。检查点的触发需要满足以下两个条件中的任意一个。

（1）达到预定的时间间隔。

在 Hadoop 配置中可以设置检查点的时间间隔，当该时间间隔到达时，主要名称节点会触发检查点。

（2）EditLog 数据写满。

当主要名称节点的 EditLog 文件写满时，也会触发检查点。

NameNode 检查是否满足触发检查点的条件，并将检查结果返回给辅助名称节点。如果满足触发条件，SecondaryNameNode 执行检查点操作，首先是 NameNode 滚动 edits 并生成一个空的 edits. inprogress，目的是给 edits 打个标记，以后所有新的操作都写入 edits . inprogress，其他未合并的 edits 和 fsimage 会复制到 SecondaryNameNode 的本地，然后将复制的 edits 和 fsimage 加载到内存中进行合并，生成 fsimage. chkpoint，保存在本地，并将 fsimage. chkpoint 复制给 NameNode，NameNode 将其重命名为 fsimage 后替换掉原来的文件。

3．检查点时间设置

通常情况下，SecondaryNameNode 每隔 1 小时执行一次检查点。具体时间可以在 hdfs-default. xml 文件中进行个性化的设置。

```
< property >
    < name > dfs. namenode. checkpoint. period </name >
    < value > 3600 </value >
</property >
```

其中，value 的单位为秒，默认情况下为 1 小时。

在时间不足 1 小时的情况下，若操作次数过多，也会触发检查点，主要是为了保证 EditLog 文件不会因过大而导致合并时间过长。同时操作次数的检查默认为 1 分钟检查一次，默认情况下当操作次数达到 100 万时，SecondaryNameNode 执行一次合并操作。

```
< property >
    < name > dfs. namenode. checkpoint. txns </name >
    < value > 1000000 </value >
< description >操作动作次数</description >
</property >

< property >
    < name > dfs. namenode. checkpoint. txns </name >
    < value > 60 </value >
< description > 1 分钟检查一次操作次数</description >
</property >
```

其中，dfs. namenode. checkpoint. check. period 的单位为秒。

4．NameNode 故障处理

NameNode 故障后，可以采用如下两种方法恢复数据。

方法一：将 SecondaryNameNode 中的数据复制到 NameNode 存储数据的目录。

（1）直接使用 kill -9 命令杀死 NameNode 进程。

（2）删除 NameNode 存储的数据，也就是在 core-site 配置文件中配置的存储位置在其中的 dfs/name 中。

```
rm - rf /opt/hadoop - 3.3.6/data/tmp/dfs/name/ *
```

（3）复制 SecondaryNameNode 中数据到原 NameNode 存储数据目录，同样在配置目录的 dfs/namesecondary 中。

（4）重新启动 NameNode 即可生效。

方法二：使用-importCheckpoint 选项启动 NameNode 守护进程，从而将 SecondaryNameNode 中的数据复制到 NameNode 目录中。

（1）修改配置文件 hdfs-site. xml。

```
<property>
    <name> dfs. namenode. checkpoint. period </name>
    <value> 120 </value>
</property>

<property>
    <name> dfs. namenode. name. dir </name>
    <value>/opt/hadoop - 3.3.6/data/tmp/dfs/name </value>
</property>
```

（2）直接使用 kill -9 命令杀死 NameNode 进程。

（3）删除 NameNode 存储的数据，也就是在 core-site 配置文件中配置的存储位置在其中的 dfs/name 中。

```
rm - rf /opt/hadoop - 3.3.6/data/tmp/dfs/name/ *
```

（4）如果 SecondaryNameNode 不和 NameNode 在一个主机节点上，需要将 SecondaryNameNode 存储数据的目录复制到 NameNode 存储数据的平级目录，并删除 in_use. lock 文件。

（5）导入检查点数据。

```
hdfs namenode - importCheckpoint
```

（6）启动 NameNode 即可。

以上我们学习了 NameNode 和 SecondaryNameNode 的工作机制，进行检查点时间设置以及 NameNode 发生故障后恢复数据的方法。

DataNode 作为分布式文件系统的数据存储节点，需要服从 NameNode 的调度，还要对存储其中的数据块进行管理。接下来继续讲解 DataNode 的工作机制、如何进行 CRC 校验以及必要时如何增加和减少 DataNode 节点。

5. DataNode 工作机制

通过前面的介绍可知，Block 存在于 DataNode 之上，同时还需要明确的是，一个 Block 在 DataNode 上以文件形式存储在磁盘上，每个数据块在 DataNode 上包括以下两个文件。

1）数据文件

数据文件包含实际的数据内容，即文件分块后的数据。HDFS 的块大小通常设置成 128MB 或 256MB，这些数据文件的大小也会相应地接近这些数值。

2）元数据文件

元数据文件是关于数据块的描述信息，它包含了数据块的校验和、块的长度、块的复本（副本）位置等信息。元数据文件还包括了数据块的偏移量，这些信息可以帮助 NameNode 知道如何在不同 DataNode 上组合这些数据块以还原原始文件。

这里的元数据和 NameNode 的元数据不同。NameNode 的元数据是关于整个文件系统的命名空间的信息，包括文件和目录的层次结构、权限、属性等。而在 DataNode 上的元数据是关于数据块的信息,包括数据块的位置、长度、块数据的校验和、时间戳。

DataNode 启动后向 NameNode 注册,此处的注册主要是通过 core-site.xml 中的配置文件获取 NameNode 的信息,再去读取 NameNode 的 data 目录数据。注册通过后,DataNode 会周期性地向 NameNode 上报所有的块信息,默认周期为 1 小时。

除了汇报块信息以外,NameNode 和 DataNode 的通信是通过心跳机制进行的,心跳是每 3 秒一次,心跳返回结果带有 NameNode 给该 DataNode 的命令,如复制块数据到另一台机器,或删除某个数据块。如果超过 10 分钟没有收到某个 DataNode 的心跳,则认为该节点不可用。

最后,如果遇到集群的扩容或检修,集群运行中可以安全加入和退出一些 DataNode 服务器节点。

6. DataNode 的 CRC 校验

在进行 HDFS 的 API 操作时,从集群下载到本地的文件中,除了文件本身外,还有一个 CRC 格式的文件。前面提到 DataNode 的元数据信息包括 Block 的校验和,这个 CRC 文件就是 DataNode 的校验文件,下面将对其做详细介绍。

HDFS 的设计通过大量的工作确保了数据的安全性,不易丢失,但是,还有一个重要的场景并没有考虑,就是数据的部分丢失问题。例如,在数据的网络传输、磁盘传输中,如果发生了损坏,其中一个 Block 和另外两个 Block 不一致,就会导致每次计算时数据不一致,出现错乱,那么前面所有的安全工作也就无从谈起。为了避免这样的情况发生,HDFS 使用了元数据中的校验位方式来确保数据的完整性。

具体校验完整性的方法如下。

(1) 写入数据时。当客户端向 HDFS 写入数据时,HDFS 会计算数据块的校验位。校验位是通过对数据块中的数据进行校验算法(通常是 CRC-32)计算得到的固定长度的校验码。HDFS 会将校验位与数据一起存储在 DataNode 上。

(2) 读取数据时。当客户端从 HDFS 读取数据时,HDFS 会检查数据块的校验位是否正确。如果校验位验证失败,说明数据块可能在传输或存储过程中发生了损坏,HDFS 会尝试从其他数据副本中读取正确的数据块,确保数据的完整性和一致性。如果多个副本中都存在损坏的情况,HDFS 将会报告错误,提示用户进行相应的处理。

通过校验位的方式,HDFS 能够在数据读取时检测出数据的部分丢失问题,并通过数据块的冗余副本保证数据的完整性。这样可以提高数据的可靠性,降低数据丢失的风险,从而保障前面所述的数据安全性工作的有效性。

7. 增减 DataNode 节点

随着数据的变化,Hadoop 的数据量通常会越来越大,当然也有少数情况下会将集群规模进行缩小。那么,当原有的 DataNode 数据节点的容量已经不能满足存储数据的需求,或者集群容量过大时,需要如何在原有集群基础上动态添加新的 DataNode 数据节点或删除旧的 DataNode 节点?下面将做出详细介绍。

1) 增加新节点

主要步骤为启动一台配置一致的新 DataNode 节点,直接启动即可。具体步骤如下。

(1) 新增一台 ECS 服务器。

(2) 完成基础环境配置:修改 hosts 文件、安装 JDK、配置 SSH 免密登录、配置主机名、关闭防火墙。

(3) 在 /opt/hadoop3.3.6/etc/hadoop/works 文件中增加新节点的主机名,便于后续一键启停。

（4）将 hadoop3.3.6 目录复制到新节点。

（5）删除原来 HDFS 文件系统留存的文件(/opt/hadoop-3.3.6/data 和 log)。

（6）在 slave03 节点上手动启动：hdfs --daemon start datanode。打开 WebUI 查看，如图 4-7 所示。

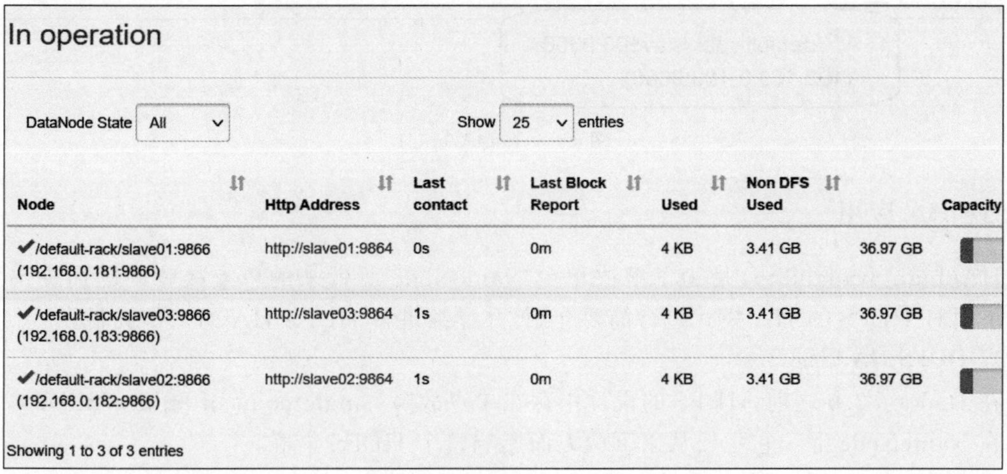

图 4-7 增加新的 DataNode

测试，向集群上传数据，看是否会分到新的节点之上。

2）删除旧节点

服务器需要进行退役更换，需要在当下的集群中停止某些机器上的 DataNode 的服务。删除旧节点的操作又称为动态缩容或者节点退役。通过配置黑名单的方式，将需要退役的节点逐步下线。

配置黑名单的具体步骤如下。

（1）在 NameNode 的/opt/ hadoop-3.3.6/etc/hadoop 目录下创建 excludes 文件，也就是黑名单文件。在文件中添加指定退役的节点名称。

```
slave03
```

（2）在 NameNode 的 hdfs-site.xml 配置文件中增加 dfs.hosts 属性。

```
< property >
    < name > dfs.hosts.exclude </name >
    < value >/opt/hadoop-3.3.6/etc/hadoop/excludes </value >
</property >
```

（3）将 hdfs-site.xml 发送到其他节点并覆盖。

（4）刷新 NameNode(如果修改了配置文件则需要重新启动集群)。

```
hdfs dfsadmin - refreshNodes
```

（5）在 WebUI 上查看，如图 4-8 所示。

简而言之，HDFS 通过分布式存储、数据复制策略、Rack 感知和 SecondaryNameNode 的协助，实现了易于扩展的分布式文件系统，能够运行在大规模的低成本机器集群上，处理海量数据，并保障数据的可靠性和高可用性。这使得 HDFS 成为处理大数据文件存储和管理的理想解决方案。

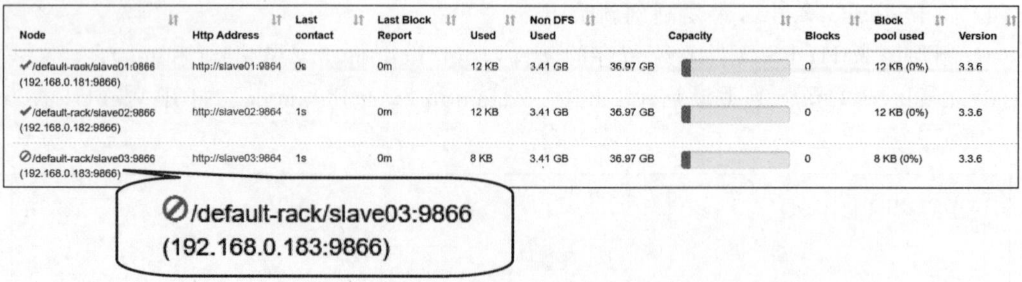

Node		Http Address		Last contact		Last Block Report		Used	Non DFS Used		Capacity		Blocks		Block pool used		Version
✔ /default-rack/slave01:9866 (192.168.0.181:9866)		http://slave01:9864		0s		0m		12 KB	3.41 GB		36.97 GB		0		12 KB (0%)		3.3.6
✔ /default-rack/slave02:9866 (192.168.0.182:9866)		http://slave02:9864		1s		0m		12 KB	3.41 GB		36.97 GB		0		12 KB (0%)		3.3.6
⊘ /default-rack/slave03:9866 (192.168.0.183:9866)		http://slave03:9864		1s		0m		8 KB	3.41 GB		36.97 GB		0		8 KB (0%)		3.3.6

⊘ /default-rack/slave03:9866
(192.168.0.183:9866)

图 4-8　查看 WebUI

4.3.5　HA 应用

HA(high availability)是为了解决单台 NameNode 所带来的单点故障问题而提出的机制。下面对 HDFS 的 HA 模式进行简要介绍,并详细讲解 HDFS HA 的工作机制。

1. HDFS HA 概述

在 Hadoop 2.0 之前,HDFS 的设计中存在单点故障(single point of failure,SPOF),主要集中在 NameNode 上。它主要从以下两方面影响整个 HDFS 集群。

(1) NameNode 机器的意外宕机。

如果 NameNode 机器发生意外故障,例如宕机或发生硬件故障,整个 HDFS 集群将无法访问。因为 NameNode 负责维护整个文件系统的命名空间和元数据,一旦 NameNode 不可用,数据块的位置信息将无法获取,客户端将无法访问文件,整个集群将处于不可用状态。

(2) NameNode 升级。

当需要对 NameNode 进行软件或硬件升级时,例如升级到新的 Hadoop 版本或更新硬件,需要停止 NameNode 服务。在此期间,整个 HDFS 集群将无法对外提供服务,直到升级完成并重新启动 NameNode。

为了解决这些单点故障问题,Hadoop 引入了 HA 功能,希望能 7×24 小时不中断服务。Hadoop 2.0 及以后的版本支持 NameNode 的 HA 部署,通过引入主备(Active/Standby)模式来解决单点故障问题。在 HA 模式下,有两个 NameNode,一个处于活跃状态(Active),另一个处于备份状态(Standby)。Active NameNode 负责处理客户端的请求,并处理文件系统的更新,而 Standby NameNode 则持续地与 Active NameNode 保持同步,以保持数据的一致性。

通过 HA 模式的部署,HDFS 可以在 Active 和 Standby 之间进行快速切换,从而实现高可用性。一旦 Active NameNode 发生故障,Standby NameNode 可以迅速接管 Active NameNode 的角色,并成为新的 Active NameNode,整个 HDFS 集群可以继续对外提供服务,避免了单点故障带来的影响。

2. HDFS HA 工作机制

HDFS 引入两台 NameNode 来消除单点故障,但在同时启用两台 NameNode 时,需要考虑脑裂(brain split)的情况。

脑裂是指在高可用性集群中,出现网络分区或通信故障等问题,导致两个活跃的 NameNode 之间失去联系,各自认为对方不可用,从而导致两个 NameNode 同时对外发出命令。这样会导致集群不知道以哪台 NameNode 为准,可能造成数据的不一致性和混乱。

为了解决脑裂问题,HDFS 引入了 ZooKeeper 来提供一个分布式的协调服务。ZooKeeper 是一个开源的分布式协调框架,它可以协助实现高可用性和数据的一致性。本节只涉及与 HDFS HA 相关的部分内容,其更多细节将在后面章节详细讲解。

3. HDFS HA 工作要点

（1）元数据管理方式需要改变。

在 HA 的环境下,原本的元数据管理方式已经不再适用,因为原本的元数据管理方式中,NameNode 和 SecondaryNameNode 的协作主要是为了解决元数据的安全性,但并未达到高可用的级别,因此 HA 需要重新设计元数据的保存方式。

高可用的情况下,两台 NameNode 内存中各自保存一份元数据。

为了避免脑裂的情况,两台 NameNode 将以状态作为区分,一台状态为 Active,另一台状态为 Standby,HDFS 要求 EditLog 日志只有 Active 状态的 NameNode 节点可以做写操作。两台 NameNode 都可以读取 EditLog 文件,以此保证数据的一致性。

EditLog 文件是需要两台 NameNode 共享的,共享的文件放在一个共享存储中管理。实现 EditLog 文件的共享有如下两种主要方式。

① ZooKeeper 的 Quorum-based Journal(qjournal)。

在这种方式下,两台 NameNode 会将 EditLog 文件的变更操作通过 ZooKeeper 集群来协调和同步。ZooKeeper 维护了一个 Quorum,即一组 ZooKeeper 节点,其中大部分节点(大多数节点,通常是奇数个)处于活动状态。NameNode 会将 EditLog 文件的变更写入 qjournal,并由 ZooKeeper 协调将变更操作分发到 Quorum 中的节点。这样,在一台 NameNode 出现故障时,另一台 NameNode 可以从 qjournal 中读取 EditLog 数据,继续保持文件系统的一致性。

② network file system(NFS)。

在这种方式下,两台 NameNode 将 EditLog 文件放在共享的 NFS 上。一台 NameNode 写入 EditLog 文件到 NFS 上,而另一台 NameNode 则从 NFS 上读取 EditLog 数据。当一台 NameNode 发生故障时,另一台 NameNode 可以通过 NFS 上的 EditLog 数据进行故障恢复,确保文件系统的一致性。

（2）需要一个状态管理功能模块。

在改变元数据管理方式的前提下,还需要重新增加一个状态管理功能模块负责对两台 NameNode 的状态进行监控和管理,以确保集群时刻有且只有一台 NameNode 对外提供服务,对内进行写日志操作。这个状态管理功能模块通常是由 ZooKeeper 来实现的,其主要任务包括以下几方面。

① NameNode 选举。

监控两台 NameNode 的状态,并在需要时进行选举,选择一个 NameNode 作为活跃节点,另一个作为备用节点。

② 心跳检测。

通过周期性地向活跃的 NameNode 发送心跳信号,监控活跃的 NameNode 的健康状态。如果检测到活跃的 NameNode 出现故障或不可用,则触发 NameNode 选举过程,选择一个备用的 NameNode 作为新的活跃节点。

③ EditLog 同步。

确保两台 NameNode 上的 EditLog 文件的同步。活跃的 NameNode 会将 EditLog 的变更操作写入共享的存储中,而备用的 NameNode 会从共享的存储中读取 EditLog 数据,保持与活跃节点的同步。

④ 切换和故障恢复。

检测到活跃节点故障后,会触发自动的故障恢复过程。它会将备用节点切换为新的活跃节点,并确保新的活跃节点能够继续提供服务,对外进行写日志操作。

（3）必须保证两个 NameNode 之间能够 SSH 无密码登录。

确保两台 NameNode 之间能够无密码登录是非常重要的,这样可以确保它们能够进行无障碍的通信和数据同步。为了实现两台 NameNode 之间的无密码登录,需要在每台 NameNode 上使用 ssh-keygen 命令生成 SSH 密钥对,将每个 NameNode 的公钥文件复制到另一台 NameNode 上,在每台 NameNode 上使用 ssh 命令测试是否可以无密码登录到另一台 NameNode。

4. HDFS HA 自动故障转移工作机制

在 HDFS HA 部署中,可以使用 hdfs haadmin -failover 命令手动进行故障转移,将活跃的 NameNode 转移到备用的 NameNode 上。这样可以在出现问题时主动切换 NameNode,确保集群继续提供服务。手动进行故障转移存在潜在的风险和限制,如需要管理员介入,可能导致数据不一致,需要确保新的活跃 NameNode 状态正确。因此,更多的建议是使用自动故障转移功能,让 ZooKeeper 自动检测故障并自动进行切换。

下面看一下如何配置部署 HA 自动进行故障转移。HA 自动故障转移为 HDFS 部署增加了两个新组件:ZooKeeper 和 ZKFailoverController(ZKFC)进程。ZooKeeper 是维护少量协调数据、通知客户端这些数据的改变和监视客户端故障的高可用服务。ZKFailoverController 是 Hadoop HDFS 中特有的进程,它是 ZooKeeper 的客户端,负责实现自动故障转移的逻辑。ZKFailoverController 会与 ZooKeeper 协调,监控和管理两台 NameNode 的状态。一旦 ZKFailoverController 检测到活跃的 NameNode 发生故障或失去心跳信号,它将触发故障转移过程。ZKFailoverController 会从备用节点中选举出一个新的活跃节点,并协助进行状态切换,确保新的活跃节点能够继续对外提供服务,如图 4-9 所示。

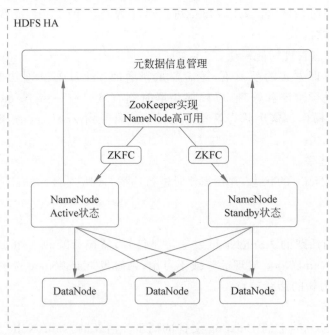

图 4-9　HA 自动故障转移

HA 的自动故障转移依赖于 ZooKeeper 的以下功能。

（1）故障检测。

集群中的每个 NameNode 在 ZooKeeper 中维护了一个持久会话,如果机器崩溃,ZooKeeper 中的会话将终止,ZooKeeper 通知另一个 NameNode 需要触发故障转移。

（2）现役 NameNode 选择。

ZooKeeper 提供了一个简单的机制用于唯一地选择一个节点为 Active 状态。如果目前现役 NameNode 崩溃，另一个节点可能从 ZooKeeper 获得特殊的排外锁以表明它应该成为现役 NameNode。

ZKFC 是自动故障转移中的另一个新组件，是 ZooKeeper 的客户端，也监视和管理 NameNode 的状态。每个运行 NameNode 的主机也运行了一个 ZKFC 进程，ZKFC 负责以下功能。

（1）健康监测。

ZKFC 使用一个健康检查命令定期发送 ping 命令给与之在相同主机的 NameNode，只要该 NameNode 及时地恢复健康状态，ZKFC 认为该节点是健康的。如果该节点崩溃、冻结或进入不健康状态，健康监测器则标识该节点为非健康的。

（2）ZooKeeper 会话管理。

当本地 NameNode 是健康的，则 ZKFC 保持一个在 ZooKeeper 中打开的会话。如果本地 NameNode 处于 Active 状态，ZKFC 也保持一个特殊的 Znode 锁，该锁使用了 ZooKeeper 对短暂节点的支持，如果会话终止，则锁节点将自动删除。

（3）基于 ZooKeeper 的选择。

如果本地 NameNode 是健康的，且 ZKFC 发现没有其他节点当前持有 Znode 锁，则它将为自己获取该锁。如果成功，则它已经赢得了选择，并负责运行故障转移进程以使它的本地 NameNode 成为 Active 状态。故障转移进程与前面描述的手动故障转移相似，如果现役 NameNode 崩溃，那么本地 NameNode 转换为 Active 状态。

4.4 案例：基于 HDFS 的文本数据读写

HDFS 提供了多种数据访问方式，如 Shell 方式、Java API 方式，WebUI 方式等。其中，HDFS Shell 提供了简单和快速的方式来执行常见的文件系统操作，特别适合快速查看和处理文件；而 Java API 则提供了更灵活和强大的编程接口，允许开发人员在 Java 程序中实现复杂的数据处理逻辑，以满足更高级的应用需求。在实际应用中，根据不同的需求，可以选择使用 HDFS Shell 操作或 Java API，或者两者结合使用。WebUI（用户界面）是 Hadoop 集群中的一个重要组件，它提供了一个网页界面，用于监控和管理 HDFS 的状态、数据块、节点信息以及其他相关信息。通过 WebUI，Hadoop 管理员和用户可以方便地查看集群的状态，进行故障排除和性能优化。

1. HDFS 的 Shell 原理

在各类包括官方的参考文档中，HDFS 的命令经常会出现两种写法：hadoop fs 与 hdfs dfs，对于初学者而言，很容易对两种命令产生混淆，或不清楚两种命令的实际区别。下面将从源码的角度解析这两个命令，同时也以此深入理解 HDFS 的一部分运行原理。

本书在前面环境变量配置阶段做过一定讲解，环境变量的配置本质上是将各软件 bin 目录下的可执行文件、脚本中的命令配置到操作系统中，而当使用 hadoop 或者 hdfs 作为命令时，实质上执行的是在基本环节配置阶段配置到 profile 文件中的 hadoop 的 bin 目录下的可执行文件。

从 hadoop 命令讲起，当使用 hadoop 命令时，实质上是在运行 hadoop 安装目录 bin 目录下的 hadoop 这个可执行文件。通过 ls -l 命令可以看到，hadoop 文件拥有可执行权限，可知它是一个脚本文件。

接下来查看这个 hadoop 文件,可以看到其中和 hadoop fs 相关的核心代码,如图 4-10 所示。

结合脚本文件的最后一段,简单来说,当 hadoop 命令后面跟的参数为 fs 时,将执行 org. apache. hadoop. fs. FsShell 这个 Java 类,去适配更多的后续参数。由此佐证了两点:一是 HDFS 的底层运行依赖于 Java,这也是对前面环境配置的一个印证;二是 hadoop fs 背后所代表的实质上是对 org. apache. hadoop. fs. FsShell 这个类的调用。

同样在 bin 目录下,再查看 hdfs 文件,可以看到其中和 hdfs dfs 相关的核心代码,如图 4-11 所示。

```
# the core commands
if [ "$COMMAND" = "fs" ] ; then
    CLASS=org.apache.hadoop.fs.FsShell
```

图 4-10　hadoop 脚本代码片段

```
elif [ "$COMMAND" = "dfs" ] ; then
    CLASS=org.apache.hadoop.fs.FsShell
    HADOOP_OPTS="$HADOOP_OPTS $HADOOP_CLIENT_OPTS"
```

图 4-11　hdfs 脚本代码片段

不难发现,hdfs dfs 命令调用的同样也是 org. apache. hadoop. fs. FsShell 这个 Java 类,因此,不管是 hadoop fs 命令还是 hdfs dfs 命令,实质上调用的都是同一个 Java 类,也就是说,两个命令并没有本质的区别,可以互相替换。

同时,在 hdfs 脚本内,还能看到 namenode 等参数,也就是前面格式化 namenode 所采用命令 hdfs namenode -format 的参数,这同样也是格式化的底层调用。在 HDFS API 阶段,会对底层代码作一定讲解,同时读者也可自行查阅源码进行更加深入的学习。

2. HDFS 的常用 Shell 命令

hadoop fs 和 hdfs dfs 命令在功能上是相同的,它们都是 Hadoop 命令行工具用于与 HDFS 进行交互的命令。这两个命令的目的是在命令行中执行文件系统操作,如上传、下载、删除、列出文件等。

在较新的 Hadoop 版本中,建议使用 hdfs dfs 命令,而不是 hadoop fs 命令,以保持一致性和简洁性。hdfs dfs 命令在 Hadoop 2. x 及以后的版本中引入,并且逐渐取代了 hadoop fs 命令。

HDFS 的 Shell 命令和 Linux 的 Shell 命令非常相似,因此对于 Linux 基础操作命令有所掌握的读者,此处入门将会比较迅速。

HDFS 的操作命令选项如下所示。

```
[ - appendToFile < localsrc > ...< dst >]
[ - cat [ - ignoreCrc] < src > ...]
[ - checksum < src > ...]
[ - chgrp [ - R] GROUP PATH...]
[ - chmod [ - R] < MODE[,MODE]...| OCTALMODE > PATH...]
[ - chown [ - R] [OWNER][: [GROUP]] PATH...]
[ - copyFromLocal [ - f] [ - p] [ - l] < localsrc > ...< dst >]
[ - copyToLocal [ - p] [ - ignoreCrc] [ - crc] < src > ...< localdst >]
[ - count [ - q] [ - h] < path > ...]
[ - cp [ - f] [ - p | - p[topax]] < src > ...< dst >]
[ - createSnapshot < snapshotDir > [< snapshotName >]]
[ - deleteSnapshot < snapshotDir > < snapshotName >]
[ - df [ - h] [< path > ...]]
[ - du [ - s] [ - h] < path > ...]
[ - expunge]
[ - find < path > ...< expression > ...]
[ - get [ - p] [ - ignoreCrc] [ - crc] < src > ...< localdst >]
[ - getfacl [ - R] < path >]
[ - getfattr [ - R] { - n name | - d} [ - e en] < path >]
```

```
[ - getmerge [ - nl] < src > < localdst >]
[ - help [cmd ...]]
[ - ls [ - d] [ - h] [ - R] [< path > ...]]
[ - mkdir [ - p] < path > ...]
[ - moveFromLocal < localsrc > ...< dst >]
[ - moveToLocal < src > < localdst >]
[ - mv < src > ...< dst >]
[ - put [ - f] [ - p] [ - l] < localsrc > ...< dst >]
[ - renameSnapshot < snapshotDir > < oldName > < newName >]
[ - rm [ - f] [ - r| - R] [ - skipTrash] < src > ...]
[ - rmdir [ -- ignore - fail - on - non - empty] < dir > ...]
[ - setfacl [ - R] [{ - b| - k} { - m| - x < acl_spec >} < path >]|[ -- set < acl_spec > < path >]]
[ - setfattr { - n name [ - v value] | - x name} < path >]
[ - setrep [ - R] [ - w] < rep > < path > ...]
[ - stat [format] < path > ...]
[ - tail [ - f] < file >]
[ - test - [defsz] < path >]
[ - text [ - ignoreCrc] < src > ...]
[ - touchz < path > ...]
[ - truncate [ - w] < length > < path > ...]
[ - usage [cmd ...]]
```

下面将针对其中一些常用命令进行介绍，读者也可以通过 Hadoop 官方网站对其他 Shell 命令进行详细学习，官方网站地址为 http://hadoop. apache. org/docs/r1. 0. 4/cn/hdfs_shell . html♯FS＋Shell。

需要提前说明的是，HDFS 的命令均是对 HDFS 集群的操作，不管是伪分布式还是完全分布式，其操作底层实质上较为复杂，这个在后面会做详细介绍，读者也可以在本节操作时充分思考。

1）ls 命令

使用方法：hdfs dfs -ls < args >

使用说明：用于列出 HDFS 上文件和目录的命令。它允许用户查看指定路径下的文件和目录列表。

使用详解：

（1）如果是文件，则按照如下格式返回文件信息：

文件名 <副本数> 文件大小 修改日期 修改时间 权限 用户 ID 组 ID

（2）如果是目录，则返回它直接子文件的一个列表，就像在 UNIX 中一样。目录返回列表的信息如下：

目录名 < dir > 修改日期 修改时间 权限 用户 ID 组 ID

（3）示例。

```
hdfs dfs - ls /user/hadoop/file1 /user/hadoop/file2 hdfs://host:port/user/hadoop/dir1 /nonexistentfile
```

（4）返回值。

若成功则返回 0，若失败则返回－1。

2）put 命令

使用方法：hdfs dfs -put < localsrc > ...< dst >

使用说明：用于将本地文件或目录复制到 HDFS 中的命令。用户可以将本地文件系统中的文件或目录上传到 HDFS 中的指定目标路径。

使用详解：

（1）从本地文件系统中复制单个或多个源路径到目标文件系统，也支持从标准输入中读取输入写入目标文件系统。

（2）示例。

```
hdfs dfs – put localfile /user/hadoop/hadoopfile
```

或

```
hdfs dfs – put localfile1 localfile2 /user/hadoop/hadoopdir
```

或

```
hdfs dfs – put localfile hdfs://host:port/hadoop/hadoopfile
```

或

```
hdfs dfs – put –  hdfs://host:port/hadoop/hadoopfile
```

（3）返回值。

若成功则返回 0，若失败则返回-1。

3）get 命令

使用方法：hdfs dfs -get [-ignorecrc] [-crc] < src > < localdst >

使用说明：用于从 HDFS 中将文件或目录下载到本地文件系统中。

使用详解：

（1）复制文件到本地文件系统。可用-ignorecrc 选项复制 CRC 校验失败的文件。使用-crc 选项复制文件以及 CRC 信息。

（2）示例。

```
hdfs dfs – get /user/hadoop/file localfile
```

或

```
hdfs dfs – get hdfs://host:port/user/hadoop/file localfile
```

（3）返回值。

若成功则返回 0，若失败则返回-1。

4）cat 命令

使用方法：hdfs dfs -cat URI [URI …]

使用说明：用于将 HDFS 中的文件内容打印到标准输出（终端），用户可以查看指定文件的内容。

使用详解：

（1）将路径指定文件的内容输出到 stdout。

（2）示例。

```
hdfs dfs – cat hdfs://host1:port1/file1 hdfs://host2:port2/file2
```

或

```
hdfs dfs - cat file: ///file3 /user/hadoop/file4
```

（3）返回值。

若成功则返回 0,若失败则返回－1。

5）cp 命令

使用方法：hdfs dfs -cp URI［URI ...］< dest >

使用说明：用于在 HDFS 中复制文件或目录。

使用详解：

（1）将文件从源路径复制到目标路径。这个命令允许有多个源路径,此时目标路径必须是一个目录。

（2）示例。

```
hdfs dfs - cp /user/hadoop/file1 /user/hadoop/file2
```

或

```
hdfs dfs - cp /user/hadoop/file1 /user/hadoop/file2 /user/hadoop/dir
```

（3）返回值。

若成功则返回 0,若失败则返回－1。

6）mv 命令

使用方法：hdfs dfs -mv URI［URI ...］< dest >

使用说明：用于在 HDFS 中移动文件或目录。

使用详解：

（1）将文件从源路径移动到目标路径。这个命令允许有多个源路径,此时目标路径必须是一个目录。不允许在不同的文件系统间移动文件。

（2）示例。

```
hdfs dfs - mv /user/hadoop/file1 /user/hadoop/file2
```

或

```
hdfs dfs - mv hdfs:///host: port/file1 hdfs:///host: port/file2 hdfs://host:port/file3 hdfs://
host:port/dir1
```

（3）返回值。

若成功则返回 0,若失败则返回－1。

7）mkdir 命令

使用方法：hdfs dfs -mkdir < paths >

使用详解：用于在 HDFS 中创建一个或多个目录。

（1）接收路径指定的 uri 作为参数,创建这些目录。其行为类似于 UNIX 的 mkdir -p,它会创建路径中的各级父目录。

（2）示例。

```
hdfs dfs - mkdir /user/hadoop/dir1 /user/hadoop/dir2
```

或

```
hdfs dfs - mkdir hdfs://host1:port1/user/hadoop/dir hdfs://host2:port2/user/hadoop/dir
```

（3）返回值。

若成功则返回 0,若失败则返回-1。

在每条 HDFS 的 Shell 命令执行过程中,都可以通过观察 HDFS 的 WebUI 来详细了解命令的底层运行模式和对整个集群带来的影响。Hadoop 安装完成后,通过访问 http://<IP>:9870/,可以进入 HDFS 的 WebUI。通过观察 HDFS 的 WebUI,可以更直观地了解每个 HDFS Shell 命令在集群中的运行情况和对文件系统的影响。这将为进一步学习 Hadoop 集群的运行机制和性能优化提供重要的铺垫。

4.4.1 运行环境搭建

通过前面 HDFS 的 Shell 原理的介绍可知,HDFS Shell 本质上就是对 Java API 的应用,通过编程的形式操作 HDFS,其核心是使用 HDFS 提供的 Java API 构造一个访问客户端对象,然后通过客户端对象对 HDFS 上的文件进行增、删、改、查操作。因此,学习 Java API 非常有必要。不过,在使用 Java API 之前,需要做一些准备。

和 JDK 一样,Hadoop 的 Windows 环境运行同样需要相应的运行环境,因此基础环境阶段将先对 Windows 的环境变量进行相应配置,同时需要确保 Windows 本地已安装配置了 JDK 1.8。

1. Windows 的 Hadoop 基础环境

（1）将针对 Windows 环境编译过的 Hadoop jar 包放在本地磁盘的非中文路径中,注意此处要找到和本台计算机操作系统相对应的 jar 包版本,且不能使用 Linux 的 jar 包。

（2）根据 jar 包所在磁盘位置配置环境变量中的 HADOOP_HOME,如图 4-12 所示。

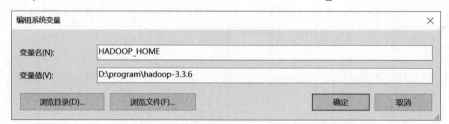

图 4-12　HADOOP_HOME 环境变量配置

（3）配置 PATH 环境变量,如图 4-13 所示。

（4）配置 Windows 本地 hosts。

在 C:\Windows\System32\drivers\etc 路径下找到 hosts 文件,在文件中填入 ECS 公网地址和 master,如图 4-14 所示。

此配置是用于在编写 API 时,可以直接通过主机名连接到远程服务器中,而不需要服务器的地址。之所以不在代码中直接使用公网地址访问,是为了未来将代码打包到 Linux 服务器上运行时,可以通过 master 这个主机名访问内网地址进行通信,保证了效率。写定的公网地址则会导致打包到 Linux 环境中运行时仍然会使用公网访问,这是不合理的。当不考虑打包到集群运行时,这个 master 则不必要和集群配置的 hostname 保持一致,只要代码部分的 hostname 和 Windows 配置的 hostname 一致,且指向 NameNode 公网 IP 即可。

2. IDEA 的 Hadoop 基础环境

（1）新建 Project,选择 Maven 工程,如图 4-15 所示。

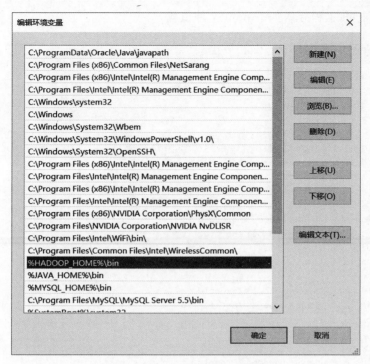

图 4-13 PATH 环境变量配置

192.168.0.180 master

图 4-14 hosts 文件配置

图 4-15 新建 Maven 工程

（2）针对 Maven 工程导入如下 pom 文件依赖。

```
< dependencies >
< dependency >
    < groupId > junit </groupId >
    < artifactId > junit </artifactId >
    < version > RELEASE </version >
</dependency >
< dependency >
    < groupId > org. apache. logging. log4j </groupId >
    < artifactId > log4j - core </artifactId >
    < version > 2. 8. 2 </version >
</dependency >
< dependency >
    < groupId > org. apache. hadoop </groupId >
    < artifactId > hadoop - common </artifactId >
    < version > 3. 3. 6 </version >
</dependency >
< dependency >
    < groupId > org. apache. hadoop </groupId >
    < artifactId > hadoop - client </artifactId >
    < version > 3. 3. 6 </version >
</dependency >
< dependency >
    < groupId > org. apache. hadoop </groupId >
    < artifactId > hadoop - hdfs </artifactId >
    < version > 3. 3. 6 </version >
</dependency >
< dependency >
< groupId > jdk. tools </groupId >
< artifactId > jdk. tools </artifactId >
    < version > 1. 8 </version >
    < scope > system </scope >
    < systemPath > ${JAVA_HOME}/lib/tools.jar </systemPath >
</dependency >
</dependencies >
```

其中，junit 为后续需要使用的测试类；log4j 为日志打印类，可以看到更详细的日志；hadoop-common 为 Hadoop 常用的工具类，由原来的 Hadoopcore 部分更名而来，主要包括系统配置工具 Configuration、远程过程调用 RPC、序列化机制和 Hadoop 抽象文件系统 FileSystem 等。它们为在通用硬件上搭建云计算环境提供基本的服务，并为运行在该平台上的软件开发提供了所需的 API。hadoop-client 为 Hadoop 的客户端类，主要包含 Hadoop 的客户端操作类；hadoop-hdfs 为 Hadoop 的分布式文件系统类，Hadoop 对 HDFS 的操作类都在这个类中。

（3）配置 log4j 的配置文件，在项目的 src/main/resources 目录下，新建一个文件，命名为 log4j. properties，在文件中输入以下内容。

```
log4j. rootLogger = INFO, stdout
log4j. appender. stdout = org. apache. log4j. ConsoleAppender
log4j. appender. stdout. layout = org. apache. log4j. PatternLayout
log4j. appender. stdout. layout. ConversionPattern = %d %p [ %c] - %m %n
log4j. appender. logfile = org. apache. log4j. FileAppender
log4j. appender. logfile. File = target/spring. log
log4j. appender. logfile. layout = org. apache. log4j. PatternLayout
log4j. appender. logfile. layout. ConversionPattern = %d %p [ %c] - %m %n
```

3. HDFS API 核心包

Hadoop 整合了众多文件系统,HDFS 只是这个文件系统的一个实例。HDFS Java API 的核心包如下所示。

org. apache. hadoop. fs. FileSystem:通用文件系统的抽象基类,可以被分布式文件系统继承,它具有许多实现类,如 LocalFileSystem、DistributedFileSystem、FtpFileSystem 等。

org. apache. hadoop. fs. FileStatus:用于向客户端展示系统中文件和目录的元数据,具体包含文件大小、块大小、副本信息、修改时间等。

org. apache. hadoop. fs. FSDataInputStream:文件输入流,用于读取 Hadoop 文件。

org. apache. hadoop. fs. FSDataOutputStream:文件输出流,用于写 Hadoop 文件。

org. apache. hadoop. conf. Configuration:访问配置项,默认配置参数在 core-site. xml 中,用户可以添加相应的配置参数。

org. apache. hadoop. fs. Path:用于表示 Hadoop 文件系统中的一个文件或者一个目录的路径。

在 Java 中操作 HDFS,首先需要创建一个客户端实例,主要涉及以下类。

Configuration:该类的对象封装了客户端或者服务器的配置,每个配置选项是一个键值对,通常情况下,Configuration 实例会自动加载 HDFS 的配置文件 core-site. xml,从中获取 Hadoop 集群的配置信息。

FileSystem:该类的对象是一个文件系统对象,通过该对象的一些方法可以对文件进行操作,如创建、删除文件和上传、下载文件等。

4. 基础环境测试

(1) 创建包 com. root. hdfs。

(2) 在包下创建 HDFSClient 类,在类中输入以下代码。

```
package com.root.hdfs;

import org.apache.hadoop.conf.Configuration;
import org.apache.hadoop.fs.FileSystem;
import org.apache.hadoop.fs.Path;
import org.junit.Test;
import java.io.IOException;
import java.net.URI;
import java.net.URISyntaxException;

public class HDFSClient {
    @Test
    public void testMkdir() throws URISyntaxException, IOException, InterruptedException {
        //1. 获取本地配置文件
        Configuration configuration = new Configuration();
        //2. 获取文件对象
        FileSystem fileSystem = FileSystem.get(new URI("hdfs://master:9000"), configuration,
"root");
        //3. 调用文件对象创建目录
        fileSystem.mkdirs(new Path("/Test"));
        //4. 关闭资源
        fileSystem.close();
    }
}
```

（3）打开 ECS 的 9000 安全组端口。

（4）运行代码，同时检查 WebUI 的根目录中是否产生新的 Test 目录，如图 4-16 所示。

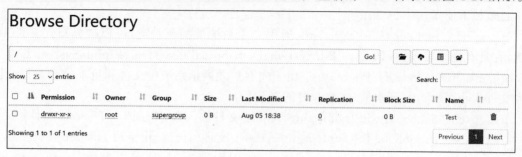

图 4-16　创建 Test 目录

4.4.2　应用功能实现

接下来针对不同的场景，对 HDFS 的 API 进行学习。

1. 基础代码解析

首先针对前面的测试代码，先进行如下详细的解析。

```
Configuration configuration = new Configuration();
```

这段代码的作用是读取本地配置文件，加载成为 configuration 对象。对于当前 Windows 环境下的运行，configuration 对象所包含的是之前本地配置的 Hadoop 编译过的 jar 包中的默认配置文件，也就是 etc/hadoop 目录下的配置文件。当代码打成 jar 包上传到集群运行时，这个 configuration 对象则是读取的集群配置文件。

同时，假设针对本条程序需要进行特殊的参数设置，也可以直接通过调用 configuration 对象进行设置，它的优先级是最高的，同时作用域仅限于本条程序。

```
FileSystem fileSystem = FileSystem.get(new URI("hdfs://master: 9000"),configuration,"root");
```

这段代码代表获取 fileSystem 文件系统对象，通过指定 URI 地址获取，而这个 URI 地址包括协议、IP 和端口，IP 通过 hosts 文件的映射获取，端口为实际文件传输的 9000 端口访问，同时传入 configuration 配置文件对象以保证文件系统对象的配置正确，最后输入使用哪个用户连接文件系统对象。

```
fileSystem.mkdirs(new Path("/Test"));
```

这段代码表示使用文件系统对象的 mkdirs 方法进行目录的创建。在 HDFS 中，基本方法多用文件系统对象调用。mkdirs 的方法所需参数为一个 Path 对象，而此处采用构造匿名对象的方式在参数位置创建，而没有采用在外部创建 Path 对象再引入的方式，原因在于简化代码和 JVM 内存优化。

```
fileSystem.close();
```

这段代码代表关闭文件系统对象。及时关闭对象以保证服务器资源及时回收。

2. 代码解耦优化

对于后续的一系列 API 操作，程序总会执行读取配置文件、创建文件系统对象、关闭文件系统对象等操作，因此可以将程序进行解耦，将公共方法抽取出来，使用 Before 和 After 注解进行配置。

Before 注解代表该注解所控制的方法会在每个 Test 注解的方法之前执行一次，After 注解代表该注解所控制的方法会在每个 Test 注解的方法之后执行一次，修改后的 HDFSClient 代码如下。

```java
package com.root.hdfs;

import org.apache.hadoop.conf.Configuration;
import org.apache.hadoop.fs.FileSystem;
import org.apache.hadoop.fs.Path;
import org.junit.After;
import org.junit.Before;
import org.junit.Test;
import java.io.IOException;
import java.net.URI;
import java.net.URISyntaxException;

public class HDFSClient {

    private FileSystem fileSystem;
    private Configuration configuration;

    @Before
    public void before() throws IOException, InterruptedException, URISyntaxException {
        //创建配置对象,加载配置文件
        configuration = new Configuration();
        //通过配置文件对象设置配置的参数
        configuration.set("dfs.client.use.datanode.hostname", "true");
        fileSystem = FileSystem.get(new URI("hdfs://master:9000"), configuration, "root");
    }
    @After
    public void after() throws IOException {
        fileSystem.close();
    }
    @Test
    public void testMkdir() throws IOException {
        //创建目录
        fileSystem.mkdirs(new Path("/Test"));
    }
}
```

这里需要注意的是新增了这段代码：

```java
configuration.set("dfs.client.use.datanode.hostname","true");
```

这段代码的意思是，为了在 Windows 环境下上传文件到 HDFS，需要解决一个问题：客户端（即 Windows 机器）在上传文件时，需要通过 NameNode 获取 DataNode，并与 DataNode 建立连接进行文件上传。在默认情况下，NameNode 会将 DataNode 的私网 IP 地址发送给客户端，但在 Windows 环境中，客户端无法通过私网 IP 连接到 DataNode。

为了解决这个问题，HDFS 提供了一个配置参数 dfs.client.use.datanode.hostname，通过将其设置为 true，NameNode 将会发送 DataNode 的主机名（hostname）而非私网 IP 地址给客户端。然后，客户端可以通过配置 Windows 系统的 hosts 文件，将 DataNode 的主机名映射到 DataNode 的公网 IP 地址。

之前已经在 Windows 系统的 hosts 文件中配置了 Master 节点和公网地址的映射。因此,配置一条将 DataNode 的主机名映射到公网 IP 的规则就足够了,同时适用于 NameNode 和 DataNode 的连接。

这样一来,客户端就能正确地连接到 DataNode,并成功上传文件到 HDFS。这是在 Windows 环境下解决连接问题的一个常见方法。

3. 文件上传

将桌面 test. txt 文档上传至 HDFS 集群根目录下,代码如下。

```
@Test
    public void put() throws IOException {
        //上传文件
        fileSystem.copyFromLocalFile(new Path("C:\\Users\\1\\Desktop\\test.txt"), new
Path("/"));
    }
```

上述代码执行后,打开 HDFS 的 WebUI,如图 4-17 所示。

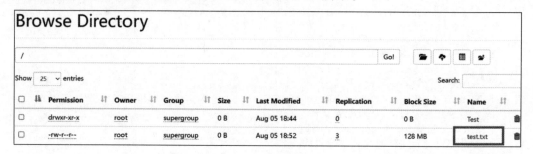

图 4-17　文件上传

4. 文件下载

将 HDFS 集群根目录下的 test. txt 文件下载至 Windows 本地桌面目录下,代码如下。

```
@Test
public void get() throws IOException {
    //下载文件
    fileSystem.copyToLocalFile(new Path("/test.txt"), new Path("C:\\Users\\1\\Desktop"));
}
```

5. 文件删除

删除 HDFS 集群中根目录下的 test. txt 文件,代码如下。

```
@Test
public void delete() throws IOException {
    //删除文件
    fileSystem.delete(new Path("/test.txt"), true);
}
```

6. 文件重命名

将 HDFS 集群根目录下的 test. txt 重命名为 test1. txt,代码如下。

```
@Test
public void rename() throws IOException {
    //重命名文件
    fileSystem.rename(new Path("/test.txt"), new Path("/test1.txt"));
}
```

通过对以上几个基础 API 的学习,可以找到 HDFS API 的一些使用规律和技巧,那么接下来是对 API 相对复杂一些的使用。

7. 追加文件

将 Windows 本地桌面下新建文件 append.txt,在文件中写入一行文字:hdfs。

将 append.txt 文件追加到 HDFS 文件系统根目录下的 test.txt 文件末尾,代码如下。

```
@Test
public void append() throws IOException {
    //设置参数,客户端写入失败时不更换 datanode,因为只有一个
    configuration.set("dfs.client.block.write.replace-datanode-on-failure.policy", "NEVER");
    //创建输出流对象
    FSDataOutputStream outputStream = fileSystem.append(new Path("/test.txt"), 1024);
    //创建输入流对象
    InputStream inputStream = new FileInputStream("C:\\Users\\1\\Desktop\\append.txt");
    //文件追加
    IOUtils.copyBytes(inputStream, outputStream, 1024, true);
}
```

代码执行完毕后,可以在 Shell 窗口使用 hdfs 命令查看是否追加成功,如图 4-18 所示。

追加文件的意义在于,HDFS 官方并未在 Shell 命令中提供 append 这样的命令,而此处通过 API 的调用实现了对 HDFS Shell 命令的补充。

```
[root@master sbin]# hdfs dfs -cat /test.txt
hdfs
```

图 4-18　查看修改后的 test.txt

8. 打印文件列表

将 HDFS 集群中指定目录下的文件和目录打印到控制台输出,代码如下。

```
@Test
public void ls() throws IOException {
    //获取根目录下的所有文件状态对象,这个对象包含文件名称、文件大小等属性
    FileStatus[] fileStatuses = fileSystem.listStatus(new Path("/"));
    //使用增强 for 循环进行遍历
    for(FileStatus fileStatus : fileStatuses) {
        //判断为文件或目录
        if(fileStatus.isFile()) {
            System.out.println("下一个文件是: ");
            System.out.println(fileStatus.getPath());
            System.out.println(fileStatus.getLen() + "B");
        } else {
            System.out.println("下一个文件夹是: ");
            System.out.println(fileStatus.getPath());
        }
    }
}
```

上述代码执行完毕后,可以在控制台中看到如图 4-19 所示的信息。

```
下一个文件夹是:
hdfs://master:9000/Test
下一个文件是:
hdfs://master:9000/test.txt
6B
```

图 4-19　打印文件列表

打印文件列表的意义在于,HDFS官方并未给出一个关于直接打印列表的API,而这里通过对其他方法的组合使用,实现了对HDFS官方API的补充。

本章小结

在本章中,全面地探讨了分布式文件系统HDFS,从其基本概念、发展历程到核心组件与工作原理,再到实际应用案例的深入分析。这一深入了解有助于读者更好地理解HDFS在大数据处理领域的关键作用。

首先,介绍了分布式文件系统(DFS)的概念,它是为了应对传统单一文件系统在存储容量和性能上的瓶颈而诞生的。DFS通过将数据分散存储在多个计算机节点上,实现了高度的可扩展性和容错性。而HDFS则作为Apache Hadoop项目的重要组成部分,以其开源性和高度可靠的特点,成为大规模数据存储和处理的首选。

HDFS的发展历程也是关注的焦点之一。HDFS起初由Apache开发,随着大数据时代的到来而逐渐壮大。其开源的本质促使了社区的广泛参与,不断推动HDFS的功能和性能的提升。通过对HDFS的发展轨迹的了解,能够更好地把握其当前的优势和面临的挑战。

接着,深入研究了HDFS的核心组件与工作原理,包括NameNode、DataNode和SecondaryNameNode等组件的功能和相互协作方式。了解HDFS的组成结构和核心角色是理解其高可靠性和容错性的关键。通过数据的读写流程,了解了客户端与NameNode、DataNode之间的协作,确保了数据的分布式管理和存储。

值得一提的是,在HDFS的发展过程中,为了提高系统的可用性,引入了高可用性(HA)机制。通过多个NameNode的部署,系统在某个节点出现故障时能够保持正常运行。HA应用的实现使得HDFS在面对硬件故障等问题时具备更强的稳定性,这对于大规模数据的安全存储至关重要。

案例分析部分则提供了实际应用层面的视角,通过基于HDFS的文本数据读写案例,深入了解了HDFS的Shell原理、常用Shell命令以及运行环境的搭建。这些实例不仅帮助读者掌握操作技能,还展示了HDFS在现实场景中的灵活性和实用性。

最后,在这个大量信息涌现的大数据时代,理解和善用HDFS是确保数据安全、高效存储和处理的重要一环。通过本章的学习,读者可以更全面地了解HDFS,为在实际项目中的应用提供坚实的理论基础和实践经验。通过深入学习HDFS,读者能够更好地应对大数据时代的挑战,充分发挥HDFS在分布式存储和处理领域的优势,实现更为可靠、高效的数据管理和分析。

课后习题

1. 单选题

(1) 分布式文件系统HDFS的主要设计目标是(　　　)。

　　A. 支持小规模数据存储　　　　　　　B. 实现大规模数据存储和处理

　　C. 提供图形用户界面　　　　　　　　D. 优化移动设备的数据访问

(2) HDFS的数据块默认大小在Hadoop 2.x版本中是(　　　)。

　　A. 64MB　　　　　B. 128MB　　　　　C. 256MB　　　　　D. 512MB

(3) 在 HDFS 中,( )组件负责管理文件系统的命名空间和维护文件的元数据信息。

    A. DataNode   B. NameNode

    C. SecondaryNameNode   D. Rack

(4) HDFS 的机架感知策略主要优化了( )。

    A. 数据的读取速度   B. 数据的写入性能

    C. 数据的可靠性和网络带宽的利用率   D. 客户端的访问速度

(5) 在 HDFS 的读数据流程中,客户端首先需要( )。

    A. 直接从 DataNode 读取数据

    B. 向 NameNode 发起 RPC 请求获取文件 Block 所在位置

    C. 检查本地缓存

    D. 建立与 DataNode 的通信连接

(6) 高可用性(HA)在 HDFS 中是( )解决单点故障问题的。

    A. 通过增加更多的 DataNode

    B. 通过引入主备模式的 NameNode

    C. 通过使用更高性能的硬件

    D. 通过优化网络架构

(7) 在 HDFS 中,SecondaryNameNode 的主要作用是( )。

    A. 作为 NameNode 的热备份

    B. 优化数据的读取性能

    C. 定期合并 EditLog 和 FsImage,备份元数据信息

    D. 管理 DataNode

(8) 下列( )不是 HDFS 的优点。

    A. 高容错性   B. 支持超大文件

    C. 适合低延迟数据访问   D. 简单的数据一致性模型

(9) 在 HDFS 的写数据流程中,客户端首先与( )组件建立通信。

    A. DataNode   B. NameNode

    C. SecondaryNameNode   D. Rack

(10) 在 HDFS 中,客户端确定从哪个 DataNode 读取数据的方法是( )。

    A. 随机选择

    B. 根据客户端与 DataNode 之间的距离

    C. 根据 DataNode 的负载情况

    D. 根据文件的大小

2. 思考题

(1) HDFS 在设计时为何采用大的数据块(Block)而不是多个小的数据块?

(2) HDFS 的高可用性(HA)模式是如何提高系统稳定性的?

第 5 章

分布式计算模型MapReduce

MapReduce 是 Hadoop 系统的核心组件之一,它是一种可用于大数据并行处理的计算模型、框架和平台,主要解决海量数据的分析计算,是目前分布式计算模型中应用较为广泛的一种。MapReduce 计算模型由 Google 提出,后来由 Apache Hadoop 项目进行了开源实现。除了 Hadoop,MapReduce 计算模型也被其他分布式计算系统广泛采用,如 Apache Spark、Apache Flink 等。这些系统在 MapReduce 计算模型的基础上,进一步优化和扩展了计算能力,提供更多的计算模式和灵活性,适用于更多种类的数据处理和分析任务。

本章将介绍 MapReduce 的特点,分析 MapReduce 的基本思想、算法原理、工作流程、基本架构,通过入门案例帮助读者理解其工作原理,通过排序的进阶案例带读者实践 MapReduce 的编程过程。

5.1 问题导入

在大数据处理领域中,如何高效地处理和分析海量数据始终是一个巨大的挑战。传统的数据处理方法往往无法应对这种规模的需求,因此需要一种能够在分布式环境中高效运行的数据处理模型。MapReduce 应运而生,它通过将复杂的计算任务分解成小块并行处理,从而显著提高了大数据处理的效率。

然而,随着数据规模的不断增长和多样化需求的增加,MapReduce 本身也面临着一系列挑战和问题:

- 如何有效地分配和管理计算资源?
- 如何处理数据的倾斜问题,避免计算负载的不均衡?
- 如何优化 Map 和 Reduce 阶段的性能,减少数据传输的开销?

这些问题是 MapReduce 在实际应用中需要重点解决的关键点。在本章中,将针对这些问题进行详细探讨,并介绍 MapReduce 模型的基本概念、工作原理以及实际应用案例,帮助读者全面理解这一强大的分布式计算模型。

首先从 MapReduce 的概述开始,介绍其发展历史以及在大数据处理中的重要地位。接下来,将详细解释 MapReduce 的优缺点,分析其在不同应用场景中的表现。之后,深入研究 MapReduce 的工作原理,包括其计算模型的基本思想和数据处理流程,帮助读者掌握其内部机制和操作方法。最后,通过两个实际应用案例——文本分词统计计算和海量数据排序处理,展示 MapReduce 在解决实际问题中的强大能力。

5.2　MapReduce 概述

MapReduce 是被广泛采用的计算模型,该模型一经面世便受到广泛关注并迅速普及。要想了解这其中的原因,还要从其发展和优缺点说起。

5.2.1　MapReduce 的发展

谷歌在 2003—2006 年连续发表了 3 篇很有影响力的文章,分别阐述了 GFS、MapReduce 和 Bigtable 的核心思想。其中,MapReduce 是谷歌公司的核心计算模型,运行在分布式文件系统 GFS 上,应用于谷歌的大规模数据处理和分布式计算任务。

Hadoop 项目最早是由 Doug Cutting 在 2006 年创建的,受 MapReduce 模型启发,Doug Cutting 将其作为 Hadoop 的计算框架,并以 Apache Nutch 作为初始基础进行开发。与谷歌类似,Hadoop MapReduce 运行在分布式文件系统 HDFS 上。Hadoop MapReduce 要比谷歌 MapReduce 的使用门槛低很多,程序员即使没有任何分布式程序开发经验,也可以很轻松地开发出分布式程序并部署到计算机集群中。随着 Hadoop 的普及和使用,Hadoop MapReduce 逐渐成为处理大数据的事实标准。

Hadoop 2.0 引入了 YARN,取代了旧版 Hadoop 的 MapReduce 作业调度器。YARN 将 Hadoop 的资源管理和作业调度功能进行了解耦,提供了更灵活和可扩展的资源管理机制,使得 Hadoop MapReduce 能够更好地支持多种计算模型和应用。

随着大数据计算需求的不断增长,Hadoop 生态系统中涌现了更多的计算模型和框架,如 Apache Spark、Apache Flink 等。这些新的计算模型在 Hadoop MapReduce 的基础上进行了优化和扩展,提供更高性能和更多的计算能力,逐渐成为 Hadoop 生态系统的重要组成部分。

Hadoop 3.x 版本继续对 Hadoop MapReduce 进行改进和优化。Hadoop 3.x 引入了更多的功能和改进,包括更快的数据复制和数据恢复、更好的资源管理和容错性,进一步提升了 Hadoop MapReduce 的性能和可靠性。

总体而言,Hadoop MapReduce 经历了从初始版本到成熟阶段,再到与 YARN 和新计算模型的整合,不断发展和演进,成为大数据处理的重要组件之一。

同时,随着技术的发展,Hadoop 生态系统还出现了更多的计算模型和框架,为大数据处理提供了更多的选择和灵活性。

5.2.2　MapReduce 的优缺点

MapReduce 作为一种分布式计算模型和编程框架,在大数据处理中具有很多优点,但也有一些缺点。

1. 优点

（1）MapReduce 易于编程。

相比于其他复杂的分布式计算框架,MapReduce 提供了简单、清晰的编程接口,容易学习和使用,降低了分布式计算的门槛。用户简单地实现一些接口,就可以完成一个分布式程序,这个分布式程序可以分布到大量廉价的服务器上运行。这个特点使得 MapReduce 编程变得非常流行。

（2）具有良好的扩展性。

当用户的计算资源不能得到满足时，可以通过简单地增加机器来扩展 MapReduce 的计算能力。随着计算节点的增加，系统的处理能力可以线性扩展，适应不断增长的数据量和计算需求。

（3）具有高容错性。

MapReduce 设计的初衷就是使程序能够部署在廉价的服务器上，这就要求它具有很高的容错性。例如，其中一台服务器宕机了，MapReduce 可以把上面的计算任务转移到另外一个节点上运行，不至于这个任务运行失败，而且这个过程不需要人工参与，而完全是由 Hadoop 内部完成的。

（4）适合 PB 级以上海量数据的离线处理。

MapReduce 可以实现上千台服务器集群并发工作，提供海量数据处理能力。MapReduce 适用于离线批处理场景，特别擅长处理大规模的数据集，如日志分析、数据清洗、数据转换等任务。

2. 缺点

（1）不擅长实时计算。

MapReduce 适用于批处理场景，不适合处理实时数据和流式数据，因为 MapReduce 需要在每次作业完成后再次启动一个新的作业。流式计算的输入数据是动态的，而 MapReduce 的输入数据集是静态的，不能动态变化。这是因为 MapReduce 自身的设计特点决定了数据源必须是静态的。

（2）低效的迭代计算。

MapReduce 在处理迭代计算时效率较低，由于每个 MapReduce 作业之间需要进行磁盘读写和数据传输，导致迭代计算的性能较差。

（3）不擅长 DAG（有向无环图）计算。

多个应用程序存在依赖关系，后一个应用程序的输入为前一个的输出。在这种情况下，MapReduce 并不是不能做，而是使用后 MapReduce 会生成大量的中间数据，需要进行磁盘读写和数据传输，可能导致 I/O 开销较大，导致性能非常低下。

5.3 MapReduce 工作原理

本节详细介绍 MapReduce 的工作原理。通过分解数据处理任务为 Map 阶段和 Reduce 阶段，并在分布式计算节点上进行并行执行，MapReduce 实现了高效、可靠的大数据处理。本节将深入探讨 MapReduce 的基本思想、内部流程、数据划分、Map 阶段、Shuffle 阶段、Reduce 阶段等关键内容，帮助读者深入理解 MapReduce 的工作机制和优势。

5.3.1 MapReduce 计算模型介绍

1. MapReduce 基本思想

使用 MapReduce 处理大数据的基本思想包括 3 个层面，如图 5-1 所示。

对大数据并行处理：分而治之

上升到抽象模型：Map 与 Reduce

上升到架构：自动并行化并隐藏底层细节

图 5-1　MapReduce 基本思想

首先，对大数据采取分而治之的思想。对相互间不具有计算依赖关系的大数据实现并行处理，最自然的办法就是采取分而治之的策略。

其次,把分而治之的思想上升到抽象模型。为了克服 MPI 等并行计算方法缺少高层并行编程模型这一缺陷,MapReduce 借鉴了 Lisp 函数式语言中的思想,用 Map 和 Reduce 两个函数提供了高层的并行编程抽象模型。

最后,把分而治之的思想上升到架构层面,统一架构为程序员隐藏系统层的实现细节。

MPI 等并行计算方法缺少统一的计算框架支持,程序员需要考虑数据存储、划分、分发、结果收集、错误恢复等诸多细节,为此,MapReduce 设计并提供了统一的计算框架,为程序员隐藏了绝大多数系统层面的处理细节。

(1)分而治之。

分而治之是 MapReduce 的核心思想,它表示把一个大规模的数据集切分成很多小的单独的数据集,然后放在多个机器上同时处理。其计算思想如图 5-2 所示。

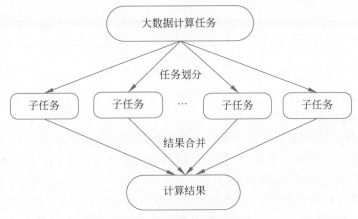

图 5-2　分而治之计算思想

并行计算的第一个重要问题是如何划分计算任务或者计算数据以便对划分的子任务或数据块同时进行计算。但是,一些计算问题的前后数据项之间存在很强的依赖关系,无法进行划分,只能串行计算。

对于不可拆分的计算任务或相互间有依赖关系的数据无法进行并行计算。一个大数据若可以分为具有同样计算过程的数据块,并且这些数据块之间不存在数据依赖关系,则提高处理速度的最好办法就是并行计算。

(2)高度抽象为两个阶段:Map(映射)与 Reduce(归约)。

MapReduce 任务过程是分为两个处理阶段。

① Map 阶段。Map 阶段的主要作用是"分",即把复杂的任务分解为若干"简单的任务"来并行处理。Map 阶段的这些任务可以并行计算,彼此间没有依赖关系。

② Reduce 阶段。Reduce 阶段的主要作用是"合",即对 Map 阶段的结果进行全局汇总。

事实上,在 Map 阶段和 Reduce 阶段之间,还需要数据的传输和排序,通常把这个阶段叫作 Shuffle 阶段。Shuffle 阶段是 MapReduce 的中间阶段,是 Map 阶段和 Reduce 阶段之间的连接。在 Shuffle 阶段,MapReduce 会根据 Map 输出的键,将相同键的值进行分组,然后将这些分组的数据传递给对应的 Reduce 任务。因此也经常会说有 3 个阶段,如图 5-3 所示。

(3)自动实现并行化。

MapReduce 提供了一个统一的计算框架来完成计算任务的划分和调度,数据的分布存储和划分,处理数据与计算任务的同步,结果数据的收集整理,系统通信、负载平衡、计算性能优

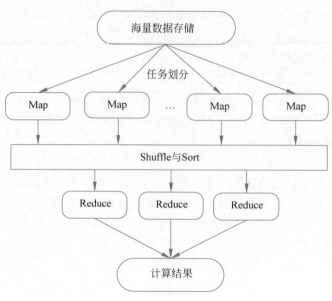

图 5-3　Map 与 Reduce

化、系统节点出错检测和失效恢复处理等。

MapReduce 通过抽象模型和计算框架把需要做什么与具体怎么做分开了，为程序员提供了一个抽象和高层的编程接口和框架，程序员仅需要关心其应用层的具体计算问题，仅需要编写少量的处理应用本身计算问题的程序代码。

与具体完成并行计算任务相关的诸多系统层细节被隐藏起来，交给计算框架去处理。从分布代码的执行，大到数千个小到单个的节点集群的自动调度使用，程序员都不用操心。

MapReduce 计算架构提供的主要功能包括以下几点。

（1）任务调度。

提交的一个计算作业（Job）将被划分为很多个计算任务。

任务调度功能主要负责为这些划分后的计算任务分配和调度计算节点（Map 节点或 Reduce 节点），同时负责监控这些节点的执行状态，以及 Map 节点执行的同步控制，也负责进行一些计算性能优化处理。例如，对最慢的计算任务采用多备份执行，选最快完成者作为结果。

（2）数据/程序互定位。

为了减少数据通信量，一个基本原则是本地化数据处理，即一个计算节点尽可能处理其本地磁盘上分布存储的数据，这实现了代码向数据的迁移。

当无法进行这种本地化数据处理时，再寻找其他可用节点并将数据从网络上传送给该节点（数据向代码迁移），但将尽可能从数据所在的本地机架上寻找可用节点以减少通信延迟。

（3）出错处理。

在以低端商用服务器构成的大规模 MapReduce 计算集群中，节点硬件（主机、磁盘、内存等）出错和软件有缺陷是常态。因此，MapReduce 架构需要能检测并隔离出错节点，并调度分配新的节点接管出错节点的计算任务。

（4）分布式数据存储与文件管理。

海量数据处理需要一个良好的分布数据存储和文件管理系统作为支撑，系统要能够把海量数据分布存储在各节点的本地磁盘上，还要保持整个数据在逻辑上成为一个完整的数据文件。为了提供数据存储容错机制，系统还要提供数据块的多备份存储管理能力。

（5）合并和划分。

为了减少数据通信开销，中间结果数据进入 Reduce 节点前需要进行合并（combine）处理，即把具有同样主键的数据合并到一起避免重复传送。

一个 Reduce 节点所处理的数据可能会来自多个 Map 节点，因此，Map 节点输出的中间结果需使用一定的策略进行适当的划分（partition）处理，保证相关数据发送到同一个 Reduce 节点上。

2. Map 和 Reduce 函数

使用 MapReduce 执行计算任务时，每个任务的执行过程都会被分为两个阶段，分别是 Map 和 Reduce，其中 Map 阶段用于对原始数据进行处理，Reduce 阶段用于对 Map 阶段的结果进行汇总，得到最终结果。这两个阶段的模型如图 5-4 所示。

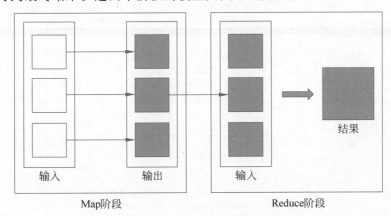

图 5-4　MapReduce 简易模型

MapReduce 编程模型借鉴了函数式程序设计语言的设计思想，其程序实现过程是通过 map 和 reduce 函数来完成的。从数据格式上来看，map 函数接收的数据格式是键值对，产生的输出结果也是键值对形式，reduce 函数会将 map 函数输出的键值对作为输入，把相同 key 值的 value 进行汇总，输出新的键值对。接下来，通过一张图来描述 MapReduce 的简易数据流模型，具体如图 5-5 所示。

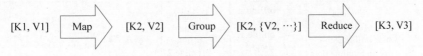

图 5-5　MapReduce 简易数据流模型

对于图 5-5 描述的 MapReduce 简易数据流模型说明如下。

（1）将原始数据处理成键值对<K1,V1>形式。

（2）将解析后的键值对<K1,V1>传给 map 函数，map 函数会根据映射规则，将键值对<K1,V1>映射为一系列中间结果形式的键值对<K2,V2>。

（3）将中间形式的键值对<K2,V2>形成<K2,{V2,…}>形式传给 reduce 函数处理，把具有相同 key 的 value 合并在一起，产生新的键值对<K3,V3>，此时的键值对<K3,V3>就是最终输出的结果。

5.3.2　MapReduce 数据处理流程

那么，MapReduce 到底是如何运行的呢？按照时间顺序，MapReduce 任务执行包括输入分片 Map、Shuffle 和 Reduce 等阶段，一个阶段的输出正好是下一阶段的输入，上述各阶段的关系和流程如图 5-6 所示。

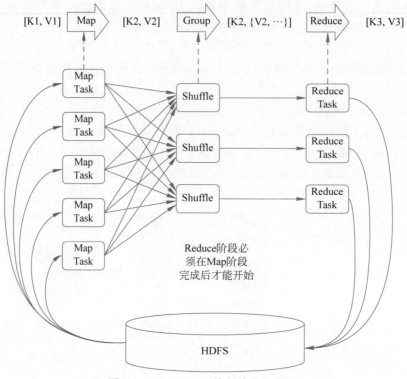

图 5-6 MapReduce 执行阶段和流程

图 5-6 从整体角度很好地表示了 MapReduce 的大致阶段划分和工作流程。下面结合上文的示例文件更加深入和详细地介绍上述过程，结合单词计数实例的 MapReduce 执行阶段和流程如图 5-7 所示。

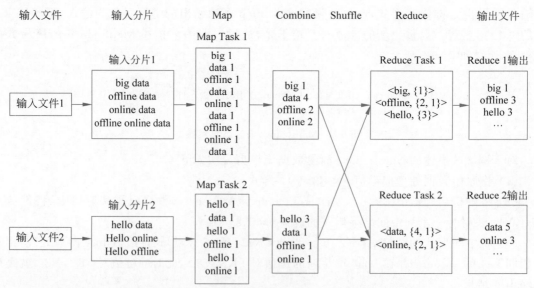

图 5-7 结合单词计数实例的 MapReduce 执行阶段和流程

1. 输入分片

在进行 Map 计算之前，MapReduce 会根据输入文件计算输入分片（input split）。每个输入分片对应一个 Map 任务（Map Task），输入分片存储的并非数据本身，而是一个分片长度和一个记录数据的位置的数组。输入分片往往和 HDFS 的块关系很密切,假如设定 HDFS 的块大小是 64MB,如果输入只有一个文件,大小为 150MB,那么 MapReduce 会把此大文件切分为 3 片(分别为 64MB、64MB 和 22MB),同样,如果输入为两个文件,其大小分别是 20MB 和 100MB,那么 MapReduce 会把 20MB 文件作为一个输入分片,100MB 则切分为两个即 64MB 和 36MB 的输入分片。对于上述实例文件 1 和 2,由于非常小,因此分别被作为输入分片 1 和 输入分片 2 输入 Map 任务 1 和 Map 任务 2 中(此处只为说明问题,实际处理中应将小文件进行合并,否则如果输入多个文件而且文件大小均远小于块大小,会导致生成多个不必要的 Map 任务,这也是 MapReduce 优化计算的一个关键点)。

2. Map 阶段

在 Map 阶段,各 Map 任务会接收到所分配到的输入分片,并调用 Map 函数,逐行执行并输出键值对。例如对于本例,Map Task 1 将会接收到输入分片 1,并调用 Map 函数,其输出将为如下的键值对。

```
big 1
data 1
offline 1
data 1
online 1
data 1
offline 1
online 1
data 1
```

3. Combine 阶段

Combine 阶段是可选的。Combine 其实也是一种 Reduce 操作,但它是一个本地化的 Reduce 操作,是 Map 运算的本地后续操作,主要是在 Map 计算出中间文件前做一个简单的合并重复键值的操作,例如上述文件 1 中 data 出现了 4 次,Map 计算时如果碰到一个 data 的单词就会记录为 1,这样就重复计算了 4 次,Map 任务输出就会有冗余,这样后续处理和网络传输都被消费不必要的资源,因此通过 Combine 操作可以解决和优化此问题,但这一操作是有风险的,使用它的原则是 Combine 的输出不会影响到 Reduce 计算的最终输入。例如,如果计算只是求总数、最大值及最小值,可以使用 Combine 操作,但是如果做平均值计算使用 Combine,最终的 Reduce 计算结果就会出错。

4. Shuffle 阶段

Map 任务的输出必须经过一个 Shuffle 的阶段才能交给 Reduce 处理。Shuffle 阶段是 MapReduce 的核心,它的性能直接影响整个 MapReduce 的性能,下面将详细介绍其过程和原理。

什么是 Shuffle 呢? 一般理解为数据从 Map 任务输出到 Reduce 任务输入的过程,它决定了 Map 任务的输出如何高效地传送给 Reduce 任务,如图 5-8 所示。

总体来说,Shuffle 阶段包含在 Map 和 Reduce 两个阶段中。

Map 的输出结果首先被写入缓存,当缓存满时,就启动溢写操作,把缓存中的数据写入磁盘文件,并清空缓存。当启动溢写操作时,首先需要把缓存中的数据进行分区,然后对每个分区的数据进行排序(sort)和合并(combine),之后再写入磁盘文件。每次溢写操作会生成一个新的磁盘文件,随着 Map 任务的执行,磁盘中就会生成多个溢写文件。在 Map 任务全部结束之前,这些溢写文件会被归并(merge)成一个大的磁盘文件,然后通知相应的 Reduce 任务来

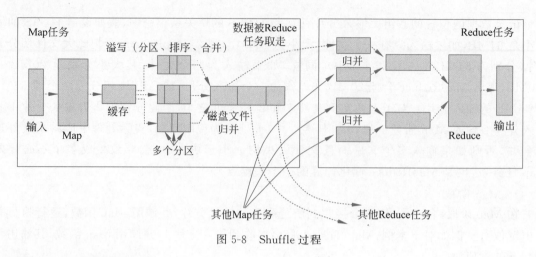

图 5-8　Shuffle 过程

领取属于自己处理的数据。

Reduce 任务从 Map 端的不同 Map 机器领回属于自己处理的那部分数据,然后对数据进行归并后交给 Reduce 处理。

下面从 Map 和 Reduce 两端详细介绍 Shuffle 阶段。

(1) Map 阶段的 Shuffle。

通常 MapReduce 计算的都是海量数据,而且 Map 输出还需要对结果进行排序,内存开销很大,因此完全在内存中完成是不可能也是不现实的,所以 Map 输出时会在内存中开启一个环形内存缓冲区,并且在配置文件中为这个缓冲区设定了一个阈值(默认为 80%,可自定义修改此配置)。同时,Map 还为输出操作启动一个守护线程,如果缓存区的内存使用达到了阈值,那么这个守护线程就会把这 80% 的内存区内容写到磁盘上,这个过程就叫分隔。另外的 20% 内存可以供 Map 输出继续使用,写入磁盘和写入内存操作是互不干扰的,如果缓存区被撑满了,那么 Map 就会阻塞写入内存的操作,待写入磁盘操作完成后再继续执行写入内存操作,如图 5-9 所示。

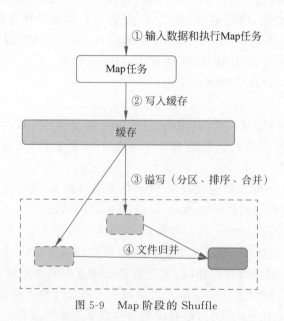

图 5-9　Map 阶段的 Shuffle

缓冲区内容分隔到磁盘前,会首先进行分区操作,分区的数目由 Reduce 的数目决定。对于本例,Reduce 数目为 2 个,那么分区数就是 2,然后对于每个分区,后台线程还会按照键值对需要写出的数据进行排序,如果配置了 combine 函数,还会进行 combine 操作,以使得更少的数据被写入磁盘并发送给 Reduce。

每次的分隔操作都会生成一个分隔文件,全部的 Map 输出完成后,可能会有很多的分隔文件,因此在 Map 任务结束前,还要进行归并操作,这些溢写文件会归并成一个大的磁盘文件,然后通知相应的 Reduce 任务来领取属于自己处理的数据。

至此,Map 阶段的所有工作都已结束,最终生成的文件也会存放在 NodeManager(YARN 的组件,在 Hadoop 3. x 中代替了 TaskTracker 执行任务)能访问的某个本地目录内。每个 Reduce 任务不断地从 ApplicationMaster(在 Hadoop 3. x 中取代了 JobTracker 作为应用程序执行管理器)那里获取 Map 任务是否完成的信息,如果 Reduce 任务得到通知,获知某台 NodeManager 上的 Map 任务执行完成,Shuffle 的后半段过程,也就是 Reduce 阶段的 Shuffle,便开始启动。

(2) Reduce 阶段的 Shuffle。

Shuffle 在 Reduce 阶段可以分为 3 个阶段:复制 Map 输出、归并阶段和 Reduce 任务处理,如图 5-10 所示。

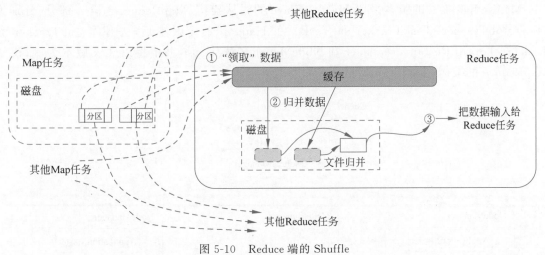

图 5-10　Reduce 端的 Shuffle

① 复制 Map 输出。如上文所述,Map 任务完成后,会通知 ApplicationMaster,然后 ApplicationMaster 会进一步通知 ResourceManager(YARN 的组件,在 Hadoop 3. x 中代替了 JobTracker 作为资源管理器)。这些通知会通过心跳机制完成。对于 Job 来说, ResourceManager 记录了 Map 输出和 NodeManager 的映射关系。同时 Reduce 也会定期向 Application Master 获取 Map 是否输出以及输出位置的信息,一旦拿到输出位置,Reduce 任务就会启动复制线程,通过 HTTP 方式请求 Map 任务所在的 NodeManager 获取其输出文件。因为 Map 任务早已结束,这些文件就被 NodeManager 存储在 Map 任务所在的本地磁盘中。

② 归并阶段。此处的归并和 Map 阶段的归并类似。复制过来的数据会首先放入内存缓冲区中,这里的内存缓冲区大小比 Map 阶段要灵活很多,它基于 JVM 的 heap size 设置,由于 Shuffle 阶段 Reduce 任务并不运行,绝大部分内存应该给 Shuffle 使用;同时此 Shuffle 的归并阶段根据要处理的数据量不同,也可能会有分隔到磁盘的过程,如果设置了 Combine 函数,

Combine 操作也会进行。

从 Map 阶段的 Shuffle 过程到 Reduce 阶段的 Shuffle 过程,都提到了归并,那么归并究竟是怎样的呢? 如本文的例子,Map Task 1 对于 offline 键的值为 2,而 Map Task 2 的 offline 键值为 1,那么归并就是将 offline 的键值归并为 group,本例即为< offline,{2,1}>。

③ Reduce 任务处理。不断归并后,最后会生成一个最终结果(可能在内存,也可能在磁盘)。至此 Reduce 任务的输入准备完毕,下一步就是真正的 Reduce 操作。

5. Reduce 阶段

经过 Map 和 Reduce 阶段的 Shuffle 过程后,Reduce 任务的输入终于准备完毕,相关的数据已经被归并和汇总,Reduce 任务只需调用 Reduce 函数即可。对于本例来说,就是对每个键调用 sum 逻辑合并 value 并输出到 HDFS 即可。例如,对于 Reduce 任务的 offline 的键,只需将集合{2,1}相加,输出 offline 3 即可。

至此,整个 MapReduce 的详细流程和原理介绍完毕,从上述整个过程可以看出,Shuffle 是整个流程最为核心的部分,也是最为复杂的部分,当然也是 MapReduce 魔力发生的地方。理解 MapReduce 的关键就是理解 Shuffle 过程。

5.3.3 MapReduce 基本架构

MapReduce 1.x 的版本采用 Master/Slave 的主从架构,MapReduce 包含 4 部分,分别为 Client、JobTracker、TaskTracker 和 Task。在 Hadoop 2.x 版本后,去掉了 JobTracker 和 TaskTracker,用 ResourceManager 和 NodeManager 替代。本书中将以 3.x 版本为例,讲解 MapReduce 的架构,如图 5-11 所示。

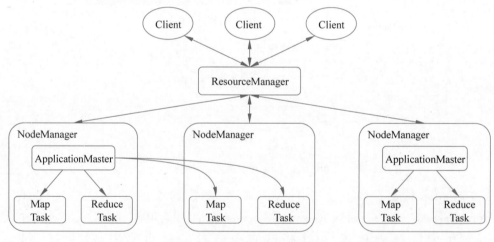

图 5-11 MapReduce 的架构

1. Client

在 Hadoop 3.x 中,每个 Job 仍然由 Client 提交,但是现在 Client 将应用程序以及配置参数打包为 jar 文件并存储在 HDFS 中。然后,Client 通过 ResourceManager(取代了 JobTracker)来提交作业。ResourceManager 是一个全局的资源管理器,负责整个集群的资源监控和作业调度。

2. ResourceManager

ResourceManager 取代了 Hadoop 1.x 版本中的 JobTracker,负责资源监控和作业调度。它监控所有 NodeManager(取代了 TaskTracker)和作业的健康状况,一旦发现失败,就会将相应的任务转移到其他节点。ResourceManager 会跟踪任务的执行进度、资源使用量等信息,并将这些信息提供给任务调度器。

3. NodeManager

NodeManager 取代了 Hadoop 1.x 版本中的 TaskTracker。它运行在集群中的每个节点上,负责管理本节点上的资源和任务执行。NodeManager 会周期性地通过心跳机制将本节点上资源的使用情况和任务的运行进度汇报给 ResourceManager。同时,它接收 ResourceManager 发送过来的命令并执行相应的操作(如启动新任务、杀死任务等)。

4. Task

Task 仍然分为 Map Task 和 Reduce Task 两种,它们由 ApplicationMaster 启动。在 HDFS 中,数据以固定大小的块为基本单位存储,而在 MapReduce 任务处理过程中,数据被划分为数据分片。Map Task 负责处理输入数据的分片,将其转换为键值对,然后将结果传递给 ApplicationMaster。Reduce Task 负责处理 Map Task 的输出结果,并生成最终的输出。任务的分发、跟踪和执行等工作由 ApplicationMaster、ResourceManager 和 NodeManager 共同协调完成。

用户提交一个应用程序时,ResourceManager 为该应用程序分配一个 ApplicationMaster。ApplicationMaster 运行在集群中的一个计算节点上,并负责向 ResourceManager 请求所需的资源,例如内存和CPU。一旦 ApplicationMaster 获得了所需资源,它就负责协调应用程序中的各任务的执行。具体而言,ApplicationMaster 会与 ResourceManager 交互,以获取合适的计算节点来执行 Map Task 和 Reduce Task,并确保任务在节点上成功运行。同时,ApplicationMaster 会监控任务的执行进度和健康状态,并将相关信息汇报给 ResourceManager。这样,ResourceManager 可以根据任务的执行情况进行动态的资源分配和作业调度,以实现集群资源的最优利用。

综上所述,HDFS 和 MapReduce 仍然共同组成了 Hadoop 分布式集群的核心。HDFS 提供了分布式文件系统的支持,而 MapReduce 实现了分布式计算和任务处理。HDFS 在 MapReduce 任务处理过程中提供了对文件操作和存储等的支持,而 MapReduce 在 HDFS 基础上实现了任务的分发、跟踪和执行等工作,两者相互作用,完成了 Hadoop 分布式集群的主要任务。Hadoop 3.x 版本通过引入 ResourceManager 和 NodeManager 的改进,提高了集群的稳定性和扩展性。

5.3.4 MapReduce 任务提交详解

对于用户提交的任务,Hadoop 是如何调度并执行的呢?

从 Hadoop 3.x 的架构可以看出,Hadoop 作业的执行主要由 ResourceManager、NodeManager 和 ApplicationMaster 负责完成。

客户端编写好的 Hadoop 作业是一个 Job,Job 被提交给 ResourceManager 后,ResourceManager 会为该 Job 分配一个全局唯一的 Application ID,并且创建一个 ApplicationMaster 来管理该作业的执行。接着,ResourceManager 检查该 Job 指定的输出目录是否存在、输入文件是否存在,如果不存在,则抛出错误。同时,ResourceManager 会根据输入文件计算输入分片。这些检查通过后,ResourceManager 会为 Job 配置所需的资源,并分配 NodeManager 来运行 ApplicationMaster。

ApplicationMaster 运行在集群中的某个计算节点上,负责与 ResourceManager 交互请求资源,并与 NodeManager 协调任务的执行。一旦 ApplicationMaster 获得了所需资源,它就会协调应用程序中的各任务的执行。具体而言,ApplicationMaster 会与 ResourceManager 交互,以获取合适的计算节点来执行 Map Task 和 Reduce Task,并监控任务的执行进度和健康状态。

Job 被分配到 NodeManager 上的计算节点后,ApplicationMaster 会向该节点的 NodeManager 发送任务启动请求,即启动 Map Task 和 Reduce Task。NodeManager 接收到启动请求后,在本节点上执行 Map Task 和 Reduce Task。

作业调度器通过心跳机制监控 ApplicationMaster 和 NodeManager 的状态和进度,并计算出整个 Job 的状态和进度。当 Job 的所有任务都成功完成时,ApplicationMaster 会通知 ResourceManager,ResourceManager 将整个 Job 状态置为成功。当查询 Job 运行状态时(注意,这是一个异步操作),客户端会获得 Job 完成的通知。如果 Job 中途失败,MapReduce 也会有相应的机制处理。一般情况下,如果不是程序本身存在缺陷(bug),MapReduce 的错误处理机制能够保证提交的 Job 能正常完成。

5.4 MapReduce 应用案例

如同在学习一门编程语言时总是会以 HelloWorld 输出作为第一个入门案例,在大数据计算框架的学习中,往往会采用 WordCount 案例作为第一个编程实例,因为 WordCount 案例既兼顾了数据对磁盘的压力,又兼顾了单词排序时对内存的压力,最后以统计时间作为性能评判标准。从需求而言又相对简单易懂,对于大数据计算框架初学者而言是一个相对合适的案例。下面将对这个案例进行分析和实现。

5.4.1 文本分词统计

1. 需求分析

WordCount 需求和其单词直译表述一致,即单词统计。具体需求为:给定一个全部由单词组成的文件,统计文件中每个单词出现的次数。

对于单纯的单词统计而言,相信掌握基本编程语言的读者都可以轻易实现。通用的实现思路是:将文件进行全局排序,使所有的单词按一定顺序排好,相同单词在一起。随后进行遍历,逐个取出其中的每个单词,对于重复单词而言,计数器加一;当出现不同单词时,将上一个单词和计数器的数字输出,然后计数器清零,开始统计下一个单词出现的次数,直到所有单词统计完成为止。

使用上述步骤进行编码的开发,任何一门语言都是可以实现 WordCount 需求的,但是在大数据的需求场景之下,却会发现很明显的问题。因为上述实现思路的第一步是全局排序,而计算机基础知识告诉我们,排序只能发生在内存当中,因此内存的大小决定了以此设计思路进行编码开发时所能统计的单词文件总大小。

在现实企业环境中,每天的增量数据往往是以 TB 计的,而企业全量数据更是 PB(拍字节)甚至 EB(艾字节)级的数量级,未来还可能更多,因而数据的增长必定超过单服务器内存的增长,且现在企业服务器也多是 GB(吉字节)级内存。

不难看出,就最简单的单词统计需求来说,在不考虑数据量的情况下,实现是很简单的,但是当数据量超过单台服务器内存极限时,曾经的实现方式又无法采用任何编程语言完成了。也就是说,针对大数据的场景时,需要重新思考一种全新的编程模型与实现思路,这就是本章重点介绍的 MapReduce。

2. 实现思路

该案例的整体设计思路仍然是排序、遍历、输出这样一个过程,而需要变化的是"分而治之"这样设计思想的一个引入。具体来说,基于分布式文件存储 HDFS,可以针对每个块进行单独排序,随后将局部完成排序的若干小文件 a1～an,按照单词顺序,归并排序到一个新的文件 b,而此时文件 b 则是一个全局排序完成的文件了,再将文件 b 进行遍历,输出累加值即可。

上述排序的小文件 a1～an 的处理过程,在 MapReduce 编程模型中被称为 Map 阶段;文件 b 的处理过程,在 MapReduce 编程模型中被称为 Reduce 阶段。

3. 案例实现

MapReduce 程序开发涉及在 Windows 本地环境中进行开发和测试,然后将项目打包在分布式集群环境中运行,以保证开发的高效性。因此,首先需要准备 Windows 基础环境并在该环境下完成功能测试。在开发过程中,一般会使用 Maven 工程来管理依赖,并针对 Map 和 Reduce 核心代码编写相应的模块。整个开发过程需要遵循 MapReduce 框架的设计规范,将数据处理逻辑分解成 Map、Reduce 和 Driver 3 个模块,以实现分布式计算和数据处理的目标。

1) 环境准备

(1) 检查 Windows 环境是否正常,具体详情可回顾 4.3 节内容。

(2) 针对 Maven 工程导入如下 pom 文件依赖。

```xml
< dependencies >
    < dependency >
        < groupId > junit </groupId >
        < artifactId > junit </artifactId >
        < version > RELEASE </version >
    </dependency >
    < dependency >
        < groupId > org. apache. logging. log4j </groupId >
        < artifactId > log4j - core </artifactId >
        < version > 2.8.2 </version >
    </dependency >
    < dependency >
        < groupId > org. apache. hadoop </groupId >
        < artifactId > hadoop - common </artifactId >
        < version > 3.3.6 </version >
        < exclusions >
            < exclusion >
                < groupId > org. slf4j </groupId >
                < artifactId > slf4j - log4j12 </artifactId >
            </exclusion >
        </exclusions >
    </dependency >
    < dependency >
        < groupId > org. apache. hadoop </groupId >
        < artifactId > hadoop - client </artifactId >
        < version > 3.3.6 </version >
    </dependency >
    < dependency >
        < groupId > org. apache. hadoop </groupId >
        < artifactId > hadoop - hdfs </artifactId >
        < version > 3.3.6 </version >
    </dependency >
```

```
< dependency >
    < groupId > jdk.tools </ groupId >
    < artifactId > jdk.tools </ artifactId >
    < version > 1.8 </ version >
    < scope > system </ scope >
    < systemPath > ${JAVA_HOME}/lib/tools.jar </ systemPath >
</ dependency >
</ dependencies >
```

2）核心代码

MapReduce 基础核心代码分为 Map、Reduce 和 Driver 3 个模块。下面逐一对每个模块进行详细介绍。

（1）Map 阶段。

```
import org.apache.hadoop.io.IntWritable;
import org.apache.hadoop.io.LongWritable;
import org.apache.hadoop.io.Text;
import org.apache.hadoop.mapreduce.Mapper;
import java.io.IOException;
public class WordCountMap extends Mapper < LongWritable, Text, Text, IntWritable > {
    private final Text text = new Text();
    private final IntWritable one = new IntWritable(1);
    @Override
    protected void map (LongWritable key, Text value, Context context) throws IOException,
InterruptedException {
        String line = value.toString();
        String[] words = line.split(" ");
        for (String word : words) {
            text.set(word);
            context.write(text, one);
        }
    }
}
```

首先需要明确的是，MapReduce 不是某个编程语言，而是一种分布式并行计算框架。简单来说，MapReduce 提供了一套大数据分布式处理的标准模板。这个模板中预先实现了许多功能，例如分布式计算、排序和迭代计算等。然而，框架设计者无法预先了解用户需求的多样性与独特性。同样，对于框架的使用者，完全手动实现诸如分布式计算等功能将失去使用框架的意义。因此，MapReduce 框架提前提取了大数据处理中的公共逻辑部分，并留出足够的开放接口供使用者按照规范进行自定义实现。

回到 Map 部分的代码，类定义中的继承语句也就不难理解了。

```
public class WordCountMap extends Mapper < LongWritable, Text, Text, IntWritable >
```

在使用 MapReduce 设计者预先定义的模板和功能时，需要通过类继承来继承之前定义的功能，其中 Mapper 类就是其中之一。

紧接着是 4 个泛型参数，它们分别代表 Map 阶段的输入 key 的类型、输入 value 的类型、输出 key 的类型和输出 value 的类型。根据前面对 MapReduce 编程模型的介绍，可以了解到 MapReduce 的处理过程都是以键值对的形式存在的。因此，在 Map 阶段进行数据读取时，MapReduce 就已经开始使用键值对的方式接收数据了。具体形式的键值对如何进行接收将在下面详细介绍。最后需要注意的是,此处的泛型类型都是一些复杂的序列化包装类,关于包装类与普通数据类型的关系如表 5-1 所示。

表 5-1　Java 普通数据类型与 Hadoop 包装类的对应关系

Java 类型	Hadoop Writable 类型	Java 类型	Hadoop Writable 类型
Boolean	BooleanWritable	Double	DoubleWritable
Byte	ByteWritable	String	Text
Int	IntWritable	Map	MapWritable
Float	FloatWritable	Array	ArrayWritable
Long	LongWritable		

所谓序列化,就是把内存中的对象转换为字节序列或其他数据传输协议,以便于存储到磁盘或进行网络传输。在大数据处理中,通常需要将数据持久化保存,或者将数据发送到远程计算机进行后续的计算。序列化是实现这些需求的关键。

一般来说,可计算和排序的数据只存在于内存中,一旦关机或断电,数据将会丢失。此外,这样的数据只能由本地的进程使用,不能被发送到网络上的其他计算机。然而,序列化技术可以存储这样的可计算数据,并且可以将它们发送到远程计算机进行后续的计算。

Java 本身提供了一种序列化对象类型,即 Serializable 接口,但它是一个重量级序列化框架。序列化后的对象附带许多额外的信息,例如校验信息、Header(序列化对象的头部信息)和继承体系,这不利于在网络中高效传输数据。为了解决这个问题,Hadoop 自己开发了一套序列化机制,即 Writable 接口。

在 MapReduce 中,"Text text = new Text();"和"IntWritable one = new IntWritable(1);"这两句代码是对 Map 阶段输出数据的定义。根据继承类的泛型,可以知道 Map 阶段所需要输出的是 Text 类型和 IntWritable 类型。由于这些都是复杂对象类型,因此需要通过构造函数进行对象的创建和初始化。

在 Mapper 类中,map 方法是继承自 Mapper 类的方法。该方法在底层已经实现了一些功能。在默认情况下,MapReduce 按行读取数据,一次读取一行数据,因此 Map 阶段的输入 key 是每行数据的下标索引,而输入 value 是每行的具体内容。

在 Map 阶段的 map 方法中,"String line = value.toString();"用于将 Text 类型的输入 value 转换为 Java 的 String 类型进行操作。"String[] words = line.split(" ");"将一行内容按空格进行拆分,得到一个包含每个单词的 String 数组 words,这将用于后续的单词统计。

接下来,使用增强 for 循环遍历 words 数组,取出其中的每个单词。然后,将每个单词设置到之前定义的 Text 类型的 text 中,并将 text 和预先初始化为 1 的 IntWritable 类型的 one 写入 context(上下文)中。Map 阶段会调用这个方法多次,每次都处理一行数据,并将单词作为 key、1 作为 value 写入 context 中。

需要明确的是,由于 MapReduce 是基于 Hadoop 框架的核心组成部分之一,Map 阶段的执行是按照分布式并行处理的逻辑进行运算。每个 Map 任务针对不同的 HDFS 块进行分布式并行处理,而不是全局键值对映射。在 Map 阶段完成后,数据已经以(单词,1)的形式映射,为后续的 Reduce 阶段做好了准备,Reduce 阶段将只需要对相同 key 的数据进行 value 值的累加即可完成单词统计的需求。

(2)Reduce 阶段。

通过前面对 MapReduce 编程模型的介绍,已经知道 Map 阶段主要将数据转换为键值对的映射,而 Reduce 阶段主要用于迭代计算。在本次需求中,Map 将文本数据映射成了单词和

1 的键值对,而 Reduce 对每个键值对进行遍历,那么排序在哪里执行呢? 如果没有排序,Reduce 的遍历将会是无序的。

实际上,MapReduce 作为大数据计算框架,在默认情况下已经提供了默认的排序方式,即按照键值对中 key 的字典序进行全局排序。这个排序过程同样是分布式进行的。在每个块所在的节点完成键值对映射后,借助节点内存完成局部排序。一个块的大小默认为 128MB,因此服务器可以承受并快速完成局部排序。

完成每个块节点的局部排序后,再使用归并排序的方式,逐一取出每个节点的数据,按照相同 key 在一起的顺序发送到需要进行 Reduce 计算的节点,保持每个节点局部排序的顺序,以此完成在 Reduce 节点的全局排序。

因此,到达 Reduce 节点的数据已经是一个完成了全局排序的数据。这个排序过程发生在 Map 阶段之后和 Reduce 阶段之前,并由 MapReduce 框架自动完成。当然,未来在学习 MapReduce 高阶内容时,会详细介绍如何控制排序方式,以及自定义更多的排序条件。但在本次需求中,可以信赖 MapReduce 框架默认的全局排序,以便正确执行 Reduce 阶段的逻辑。

当明确了 Map 阶段和 Reduce 阶段发生的事情后,再来看一下 Reduce 阶段的代码。

```java
import org.apache.hadoop.io.IntWritable;
import org.apache.hadoop.io.Text;
import org.apache.hadoop.mapreduce.Reducer;
import java.io.IOException;
public class WordCountReduce extends Reducer<Text, IntWritable, Text, IntWritable> {
    private IntWritable result = new IntWritable();
    @Override
    protected void reduce(Text key, Iterable<IntWritable> values, Context context) throws
IOException, InterruptedException {
        int sum = 0;
        for (IntWritable value : values) {
            sum += value.get();
        }
        result.set(sum);
        context.write(key, result);
    }
}
public class WordCountReduce extends Reducer<Text, IntWritable,Text,IntWritable>
```

在 Reduce 阶段中,与 Map 阶段类似,Reduce 阶段的类也继承自 MapReduce 框架的 Reducer 类,用于调用针对分布式处理的方法。Reducer 类有 4 个泛型参数,其作用与 Map 阶段的泛型相同。这 4 个泛型分别表示 Reduce 阶段的输入 key 类型、输入 value 类型、输出 key 类型和输出 value 类型,并且同样需要遵循 Hadoop 的序列化类型规范。

需要注意的是,Reduce 阶段的输入 key 和 value 的类型总是与 Map 阶段的输出 key 和 value 类型一致。这是因为 Map 阶段的输出数据是为 Reduce 阶段的输入做准备的。尽管在 MapReduce 框架中会为用户执行排序等操作,但基本数据格式保持不变。Map 阶段的输出格式决定了 Reduce 阶段的输入格式。对于当前的单词统计需求,Map 阶段将数据映射成了 (key:单词,value:1) 这样的 Text 和 IntWritable 类型作为输出,因此 Reduce 阶段的输入数据格式也是相同类型。

最终的目标是统计每个单词出现的次数,因此 Reduce 阶段的输出类型也是 Text 和 IntWritable,用于保存单词和对应的统计次数。

```
private IntWritable result = new IntWritable();
```

在 Reduce 阶段的代码中,首先定义了一个 IntWritable 类型的变量 result,用于存储每个单词的统计总数。这个变量将被放入 context 中,因此必须是 Hadoop 的序列化类型。由于 reduce 方法会被框架循环执行,为了避免不断地创建新的变量,result 在 reduce 方法外部进行定义,以节省资源并提高效率。

```
protected void reduce(Text key, Iterable < IntWritable > values, Context context)
```

reduce 方法是继承自 Reducer 类的,和 Mapper 类中的 map 方法类似,reduce 方法在底层已经实现了一些功能。reduce 方法的输入数据来自 Map 阶段的输出数据。在 Map 阶段,输出数据是一组以相同单词为 key、1 为 value 的数据,但在 reduce 方法中,这些数据被组织成一个 Iterable 类型的迭代器。这是因为 MapReduce 框架在完成全局排序后,将相同 key 的 value 数据放入同一个迭代器中,每个 reduce 方法将处理一个 key 及其对应的所有 value。因此,reduce 方法会按照不同的 key 进行循环执行,对每个 key 的 value 进行迭代计算。

reduce 方法的第三个参数 context 是整个 MapReduce 框架的数据主线,用户需要将计算得到的数据填入其中,并遵循 Reducer 类所定义的后两个泛型数据类型。

```
int sum = 0;
```

为了进行累加计算,首先在 reduce 方法内部定义一个名为 sum 的变量,用于计算每个 key 的总数。由于每次 reduce 方法重新执行时,都需要将 sum 变量清零,它被定义为基本数据类型 int,不需要考虑内存占用问题。

```
for(IntWritable value: values){
sum = sum + value.get();
}
```

通过增强 for 循环遍历迭代器对象 values,取出 values 中的每一个值。对于当前需求,values 实际上是一系列的 1,将这些值累加到 sum 变量中,得到了当前 key 出现的总次数,即当前单词的统计次数。

```
result.set(sum);
context.write(key,result);
```

将 sum 的值赋给 IntWritable 类型的变量 result,因为 sum 是基本数据类型,无法直接传输给 context。然后将 result 作为一个完整的键值对,与当前 key 一起放入 context 中,完成对当前单词的统计工作。随后,框架会不断循环调用 reduce 方法,实现对所有键值对的迭代计算,从而得到每个单词的出现次数。

（3）Driver 阶段。

在定义好 Map 阶段和 Reduce 阶段后,还需要用户设置当前任务的主程序。也就是说,用户需要显示地声明使用哪一个 Map 和使用哪一个 Reduce,包括任务名称、程序的输入输出目录等,都需要在此处定义。MapReduce 作为一个计算框架,本身是拥有许多默认设置的,但也有一些设置需要用户显式地进行声明,这些声明都在 Driver 类中进行。

```
import org.apache.hadoop.conf.Configuration;
import org.apache.hadoop.fs.Path;
```

```
import org.apache.hadoop.io.IntWritable;
import org.apache.hadoop.io.Text;
import org.apache.hadoop.mapreduce.Job;
import org.apache.hadoop.mapreduce.lib.input.FileInputFormat;
import org.apache.hadoop.mapreduce.lib.output.FileOutputFormat;
import java.io.IOException;
public class WordCountDriver {
    public static void main(String[] args) throws IOException, ClassNotFoundException,
InterruptedException {
        //创建任务
        Configuration conf = new Configuration();
        Job job = Job.getInstance(conf);
        //设置任务名字
        job.setJobName("MyWordCount");
        //设置主类名字
        job.setJarByClass(WordCountDriver.class);
        //设置 Map 类
        job.setMapperClass(WordCountMap.class);
        //设置 Reduce 类
        job.setReducerClass(WordCountReduce.class);
        //设置 Map 阶段输出的 key 的数据类型
        job.setMapOutputKeyClass(Text.class);
        //设置 Map 阶段输出的 value 的数据类型
        job.setMapOutputValueClass(IntWritable.class);
        //设置 Reduce 的输出的 key 数据类型
        job.setOutputKeyClass(Text.class);
        //设置 Reduce 阶段的输出 value 数据类型
        job.setOutputValueClass(IntWritable.class);
        //设置程序的输入目录和输出目录
        //本地运行时,直接指定桌面上的 output 文件夹作为输出路径
        FileInputFormat.setInputPaths(job, new Path("file:///C:/Users/< username >/Desktop/
word.txt"));
        FileOutputFormat.setOutputPath(job, new Path("file:///C:/Users/< username >/Desktop/
output"));
        //执行任务并等待完成
        boolean success = job.waitForCompletion(true);
        System.exit(success ? 0 : 1);
    }
}
```

代码本身对许多内容做出了说明,此处不一一赘述。仅对其中需要特别强调和注意的部分做出说明和解释。

```
FileInputFormat.setInputPaths(job, new Path("file:///C:/Users/< username >/Desktop/word.txt"));
FileOutputFormat.setOutputPath(job, new Path("file:///C:/Users/< username >/Desktop/output"));
```

此处采用给定的参数设置输入和输出路径,也可以改为接收外部参数的方式。输入文件代表任务需要统计单词的文件,输出目录代表任务需要将统计结果输出到什么位置。

4. 案例测试

在上述的 WordCountDriver 代码中,已经设置了 MapReduce 任务的输入路径为桌面上的 word.txt 文件,并将输出结果保存在桌面上的 output 文件夹中。现在来测试验证这个任务是否能够正确地统计 word.txt 文件中每个单词出现的次数。

首先,将 word.txt 文件的内容保存到桌面上,文件中的内容如下所示。

```
hadoop hdfshdfs hbase spark flink mepreduce
hdfs hadoop flink hive hive spark
habse flink flink hdfs hbase spark flink
hdfs hbase spark flink hdfs hbase spark flink
hdfs hbase spark flink
hdfs hbase spark flink hdfs hbase spark flink
hdfs hbase spark flink hdfs hbase spark flink hdfs hbase spark flink
```

接下来,编译并运行 WordCountDriver 类。MapReduce 任务将会执行,读取 word.txt 文件并进行单词统计,结果将保存在桌面上的 output 文件夹中。

然后,查看输出结果。打开桌面上的 output 文件夹,将会看到生成的输出文件(通常是 part-r-00000)。该文件中包含了每个单词及其对应的出现次数。结果如图 5-12 所示。

输出结果显示了每个单词及其在 word.txt 中出现的次数。与预期的一致,这样就验证了 MapReduce 任务的正确性。

5. MapReduce 编程规范

用户编写的 MapReduce 程序分成 3 部分:Mapper、Reducer 和 Driver。

```
flink        13
habse         1
hadoop        2
hbase        10
hdfs         10
hdfshdfs      1
hive          2
mepreduce           1
spark        11
```

图 5-12 WordCount 案例的
输出文件

1) Mapper

(1) 用户自定义的 Mapper 要继承自己的父类。

(2) Mapper 的输入数据是键值对的形式,其中键值对的类型可自定义。

(3) Mapper 中的业务逻辑写在 map 方法中。

(4) Mapper 的输出数据是键值对的形式,其中键值对的类型可自定义。

(5) map 方法对每个输入的键值对调用一次,在默认情况下是一行数据调用一次。

2) Reducer

(1) 用户自定义的 Reducer 要继承 MapReduce 的 Reducer 父类。

(2) Reducer 的输入数据类型对应 Mapper 的输出数据类型,也是一个键值对。

(3) Reducer 的业务逻辑写在 reduce 方法中。

(4) ReduceTask 进程对每一组相同 key 的键值对组调用一次 reduce 方法。

3) Driver

Driver 相当于 YARN 集群的客户端,用于提交用户整个程序到 YARN 集群,提交的是封装了 MapReduce 程序相关运行参数的 job 对象。

5.4.2 海量数据排序

排序是 MapReduce 框架中最重要的操作之一。Map 任务和 Reduce 任务均会对数据按照 key 进行排序。默认排序是按照字典顺序排序,实现该排序的方法是快速排序。

对于 Map 任务,它会将处理的结果暂时放到一个缓冲区中,当缓冲区使用率达到一定阈值后,再对缓冲区中的数据进行一次排序,并将这些有序数据写到磁盘上,而当数据处理完毕后,它会对磁盘上所有文件进行一次合并,以将这些文件合并成一个大的有序文件。

对于 Reduce 任务,它从每个 Map 任务上远程复制相应的数据文件,如果文件大小超过一定阈值,则放到磁盘上,否则放到内存中。如果磁盘上文件数目达到给定阈值,则进行一次合并以生成一个更大文件;如果内存中文件大小或者数目超过一定阈值,则进行一次合并后将数据写到磁盘上。当所有数据复制完毕后,Reduce 任务统一对内存和磁盘上的所有数据进行一次归并排序。

将 MapReduce 中的排序做以下分类。

- 部分排序：MapReduce 根据输入记录的键对数据集排序，保证输出的每个文件内部有序。
- 全局排序：最终输出结果只有一个文件，且文件内部有序。实现方式是只设置一个 Reduce 任务。但该方法在处理大型文件时效率极低，因为一台机器处理所有文件，完全丧失了 MapReduce 所提供的并行架构。
- 分组排序：在 Reduce 端对 key 进行分组。在接收的 key 为 bean 对象时，想让一个或几个字段相同（全部字段比较不相同）的 key 进入同一个 reduce 方法时，可以采用分组排序。
- 二次排序：在自定义排序过程中，调用自定义对象 IntPair 的 compare 方法进行第二次排序。如果 compareTo 中的判断条件为两个即为二次排序。

1. 案例需求

现在有一份日志文件，里面包含了一部分用户访问网站的流量数据，字段分别为手机号、上行流量、下行流量、总流量。数据中，每个字段之间都用空格进行了分隔。

日志文件名为 phone_data.txt，数据如下：

```
13726230503 2481 24681 27162
13826544101 264 0 264
13926435656 131 1512 1643
13926251106 0 240 240
18211575961 527 2160 2687
84138413 4116 1432 5548
13560439658 1116 954 2070
15920133257 3156 2936 6092
13719199419 240 0 240
13660577991 6960 690 7650
15013685858 1938 3538 5476
15989002119 180 180 360
13560439658 918 4938 5856
13480253104 1938 2910 4848
13602846565 3008 3720 6728
13922314466 210 210 420
13502468823 2845 2430 5284
18320173382 9531 2410 11941
13925057413 7335 110349 117684
13760778710 2481 24681 27162
13560436666 1116 654 1770
13560436666 1720 2420 4140
```

要求根据手机号的总流量进行倒序排序，以此为依据获取当前活跃用户。

2. 原理分析

Writable 是 Hadoop 的序列化格式，Hadoop 定义了这样一个 Writable 接口. 一个类要支持可序列化只需实现这个接口即可。

另外，Writable 有一个子接口是 WritableComparable，WritableComparable 既可实现序列化，又可以对 key 进行比较，这里可以通过自定义 key 实现 WritableComparable 来实现排序功能。

自定义 bean 对象作为 key 传输，需要实现 WritableComparable 接口重写 compareTo 方法，就可以实现排序。

```
@Override
public int compareTo(FlowBean o) {
    int result;
    //按照总流量大小,倒序排列
    if (sumFlow > o.getSumFlow()) {
        result = -1;
    } else if (sumFlow < o.getSumFlow()) {
        result = 1;
    } else {
        result = 0;
    }
    return result;
}
```

MapReduce 框架中 Shuffle 阶段的排序是默认行为,不管是否需要都会进行排序把所有的字段封装成 bean 对象,并且指定 bean 对象作为 key 输出。

3. 案例实现

在 IDEA 中创建一个新的项目 mr-sort,项目的 pom 文件与前面 WordCount 案例一样。

(1) 自定义分区类。

```
import java.io.DataInput;
import java.io.DataOutput;
import java.io.IOException;
import org.apache.hadoop.io.WritableComparable;
public class FlowBean implements WritableComparable<FlowBean> {
    private long upFlow;        //上行流量
    private long downFlow;      //下行流量
    private long sumFlow;       //总流量
    public FlowBean() {
        super();
    }
    public FlowBean(long upFlow, long downFlow) {
        super();
        this.upFlow = upFlow;
        this.downFlow = downFlow;
        sumFlow = upFlow + downFlow;
    }
    //序列化
    @Override
    public void write(DataOutput out) throws IOException {
        out.writeLong(upFlow);
        out.writeLong(downFlow);
        out.writeLong(sumFlow);
    }
    //反序列化
    @Override
    public void readFields(DataInput in) throws IOException {
        upFlow = in.readLong();
        downFlow = in.readLong();
        sumFlow = in.readLong();
    }
    //比较
    @Override
    public int compareTo(FlowBean bean) {
```

```
            int result;
            //核心比较条件判断
            if (sumFlow > bean.getSumFlow()) {
                result = -1;
            } else if (sumFlow < bean.getSumFlow()) {
                result = 1;
            } else {
                result = 0;
            }
            return result;
        }
        public long getUpFlow() {
            return upFlow;
        }
        public void setUpFlow(long upFlow) {
            this.upFlow = upFlow;
        }
        public long getDownFlow() {
            return downFlow;
        }
        public void setDownFlow(long downFlow) {
            this.downFlow = downFlow;
        }
        public long getSumFlow() {
            return sumFlow;
        }
        public void setSumFlow(long sumFlow) {
            this.sumFlow = sumFlow;
        }
        @Override
        public String toString() {
            return upFlow + "\t" + downFlow + "\t" + sumFlow;
        }
    }
```

自定义分区 FlowBean 类实现了 WritableComparable 接口,包含 3 个属性,分别代表上行流量、下行流程、总流量。在 FlowBean 中重写了 compareTo 方法,按照总流量排倒序。compareTo 方法用于将当前对象与方法的参数进行比较。

- 如果指定的数与参数相等则返回 0。
- 如果指定的数小于参数则返回-1。
- 如果指定的数大于参数则返回 1。

(2) 编写 Mapper 类。

```
import java.io.IOException;
import org.apache.hadoop.io.LongWritable;
import org.apache.hadoop.io.Text;
import org.apache.hadoop.mapreduce.Mapper;
public class FlowCountSortMapper extends Mapper<LongWritable, Text, FlowBean, Text> {
    FlowBean bean = new FlowBean();
    Text v = new Text();
    @Override
     protected void map(LongWritable key, Text value, Context context) throws IOException,
    InterruptedException {
```

```
        //1.获取一行数据
        String line = value.toString();
        //2.分割字段
        String[] fields = line.split("\t");
        //3.封装对象
        String phoneNbr = fields[0];
        long upFlow = Long.parseLong(fields[1]);
        long downFlow = Long.parseLong(fields[2]);
        bean.setUpFlow(upFlow);
        bean.setDownFlow(downFlow);
        bean.setSumFlow(upFlow + downFlow);
        v.set(phoneNbr);
        //4.输出
        context.write(bean, v);
    }
}
```

map 方法中读取了日志文件中的数据，把流量数值赋值给 FlowBean 对象的属性，此时 Mapper 输出的 key 是记录流量数值的 FlowBean 对象，value 是这一行日志数据。默认按照 key 进行排序，即根据 FlowBean 中重写的 compareTo 方法，进行排序。

（3）编写 Reducer 类。

```
import java.io.IOException;
import org.apache.hadoop.io.Text;
import org.apache.hadoop.mapreduce.Reducer;
public class FlowCountSortReducer extends Reducer<FlowBean, Text, Text, FlowBean>{
    @Override
    protected void reduce(FlowBean key, Iterable<Text> values, Context context) throws
IOException, InterruptedException {
        //循环输出,避免总流量相同情况
        for (Text text : values) {
            context.write(text, key);
        }
    }
}
```

这个 Reducer 类用于处理 MapReduce 过程中的排序结果。根据 FlowBean 对象的总流量 进行排序，将结果按照降序输出。在总流量相同的情况下，为了避免数据被覆盖，需要循环输 出相同总流量的结果。最终输出的键值对是< Text, FlowBean >，其中 Text 表示手机号码， FlowBean 表示对应的流量数据。

（4）编写 Driver 类。

```
import java.io.IOException;
import org.apache.hadoop.conf.Configuration;
import org.apache.hadoop.fs.Path;
import org.apache.hadoop.io.Text;
import org.apache.hadoop.mapreduce.Job;
import org.apache.hadoop.mapreduce.lib.input.FileInputFormat;
import org.apache.hadoop.mapreduce.lib.output.FileOutputFormat;
public class FlowCountSortDriver {
    public static void main(String[] args) throws ClassNotFoundException, IOException,
InterruptedException {
        //1.获取配置信息,或者 job 对象实例
```

```
Configuration configuration = new Configuration();
Job job = Job.getInstance(configuration);
//2.指定本程序的 jar 包所在的本地路径
job.setJarByClass(FlowCountSortDriver.class);
//3.指定本业务 job 要使用的 Mapper/Reducer 业务类
job.setMapperClass(FlowCountSortMapper.class);
job.setReducerClass(FlowCountSortReducer.class);
//4.指定 Mapper 输出数据的 key-value 类型
job.setMapOutputKeyClass(FlowBean.class);
job.setMapOutputValueClass(Text.class);
//5.指定最终输出的数据的 key-value 类型
job.setOutputKeyClass(Text.class);
job.setOutputValueClass(FlowBean.class);
//6.指定 job 的输入原始文件所在路径
FileInputFormat.setInputPaths(job, new Path("C:/Users/YourUsername/Desktop/phone_data.
txt"));
FileOutputFormat.setOutputPath(job, new Path("C:/Users/YourUsername/Desktop/output2"));
//7.将 job 中配置的相关参数,以及 job 所用的 Java 类所在的 jar 包,提交给 YARN 去运行
boolean result = job.waitForCompletion(true);
System.exit(result ? 0 : 1);
    }
}
```

这个代码是驱动程序,用于配置和提交 MapReduce 任务,并将 MapReduce 任务的输出结果保存在指定的输出路径。

4. 案例测试

在上述的 FlowCountSortDriver 代码中,已经设置了 MapReduce 任务的输入路径为桌面上的 phone_data.txt 文件,并将输出结果保存在桌面上的 output2 文件夹中。现在来测试验证这个任务是否能够对输入的流量数据进行排序。

13925057413	7335	110349	117684
13760778710	2481	24681	27162
13726230503	2481	24681	27162
18320173382	9531	2410	11941
13660577991	6960	690	7650
13602846565	3008	3720	6728
15920133257	3156	2936	6092
13560439658	918	4938	5856
84138413	4116	1432	5548
15013685858	1938	3538	5476
13502468823	2845	2430	5275
13480253104	1938	2910	4848
13560436666	1720	2420	4140
18211575961	527	2160	2687
13560439658	1116	954	2070
13560436666	1116	654	1770
13926435656	131	1512	1643
13922314466	210	210	420
15989002119	180	180	360
13826544101	264	0	264
13719199419	240	0	240
13926251106	0	240	240

图 5-13 排序结果

接下来,编译并运行 FlowCountSortDriver 类。MapReduce 任务将会执行,读取 phone_data.txt 文件并进行自定义的排序,结果将保存在桌面上的 output2 文件夹中。

然后,查看输出结果。打开桌面上的 output2 文件夹,将会看到生成的输出文件 part-r-00000。结果如图 5-13 所示。

如图 5-13 所示,其中每一行包含一个手机号码和对应的上行流量与下行流量。手机号码将按照总流量大小从大到小排列,最大的总流量排在前面。至此,通过 MapReduce 完成了对输入的流量数据的排序和统计任务,方便后续分析和处理。

本章小结

在本章中,深入研究了分布式计算模型 MapReduce,该模型作为大数据处理领域的重要工具,在实践中展现出了强大的能力和广泛的应用。通过概述、工作原理、入门案例(WordCount)和进阶案例(排序),探索了 MapReduce 的核心概念、实现原理以及在实际场景中的应用。

MapReduce 作为一种强大的分布式计算框架,在处理大规模数据时表现出了显著的优

势。其简单易用的特点使得开发者可以更加专注于业务逻辑的实现,而无须过多关注底层的分布式计算细节。同时,MapReduce 的可扩展性也使得其能够轻松应对不断增长的数据规模,为大数据处理提供了可靠的解决方案。

通过本章的学习,读者可以了解到 MapReduce 是如何通过将任务分解成 Map 阶段和 Reduce 阶段,并通过中间结果的分区和合并来实现数据的并行处理和计算的。此外,还通过实际案例展示了 MapReduce 在不同场景下的应用,包括简单的数据统计和复杂的数据排序,为读者提供了丰富的编程实践经验。

随着大数据技术的不断发展和完善,MapReduce 作为其中的重要组成部分将继续在各领域发挥重要作用。从互联网企业到金融、医疗、电商等各行业,MapReduce 都有着广泛的应用场景,为数据处理和分析提供了强大的支持。同时,随着人工智能、机器学习等技术的不断成熟,MapReduce 也将与这些新兴技术相结合,为数据驱动的创新和发展注入新的动力。

在未来,可以通过不断学习和实践,更好地利用 MapReduce 等工具,应对日益增长的数据挑战,推动数据处理和分析的进步。同时,也需要关注 MapReduce 在实际应用中可能遇到的挑战和限制,不断优化和改进其性能和功能,以满足不断变化的数据处理需求。

综上所述,MapReduce 作为分布式计算领域的重要技术,将在未来继续发挥着重要作用,为大数据处理和分析提供了可靠的解决方案,推动数据驱动的创新和发展。

课后习题

1. 单选题

(1) MapReduce 是由(　　)公司首先提出并实现的。

    A. Apache Software Foundation　　　B. Google

    C. IBM　　　　　　　　　　　　　　D. Microsoft

(2) Hadoop MapReduce 运行在(　　)上。

    A. GFS　　　　　B. HDFS　　　　　C. NTFS　　　　　D. FAT32

(3) Hadoop 2.0 引入了(　　)新技术来取代旧版的 MapReduce 作业调度器。

    A. YARN　　　　B. HBase　　　　　C. Spark　　　　　D. Flink

(4) MapReduce 模型中的 Map 阶段的主要作用是(　　)。

    A. 对数据进行全局汇总

    B. 将复杂的任务分解为若干简单的任务

    C. 合并中间结果

    D. 排序数据

(5) 在 MapReduce 中,Shuffle 阶段的主要作用是(　　)。

    A. 将数据从 Map 任务传输到 Reduce 任务

    B. 对数据进行预处理

    C. 对数据进行安全加密

    D. 将数据存储到磁盘

(6) MapReduce 的优点不包括(　　)。

    A. 易于编程　　　　　　　　　　　B. 具有良好的扩展性

    C. 适合实时计算　　　　　　　　　D. 具有高容错性

（7）在 MapReduce 的（　　）可以实现对数据的迭代计算。

A. Map 阶段　　　　B. Shuffle 阶段　　　C. Reduce 阶段　　　D. Cleanup 阶段

（8）Hadoop 生态系统中，（　　）组件是用来进行实时数据管道和流处理应用程序的。

A. Sqoop　　　　　B. Flume　　　　　C. Kafka　　　　　D. Hive

（9）在 MapReduce 任务执行过程中，负责全局资源管理和作业调度的组件是（　　）。

A. ApplicationMaster　　　　　　　B. ResourceManager

C. NodeManager　　　　　　　　　D. TaskTracker

（10）MapReduce 中的合并是在（　　）阶段使用的。

A. Map　　　　　　B. Shuffle　　　　　C. Reduce　　　　　D. Cleanup

2. 思考题

（1）MapReduce 模型为什么在大数据处理中得到广泛应用？

（2）在 MapReduce 任务中，为什么需要进行 Shuffle 阶段？

第 **6** 章

分布式协调服务ZooKeeper

在分布式系统中，常常面临着如何保证数据一致性、实现高可用性、处理并发访问等挑战。这些问题的解决在很大程度上取决于一个可靠且高效的协调服务，本章就带领大家探索分布式系统中这个不可或缺的关键组件——ZooKeeper。

本章将深入研究 ZooKeeper 的核心原理和特性。首先要了解 ZooKeeper 的基本概念和 ZAB 协议，理解数据模型、节点类型和 Znode 的特点，深入探讨其监视与通知机制、选举机制和工作过程；之后深入分析 ZooKeeper 是如何解决分布式系统中的各种共识、协调和管理问题的，涉及各种应用场景，如分布式配置管理、命名服务、领导者选举、分布式锁和分布式队列。最后学习如何搭建和配置 ZooKeeper 集群，并通过其 API 来利用 ZooKeeper 构建可靠的分布式系统。

掌握 ZooKeeper 对于构建稳健、高性能的分布式系统是至关重要的。本章内容帮助用户在分布式系统的设计和实现中灵活运用 ZooKeeper，从而克服分布式系统所面临的挑战，构建出卓越的应用。让我们一同踏上学习 ZooKeeper 的旅程吧！

6.1　问题导入

在分布式系统中，协调和管理多个节点之间的协作是一个关键挑战。传统的单点系统在处理多个节点的通信、同步和协调时往往力不从心，无法满足现代分布式应用的需求。因此，需要一种可靠且高效的分布式协调服务来解决这一问题。ZooKeeper 应运而生，成为解决分布式系统协调问题的首选工具。

然而，随着分布式系统的复杂性和规模不断增加，ZooKeeper 本身也面临着一系列重要的挑战和问题。

- 如何确保系统的一致性和高可用性？
- 如何在网络分区或节点故障时保持系统的稳定运行？
- 如何高效地管理和协调大量节点的通信与同步？

这些问题是在设计和使用分布式协调服务时必须要解决的关键点。在本章中，将围绕这些问题展开讨论，深入探讨 ZooKeeper 的系统概述、工作原理和实际应用。

首先介绍 ZooKeeper 的基本概念，解释为什么需要 ZooKeeper 以及它的设计目标。接着，详细分析 ZooKeeper 的工作原理与应用，包括其核心组件功能介绍和服务执行流程，帮助读者全面理解 ZooKeeper 的运作机制。最后，通过一个基于 ZooKeeper 的服务存储管理案例，演示如何在实际环境中搭建 ZooKeeper 运行环境、进行客户端操作，从而掌握 ZooKeeper

的实际应用方法。

6.2　ZooKeeper 系统概述

ZooKeeper 是一个开放源码的分布式协调服务,由知名互联网公司雅虎创建,是 Google Chubby 的开源实现。关于 ZooKeeper 这个项目的名字还有一段趣闻。在立项初期,考虑之前内部很多项目都是使用动物的名字来命名的(例如著名的 Pig 项目),雅虎的工程师希望给这个项目也取一个动物的名字。时任研究院的首席科学家拉古·拉马克里希南(Raghu Ramakrishnan)开玩笑地说:"再这样下去,我们这儿就变成动物园了!"此话一出,大家纷纷表示就叫动物园管理员吧,因为各个以动物命名的分布式组件放在一起,雅虎的整个分布式系统看上去就像一个大型的动物园了,而 ZooKeeper 正好要用来进行分布式环境的协调,于是,ZooKeeper 的名字也就由此诞生了。下面分析为什么需要这样一个分布式协调服务以及 ZooKeeper 的设计目标。

6.2.1　为什么需要 ZooKeeper

相对于开发在一台计算机上运行的单个程序,如何让一个应用中多个独立的程序协同工作是一件非常困难的事情。开发这样的应用,很容易让很多开发人员陷入如何使多个程序协同工作的逻辑中,最后导致没有时间更好地思考和实现他们自己的应用程序逻辑;又或者开发人员对协同逻辑关注不够,只是用很少的时间开发了一个简单脆弱的主协调器,导致不可靠的单一失效点。

ZooKeeper 作为一个分布式协调服务框架,其设计保证了多个程序协同工作的健壮性,这就使得应用开发人员可以更多地关注应用本身的逻辑,而不是协同逻辑上。ZooKeeper 从文件系统 API 得到启发,提供一组简单的 API,使得开发人员可以实现通用的协作任务,包括选举主节点、管理组内成员关系、管理元数据等。ZooKeeper 包括一个应用开发库(主要提供 Java 和 C 两种语言的 API)和一个用 Java 实现的服务组件。ZooKeeper 的服务组件运行在一组专用服务器之上,保证了高容错性和可扩展性。

ZooKeeper 可以保证如下分布式一致性特性。

- 顺序一致性。从同一个客户端发起的事务请求,最终将会严格地按照其发起顺序被应用到 ZooKeeper 中去。
- 原子性。所有事务请求在整个集群中的处理结果是一致的,要么整个集群都成功应用了某个事务,要么都没有应用,绝不会出现集群中部分机器应用了该事务而另一部分没有应用的情况。
- 单一视图(single image)。无论客户端连接的是哪个 ZooKeeper 服务器,其看到的服务端数据模型都是一致的。
- 可靠性。一旦服务端成功地应用了一个事务并完成对客户端的响应,该事务所引起的服务端状态变更将会被永久保留,除非有另一个事务对其进行了变更。
- 实时性。通常人们认为实时性意味着一旦一个事务被成功应用,客户端能够立即从服务端读取到该事务变更后的最新数据状态。需要注意的是,ZooKeeper 仅保证在一定的时间段内,客户端最终能够从服务端读取到最新的数据状态。

ZooKeeper 提供了分布式数据一致性的解决方案。通过利用 ZooKeeper 的数据结构、Watcher(事件监听器)、选举机制等特点,可以实现数据的发布/订阅、软负载均衡、命名服务、统一配置管理、分布式锁、集群管理等功能。作为一个分布式系统的中心枢纽,ZooKeeper 的作用是不可替代的。它被广泛应用于众多领域,包括但不限于分布式数据库、分布式应用程序的协调与配置管理、分布式锁的实现等。

6.2.2 ZooKeeper 的设计目标

ZooKeeper 旨在提供高性能、高可用且具备严格顺序访问控制能力(特别是写操作的严格顺序性)的分布式协调服务。高性能使得 ZooKeeper 能够满足对系统吞吐量有明确要求的大型分布式系统的需求,高可用性解决了分布式单点故障的问题,而严格的顺序访问控制则允许客户端实现复杂的同步原语。下面具体探讨 ZooKeeper 的 4 个设计目标。

目标一:简单的数据模型

ZooKeeper 使用共享的树形命名空间来协调分布式程序。这个数据模型类似于文件系统的目录结构,但与传统的磁盘文件系统不同,ZooKeeper 将所有数据存储在内存中,以提高服务器吞吐并降低延迟。在后续章节中将详细阐述 ZooKeeper 的数据模型。

目标二:可构建集群

通常情况下,一个 ZooKeeper 集群由一组机器组成,通常 3～5 台机器就足以形成可用的集群。每台机器都在内存中维护当前的服务器状态,并且彼此之间保持通信。只要集群中超过一半的机器能够正常工作,整个集群就能正常对外提供服务。ZooKeeper 的客户端可以与集群中任意一台机器建立 TCP 连接,一旦连接断开,客户端会自动连接到其他机器,如图 6-1 所示。

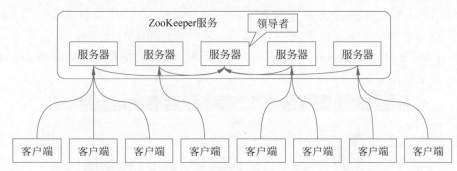

图 6-1 ZooKeeper 的集群模式

目标三:顺序访问

对于来自客户端的每个更新请求,ZooKeeper 为其分配全局唯一的递增编号,这个编号反映了所有事务操作的先后顺序。应用程序可以利用 ZooKeeper 的这个特性来实现更高级别的同步原语。

目标四:高性能

由于 ZooKeeper 将所有数据存储在内存中并直接服务于客户端的非事务请求,因此非常适合以读操作为主的应用场景。通过对使用 3 台 3.4.3 版本的 ZooKeeper 服务器组成集群进行性能测试,在 100% 读请求场景下,达到了 12～13W 的 QPS(每秒请求数)。

6.3 ZooKeeper 的工作原理与应用

ZooKeeper 的设计初衷是为了解决分布式系统中的各种共识、协调和管理问题,为开发者提供了一个强大的工具来构建可靠、稳定、高性能的分布式应用程序。

本节将解释 ZooKeeper 的核心工作原理,帮助理解它如何在分布式环境中实现数据同步和协作。主要包括如下内容:基本概念、ZAB 协议、数据模型、节点类型、监视与通知机制、选举机制及工作过程。无论是一个系统管理员、开发人员还是系统架构师,了解 ZooKeeper 的工作原理都将有助于更好地设计和管理分布式系统。

讲解完核心工作原理后将深入探讨 ZooKeeper 的各种应用,包括分布式配置管理、命名服务、领导者选举、分布式锁和分布式队列。在解决各类分布式系统问题时,ZooKeeper 都是一个强大的工具,有助于确保分布式系统的可靠性和一致性。

6.3.1 ZooKeeper 核心组件功能介绍

先来学习一下 ZooKeeper 的几个基本概念,这些概念可以帮助理解后续的内容。

1. 基本概念

1) 集群角色

在传统的分布式系统中,集群中的每台机器通常扮演特定的角色,最典型的例子就是 Master/Slave 模式,其中主服务器负责处理所有写操作,而从服务器通过异步复制方式获取最新数据并提供读服务。

然而,在 ZooKeeper 中,这种传统的角色概念被颠覆了。它引入了 3 种角色:Leader(领导者)、Follower(跟随者)和 Observer(观察者)。为了更有助于理解,后续服务器的角色均直接使用英文表达。

ZooKeeper 集群中的所有机器通过 Leader 选举过程来选出一台被称为 Leader 的机器。Leader 服务器为客户端提供读和写服务。除了 Leader 之外,其他机器分为 Follower 和 Observer。这两者都能提供读服务,但 Observer 不参与 Leader 的选举过程,也不参与写操作的"过半写成功"策略。因此,Observer 可以在不影响写性能的情况下提升集群的读性能。ZooKeeper 架构如图 6-2 所示。

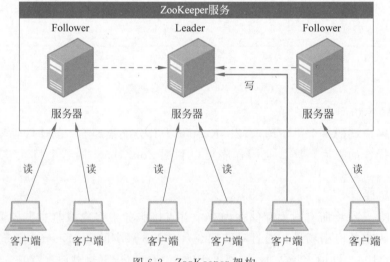

图 6-2　ZooKeeper 架构

每个服务器承担以下 3 种角色中的一种。

(1) Leader。一个 ZooKeeper 集群同一时间只有一个 Leader,它发起并维护与其他 Follower 和 Observer 间的心跳。所有写操作必须通过 Leader 完成,然后由 Leader 将写操作广播给其他服务器。

（2）Follower。一个 ZooKeeper 集群可能存在多个 Follower，它响应 Leader 的心跳。Follower 可以直接处理并返回客户端的读请求，同时将写请求转发给 Leader 处理，并负责在 Leader 处理写请求时对请求进行投票。

（3）Observer。该角色与 Follower 类似，但没有投票权。它只用于读服务，不参与写操作的投票和处理。

2）会话

在分布式系统中，会话（session）是一个重要的概念，用于管理客户端与服务器之间的交互和维持通信状态。ZooKeeper 的会话是指客户端与 ZooKeeper 服务器之间建立的一种状态性连接。

当客户端与 ZooKeeper 服务器建立连接时，会话被创建并持续一段时间。在此期间，客户端可以向服务器发送请求，并接收来自服务器的响应。会话的建立解决了分布式系统中的诸多关键问题，如状态保持、实时通知、连接管理和故障处理。会话使得 ZooKeeper 可以跟踪客户端的状态，确保客户端在不同请求之间保持一致的视图，这对某些分布式协调任务至关重要。

值得注意的是，会话并非永久性连接，而是有时限的。会话有一个预定义的超时时间，一旦客户端会话超时，ZooKeeper 将认为该会话已失效，并进行相应处理。为保持与服务器的连接，客户端需要定期续约（keep-alive）会话，否则会话将过期并终止。

3）数据节点

在分布式系统中，通常节点指的是组成集群的机器。然而，在 ZooKeeper 中，节点有两类：一类是指构成集群的机器节点；另一类是指数据模型中的数据单元，称为数据节点或 Znode。ZooKeeper 将所有数据存储在内存中，数据模型构成一棵树状（Znode tree）结构，路径由斜杠（/）进行分隔，每个路径对应一个 Znode，例如/foo/path1。每个 Znode 都保存自己的数据内容，并包含一系列属性信息。

Znode 可分为永久节点和临时节点两类。永久节点一旦创建，除非主动删除，将一直保留在 ZooKeeper 上。而临时节点的生命周期与客户端会话绑定，一旦客户端会话失效，由该客户端创建的所有临时节点都将被移除。

4）ACL

ZooKeeper 采用访问控制列表（access control list，ACL）策略进行权限控制，类似于 UNIX 文件系统的权限控制。ZooKeeper 定义了 5 种权限：CREATE（创建子节点权限）、READ（获取节点数据和子节点列表权限）、WRITE（更新节点数据权限）、DELETE（删除子节点权限）和 ADMIN（设置节点 ACL 权限）。其中，CREATE 和 DELETE 权限是针对子节点的权限控制，需要特别注意。

5）版本

每个 Znode 在 ZooKeeper 上都保存数据，并对应维护一个叫作 Stat 的数据结构。Stat 中记录了该 Znode 的 3 个数据版本：version（当前 Znode 的版本）、cversion（当前 Znode 子节点的版本）和 aversion（当前 Znode 的 ACL 版本）。

6）Watcher

Watcher（事件监听器）是 ZooKeeper 的重要特性。它允许用户在指定节点上注册监听器，当某些特定事件发生时，ZooKeeper 服务器会通知感兴趣的客户端。Watcher 机制是 ZooKeeper 实现分布式协调服务的关键特性。

2. ZAB 协议

在 ZooKeeper 中,主要依赖 ZAB(ZooKeeper atomic broadcast)协议来实现分布式数据一致性,基于该协议,ZooKeeper 实现了一种主备模式的系统架构来保持集群中各副本之间数据的一致性。

ZAB 协议是专门为分布式协调服务 ZooKeeper 设计的一种支持崩溃恢复的原子广播协议。虽然之前学习了分布式共识算法 Paxos,但 ZooKeeper 没有直接采用 Paxos 算法。ZAB 协议可以看作 Paxos 算法的扩展。

具体来说,ZooKeeper 采用单一的主进程来接收和处理客户端的所有事务请求,并使用 ZAB 协议将服务器数据的状态变更以事务提案(proposal)的形式广播到所有副本进程。ZAB 协议的主备模型架构确保在同一时刻集群中只有一个主进程来广播服务器的状态变更,从而有效地处理大量的并发客户端请求。

在分布式环境中,某些状态变更之间存在一定的依赖关系,例如变更 C 可能依赖于变更 A 和变更 B。这对 ZAB 协议提出了一个要求:ZAB 必须保证一个全局的变更序列被顺序应用,即如果某个状态变更要被处理,那么所有它依赖的状态变更都应该在其之前被处理。

另外,由于主进程随时可能发生崩溃退出或重启,ZAB 协议还需要确保在当前主进程出现异常情况时,系统依然能够正常工作。这就意味着需要保障数据的一致性和可靠性,以应对主进程异常情况下的失败恢复。

ZAB 协议的核心是定义了对于改变 ZooKeeper 服务器数据状态的事务请求的处理方式,具体来说:

(1) 所有事务请求必须由一个全局唯一的服务器来协调处理,这个服务器被称为 Leader 服务器,而其他服务器则成为 Follower 服务器。

(2) Leader 服务器负责将一个客户端事务请求转换为一个事务提案,并将该提案分发给集群中所有的 Follower 服务器。

(3) Leader 服务器等待所有 Follower 服务器的反馈。一旦超过半数的 Follower 服务器进行了正确的反馈,Leader 会再次向所有的 Follower 服务器分发 Commit 消息,要求其将前一个提案进行提交。

图 6-3 展示了 ZAB 提交提案的常规处理过程。

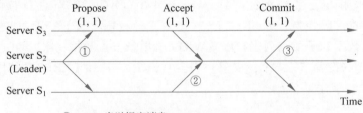

① Leader发送提案消息。
② Fllower对提案消息进行应答。
③ Leader提交该提案。

图 6-3　ZAB 提交提案的常规消息模式

通过这样的方式,ZAB 协议确保了所有数据变更都经过 Leader 服务器的调度和确认,并且在超过半数的 Follower 服务器成功应用了该变更后,才会最终提交变更,从而保证数据的一致性和可靠性。这种主备模式和广播协议的设计使得 ZooKeeper 能够高效地处理大量客户端的并发请求,并在 Leader 服务器出现异常时,快速选举新的 Leader,从而保持系统的稳定性和可用性。

ZAB 协议包括两种基本的模式,分别是崩溃恢复和消息广播。

（1）崩溃恢复模式。

当整个服务框架启动过程中或 Leader 服务器出现网络中断、崩溃退出或重启等异常情况时,ZAB 协议就会进入恢复模式并选举新的 Leader 服务器。一旦选举产生了新的 Leader 服务器,并且集群中已经有过半的机器与该 Leader 服务器完成了状态同步,ZAB 协议就会退出恢复模式。在这里,状态同步指的是数据同步,确保集群中过半的机器与 Leader 服务器的数据状态保持一致。当集群中已经有过半的 Follower 服务器完成了和 Leader 服务器的状态同步时,整个服务框架就可以进入消息广播模式。

（2）消息广播模式。

当一个新的服务器加入 ZAB 集群中时,如果集群中已经存在一个 Leader 服务器负责进行消息广播,那么新加入的服务器会自觉地进入数据恢复模式。它会找到 Leader 所在的服务器,并与其进行数据同步,然后一起参与到消息广播流程中。

在 ZooKeeper 中,设计了仅允许唯一的一个 Leader 服务器来处理事务请求。Leader 服务器在接收到客户端的事务请求后,会生成对应的事务提案并发起一轮广播协议。如果集群中的其他机器接收到客户端的事务请求,这些非 Leader 服务器会将该请求转发给 Leader 服务器。

当 Leader 服务器崩溃退出、机器重启,或集群中不存在过半的服务器与 Leader 服务器保持正常通信时,整个 ZAB 协议会从消息广播模式进入崩溃恢复模式。在崩溃恢复模式中,各进程会使用协议来达成一致状态,然后产生一个新的 Leader,并重新进入消息广播模式。

在 ZAB 协议的运行过程中,由于每个进程可能会崩溃,因此会出现多个 Leader,并且每个进程也有可能多次成为 Leader。但只要集群中存在过半的服务器能够彼此进行正常通信,就可以产生一个新的 Leader,并再次进入消息广播模式。

举个例子来说,一个由 3 台机器组成的 ZAB 服务,通常由 1 个 Leader 和 2 个 Follower 服务器组成。如果其中一个 Follower 服务器崩溃,整个 ZAB 集群不会中断服务,因为 Leader 服务器仍然能够获得过半机器（包括 Leader 自己）的支持。

3. 数据模型

ZooKeeper 的数据模型在结构上和 UNIX 文件系统很类似,总体上可以看作一棵树,每个节点称为一个 Znode,每个 Znode 默认能存储 1MB 的数据。每个 Znode 可通过唯一的路径标识,如图 6-4 所示。

Znode 的特点如下。

（1）兼具文件和目录两种特点。既像文件一样维护着数据、元信息、ACL、时间戳等数据结构,又像目录一样可以作为路径标识的一部分,并可以具有子 Znode。用户对 Znode 具有增、删、改、查等操作（权限允许的情况下）。

（2）存储数据大小有限制。ZooKeeper 虽然可以关联一些数据,但并没有被设计为常规的数据库或者大数据存储,相反地,它用来管理调度数据,如分布式应用中的配置文件信

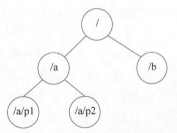

图 6-4　ZooKeeper 的数据模型

息、状态信息、汇集位置等。这些数据的共同特性是它们都很小,通常以 KB 为大小单位。ZooKeeper 的服务器和客户端都被设计为严格检查并限制每个 Znode 的数据大小至多 1MB,常规使用中应该远小于此值。

（3）通过绝对路径引用。Znode 是由斜杠（/）分隔的 Unicode 字符串，类似于文件系统的路径。每个 Znode 都有一个唯一的绝对路径，通过绝对路径可以准确定位到相应的节点，执行读取或写入操作，这样可以保证 ZooKeeper 数据的一致性和正确性。

每个 Znode 由以下 3 部分组成。

（1）状态（state）信息：描述该 Znode 的版本、权限等信息。

（2）数据（data）：存储该 Znode 关联的数据。

（3）子（children）节点：该 Znode 下的子节点。

4. 节点类型

Znode 节点可以分为临时节点和永久节点。节点的类型在创建时即被确定，并且不能改变。

（1）临时节点。该节点的生命周期依赖于创建它们的会话。一旦会话结束，临时节点将被自动删除，当然也可以手动删除。临时节点不允许拥有子节点。

（2）永久节点。该节点的生命周期不依赖于会话，并且只有在客户端显示执行删除操作的时候才能被删除。

永久节点是一种非常有用的节点，可以通过永久类型的节点为应用保存一些数据，即使节点的创建者不再属于应用系统时，数据也可以保存下来而不丢失。例如，在主从模式例子中，需要保存从节点的任务分配情况，即使分配任务的主节点已经崩溃了。

临时节点是一种特殊类型的节点，传达了一些临时性的状态或信息，这些信息只在客户端会话有效期内才有意义。例如，临时服务可以将自己的信息作为临时节点注册到 ZooKeeper 中，一旦服务失效或不再提供服务，对应的临时节点也会被自动删除，这样其他客户端就知道该服务不再可用。

Znode 还有一个序列化的特性，如果创建时指定，该 Znode 的名字后面会自动追加一个不断增加的序列号。序列号对于此节点的父节点来说是唯一的，这样便会记录每个子节点创建的先后顺序。它的格式为%10d（10 位数字，没有数值的数位用 0 补充，例如 0000000001）。序列化特性在分布式系统中很有用，它确保了节点名称的唯一性，使得节点的创建和管理更加简单和可靠。

这样便会存在 4 种类型的 Znode 节点，分别对应：

- PERSISTENT：永久节点。
- EPHEMERAL：临时节点。
- PERSISTENT_SEQUENTIAL：永久顺序节点。
- EPHEMERAL_SEQUENTIAL：临时顺序节点。

5. 监视与通知机制

ZooKeeper 通常以远程服务的方式被访问，如果每次访问 Znode 时，客户端都需要获得节点中的内容，这样的代价就非常大。因为这样会导致更高的延迟，而且 ZooKeeper 需要做更多的操作。考虑图 6-5 中的例子，第二次调用 getChildren/tasks（返回/tasks 节点的所有子节点列表）返回了相同的值——一个空的集合，其实是没有必要的。

这是一个常见的轮询问题。为了替换客户端的轮询，选择了基于通知（notification）的机制：客户端向 ZooKeeper 注册需要接收通知的 Znode，通过对 Znode 设置监视点（watch）来接收通知。监视点是一个单次触发的操作，意即监视点会触发一个通知。为了接收多个通知，客户端必须在每次通知后设置一个新的监视点。在上述情况下，当节点/tasks 发生变化时，客户端会收到一个通知，并从 ZooKeeper 读取一个新值，如图 6-6 所示。

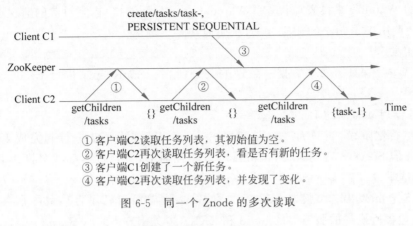

① 客户端C2读取任务列表，其初始值为空。
② 客户端C2再次读取任务列表，看是否有新的任务。
③ 客户端C1创建了一个新任务。
④ 客户端C2再次读取任务列表，并发现了变化。

图 6-5　同一个 Znode 的多次读取

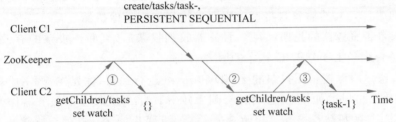

① 客户端C2读取任务列表，其初始值为空，并设置一个监控变更的监视点。
② C1创建了一个新任务，客户端C2收到通知。
③ 客户端C2读取/tasks的任务列表，设置监视点，以发现新任务。

图 6-6　使用通知机制来获悉 Znode 的变化

通知机制是单次触发的操作，所以在客户端接收一个 Znode 变更通知后如果需要继续接收通知，需要设置新的监视点，这时 Znode 节点也许发生了新的变化。现在用一个例子说明这种情况，分析一下它到底是怎么工作的。假设事件按以下顺序发生：

（1）客户端 C2 设置监视点来监控/tasks 数据的变化。

（2）客户端 C1 连接后，向/tasks 中添加了一个新的任务。

（3）客户端 C2 接收通知。

（4）客户端 C2 设置新的监视点，在设置完成前，第三个客户端 C3 连接后，向/tasks 中添加了一个新的任务。

客户端 C2 最终设置了新的监视点，但由 C3 添加数据的变更并没有触发一个通知。为了观察到这个变更，图 6-6 中在设置新的监视点前，C2 需要先读取节点/tasks 的状态。通过在设置监视点前读取 ZooKeeper 的状态，最终 C2 就不会错过任何变更。

综上，当一个 Znode 发生变更时，ZooKeeper 会将变更通知发送给对该节点设置了监视点（watch）的客户端。如果一个 Znode 发生了两个连续的更新，并且在第一次更新后客户端接收到了通知，然后读取了 Znode 中的数据，通知机制会阻止客户端在观察第二次变化前继续接收通知。这意味着客户端会在处理第一个更新后暂时停止接收后续的通知，直到客户端再次设置监视点并观察到第二次变化。虽然这个通知机制可能会导致某些客户端在接收状态变化通知时更慢，但它确保了客户端以全局的顺序观察 ZooKeeper 的状态。这种保障对于分布式系统中的协调和同步非常重要，因为它可以防止数据不一致和竞态条件等问题。

ZooKeeper 可以定义不同类型的通知，这依赖于设置监视点对应的通知类型。客户端可以设置多种监视点，如监控 Znode 的数据变化、监控 Znode 子节点的变化、监控 Znode 的创建或删除。为了设置监视点，可以调用 API 来读取 ZooKeeper 的状态，传入一个 Watcher 对象或使用默认的 Watcher 来设置监视点。Watcher 是一个回调接口,当对应的监视事件发生时,ZooKeeper 会调用 Watcher 的相应方法,从而通知客户端。

6. 选举机制

Leader 选举是保证分布式数据一致性的关键所在。ZooKeeper 进行 Leader 选举分为两种情况。

(1) 服务器启动时期的 Leader 选举。

在集群初始化阶段,当只有一台服务器 Server1 启动时,无法进行和完成 Leader 选举。当第二台服务器 Server2 启动时,两台机器可以相互通信,每台机器都试图找到 Leader,于是进入 Leader 选举过程。

① 每个 Server 发出一个投票。Server1 和 Server2 都将自己作为 Leader 服务器来进行投票,每次投票包含所推举的服务器的 myid 和 ZXID(事务 ID)。此时 Server1 的投票为(1,0),Server2 的投票为(2,0),然后各自将这个投票发给集群中其他机器。

② 接受来自各服务器的投票。每个服务器收到投票后,判断该投票的有效性,检查是否是本轮投票,是否来自 LOOKING 状态的服务器。

③ 处理投票。服务器根据投票的 ZXID 和 myid 进行比较,优先检查 ZXID,ZXID 较大的服务器优先作为 Leader;如果 ZXID 相同,则比较 myid,myid 较大的服务器作为 Leader。对于 Server1 而言,它的投票是(1,0),接收 Server2 的投票为(2,0),首先会比较两者的 ZXID,均为 0,再比较 myid,此时 Server2 的 myid 最大,于是更新自己的投票为(2,0),然后重新投票,对于 Server2 而言,其无须更新自己的投票,只是再次向集群中所有机器发出上一次投票信息即可。

④ 统计投票。服务器统计投票信息,判断是否已经有过半机器接收到相同的投票信息,如果有,则认为已经选出了 Leader。对于 Server1、Server2 而言,都统计出集群中已经有两台机器接受了(2,0)的投票信息,此时便认为已经选出了 Leader。

⑤ 改变服务器状态。一旦确定了 Leader,每个服务器更新自己的状态,Follower 变更为 FOLLOWING,Leader 变更为 LEADING。

(2) 服务器运行时期的 Leader 选举。

在 ZooKeeper 运行期间,Leader 与非 Leader 服务器各司其职。如果有非 Leader 服务器宕机或新加入,不会影响 Leader。但一旦 Leader 服务器崩溃,整个集群将暂停对外服务,进入新一轮 Leader 选举,其过程与启动时期的 Leader 选举基本相同。

Leader 选举确保了整个集群中只有一个 Leader 负责处理事务请求,保障了数据的一致性和可靠性。在 ZooKeeper 中,Leader 的角色非常重要,一旦 Leader 不可用,系统会及时选举出新的 Leader 来继续处理事务请求。这种机制保持了整个集群的稳定运行和高可用性。

6.3.2　ZooKeeper 服务执行流程

应用程序通过客户端库来对 ZooKeeper 实现调用,客户端库负责与 ZooKeeper 服务器端进行交互,如图 6-7 所示。

图 6-7 展示了客户端与服务器端之间的关系。每个客户端导入客户端库,之后便可以与任何 ZooKeeper 的节点进行通信。

ZooKeeper 服务器端运行于两种模式下:独立模式(standalone)和仲裁模式(quorum)。在独立模式下,ZooKeeper 只有一个单独的服务器,ZooKeeper 状态无法复制。这种模式主要用于开发和测试环境,或者在小规模应用中,不要求高可用性和容错性。在仲裁模式下,有一组 ZooKeeper 服务器,称为 ZooKeeper 集合(ZooKeeper ensemble)。这些服务器之间可以进

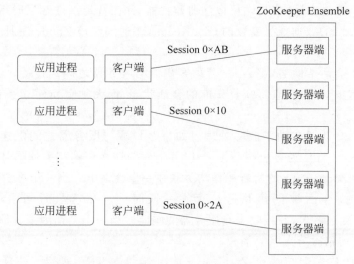

图 6-7　ZooKeeper 客户端与服务器端之间的关系

行状态的复制,形成一个高可用、容错的 ZooKeeper 服务。仲裁模式是在生产环境中常用的运行模式,适用于大规模应用和分布式系统的协调与管理。

1. ZooKeeper 仲裁

在仲裁模式下,集群中的所有服务器都持有完整的数据树,这确保了数据的一致性和高可用性。然而,等待每个服务器完成数据保存后再继续可能会导致延迟,这对于一些应用场景来说是不可接受的。

为了解决这个问题,ZooKeeper 引入了法定人数(quorum)的概念。法定人数是指为了使 ZooKeeper 工作必须有效运行的服务器的最小数量。在一个 ZooKeeper 集合中,法定人数通常是集合中服务器数量的一半加 1,即为"多数原则"。例如,如果一个集合中有 5 个 ZooKeeper 服务器,则法定人数为 $\lfloor 5/2 \rfloor + 1 = 3$。

法定人数的重要性在于客户端在进行写操作时需要满足法定人数的要求,才能继续执行后续操作。具体来说,在一个仲裁模式的 ZooKeeper 集合中,如果客户端要进行写操作(例如创建节点、更新数据等),客户端需要与至少法定人数个服务器进行通信,并得到法定人数个服务器的确认后才会继续。这样一来,只要法定人数的服务器保存了数据,客户端就可以继续执行后续操作,而其他服务器最终也会捕获到数据并保存。

通过法定人数的机制,ZooKeeper 可以在保证数据一致性的同时,提高写操作的执行效率,避免了过多的等待和延迟。法定人数的设置使得 ZooKeeper 在满足高可用性和数据保证的前提下,能够更高效地处理客户端请求。例如,服务器数量为 $2f+1$ 时,采用这种机制就可以容许 f 个服务器的崩溃。当然,在集合中,服务器的个数并不是必须为奇数,只是使用偶数会使得系统更加脆弱。假设在集合中使用 4 台服务器,那么多数原则对应的数量为 3 台服务器。也就是说,这个系统仅能容许 1 台服务器崩溃,因为两台服务器崩溃就会导致系统失去多数原则的状态。

2. 会话

在对 ZooKeeper 集合执行任何请求前,一个客户端必须先与服务建立会话。会话的建立可以解决分布式系统中的一些关键问题,例如:

- 状态保持。会话使得 ZooKeeper 可以跟踪客户端的状态,因此客户端可以在不同的请求之间保持一致的视图。这对于某些分布式协调任务来说是非常重要的。

- 实时通知。通过会话,客户端可以注册监视器,并在特定事件触发时得到通知。例如,当某个 Znode 的数据发生变化时,ZooKeeper 将通知对该 Znode 注册了监视器的所有客户端。
- 连接管理。会话帮助 ZooKeeper 管理客户端与服务器之间的连接。如果客户端在会话超时之前重新连接,它将恢复先前的会话状态,而无须重新建立所有的监视器和临时节点。
- 处理故障。会话还有助于故障处理。如果客户端与服务器之间的连接中断,会话超时,ZooKeeper 将认为客户端不再活动,并清除与该客户端相关的临时节点和监视器。

客户端提交给 ZooKeeper 的所有操作均关联在一个会话上。当一个客户端与 ZooKeeper 服务器建立连接时,会话被创建并持续存在一段时间。在这段时间内,客户端可以向 ZooKeeper 服务器发送请求,并接收来自服务器的响应。当一个会话因某种原因而中止时,在这个会话期间创建的临时节点将会消失。

客户端启动时,首先会与一个 ZooKeeper 服务器建立 TCP 连接。一旦连接建立,客户端会话的生命周期开始。客户端会话的超时时间由 sessionTimeout 参数设置。无论什么原因(如服务器压力太大、网络故障、客户端主动断开连接等)导致会话中断,只要在 sessionTimeout 规定的时间内客户端能够重新连接上集群中的任意一台服务器,那么之前创建的会话仍然有效,会话状态不会丢失,客户端不需要重新创建会话。

会话提供了顺序保障,同一个会话中的请求会以 FIFO(先进先出)顺序执行,这保证了客户端在一个会话中的请求按照发送的顺序依次执行。然而,如果一个客户端拥有多个并发的会话,FIFO 顺序在多个会话之间未必能够保持。例如,有一个客户端,它同时拥有两个会话,称为会话 A 和会话 B。假设会话 A 先发送一个请求 R1,然后会话 B 发送一个请求 R2,由于网络或其他因素的影响,请求 R2 先到达 ZooKeeper 服务器,然后请求 R1 到达服务器。在这种情况下,尽管在会话 A 和会话 B 内部请求顺序是 FIFO 的,但在服务器端,请求 R2 先于请求 R1 执行。这是因为 ZooKeeper 在服务器端是根据请求的到达顺序来处理的,而在网络传输中,请求可能会出现乱序或延迟。因此,尽管会话内部的请求顺序是 FIFO 的,但在多个会话之间,请求的到达顺序是不确定的。

对于大多数应用场景来说,多个会话之间的请求顺序可能并不重要,因为每个会话通常独立地处理不同的任务。但如果对于某些特定应用场景而言,确保全局 FIFO 顺序非常重要,那么需要设计相应的应用逻辑来处理这种情况,例如使用分布式锁或其他同步机制来保证顺序性。

6.3.3　ZooKeeper 应用

ZooKeeper 的设计初衷是为了解决分布式系统中的各种共识、协调和管理问题,为开发者提供了一个强大的工具来构建可靠、稳定、高性能的分布式应用程序。本节将深入探讨 ZooKeeper 的各种应用,包括分布式配置管理、命名服务、领导者选举、分布式锁和分布式队列。在解决各类分布式系统问题时,ZooKeeper 都是一个强大的工具,有助于确保分布式系统的可靠性和一致性。

1. 配置管理

在平常的应用系统开发中,经常会碰到这样的需求:系统中需要使用一些通用的配置信息,例如机器列表信息、运行时的开关配置、数据库配置信息等。这些全局配置信息通常具备以下 3 个特性。

- 数据量通常比较小。
- 数据内容在运行时会发生动态变化。
- 集群中各机器共享,配置一致。

对于这类配置信息,一般的做法通常可以选择将其存储在本地配置文件或是内存变量中。两种方式都可以简单地实现配置管理。如果采用本地配置文件的方式,系统在应用启动时读取本地磁盘的配置文件来进行初始化,在运行过程中定时地进行文件读取,检测文件内容的变更。在系统的实际运行过程中,如果需要对这些配置信息进行更新,只要在相应的配置文件中进行修改,等到系统再次读取文件时就可以将最新的配置信息更新到系统中去。另外一种借助内存变量来实现配置管理的方式也非常简单,以 Java 系统为例,通常可以采用 JMX 方式来实现对系统运行时内存变量的更新。

通常在集群机器规模不大、配置变更不是特别频繁的情况下,无论上面提到的哪种方式,都能够非常方便地解决配置管理的问题。但是,一旦机器规模变大,且配置信息变更越来越频繁后,现有的这两种方式解决配置管理就变得越来越困难。此时要能够快速进行全局配置信息的变更,又使变更成本足够小,ZooKeeper 不失为一个很好的选择,它可以提供一种分布式的解决方案。

配置中心是一个典型的数据发布/订阅系统,如果将配置信息存放到 ZooKeeper 上进行集中管理,需要发布者将数据发布到 ZooKeeper 的节点上,供订阅者进行数据订阅,进而达到动态获取数据的目的,实现配置信息的集中式管理和数据的动态更新。

发布/订阅一般有两种设计模式:推模式和拉模式。服务端主动将数据更新发送给所有订阅的客户端称为推模式;客户端主动请求获取最新数据称为拉模式。ZooKeeper 采用了推拉相结合的模式,客户端向服务端注册自己需要关注的节点,一旦该节点数据发生变更,那么服务端就会向相应的客户端推送 Watcher 事件通知,客户端接收到此通知后,主动到服务端获取最新的数据。

通常情况下,应用在启动时都会主动到 ZooKeeper 服务端上进行一次配置信息的获取,同时,在指定节点上注册一个 Watcher 监听,这样一来,但凡配置信息发生变更,服务端都会实时通知到所有订阅的客户端,从而达到实时获取最新配置信息的目的。下面通过一个"配置管理"的实际案例来展示 ZooKeeper 在"数据发布/订阅"场景下的使用方式。

下面就以一个"数据库切换"的应用场景展开,看看如何使用 ZooKeeper 来实现配置管理。

(1)初始化配置。

在进行配置管理之前,首先需要将初始化配置存储到 ZooKeeper 上去。一般情况下,可以在 ZooKeeper 上选取一个数据节点用于配置的存储。如图 6-8 所示,配置节点是/app1/database_config,将需要集中管理的配置信息写入该数据节点中去。

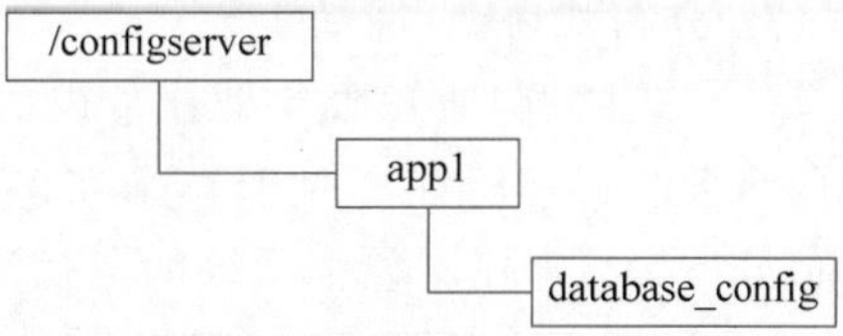

图 6-8　配置管理的 ZooKeeper 节点示意

(2)配置获取。

集群中每台机器在启动初始化阶段,首先会从上面提到的 ZooKeeper 配置节点上读取数据库信息,同时,客户端还需要在该配置节点上注册一个数据变更的 Watcher 监听,一旦发生节点数据变更,所有订阅的客户端都能够获取到数据变更通知。

(3)配置变更。

在系统运行过程中,可能会出现需要进行数据库切换的情况,这个时候就需要进行配置变更。借助 ZooKeeper,只需要对 ZooKeeper 上配置节点的内容进行更新,ZooKeeper 就能够将数据变更的通知发送到各客户端,每个客户端在接收到这个变更通知后,就可以重新进行最新数据的获取。

2. 命名服务

在分布式系统中,命名服务是一种将名称(或路径)映射到特定资源或数据的服务,使得客户端可以通过名称来访问和操作资源,也就是可以提供全局唯一 ID 的命名方案。一种生成全局 ID 的方案是使用 UUID,UUID 是通用唯一识别码(universally unique identifier)的简称,是一种在分布式系统中广泛使用的用于唯一标识元素的标准。UUID 是一个非常不错的全局唯一 ID 生成方式,能够非常简便地保证分布式环境中的唯一性。但是它有着显著的缺陷:长度过长、含义不明,因此这里更推荐使用 ZooKeeper 来实现。

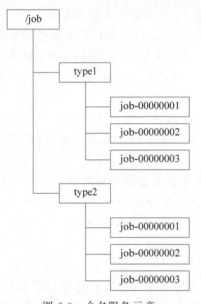

图 6-9　命名服务示意

ZooKeeper 可以用作分布式系统中的命名服务,它提供了一种简单且可靠的方式来管理和维护命名空间。在 ZooKeeper 中,命名服务通常通过创建和管理 Znode(ZooKeeper 节点)来实现。每个 Znode 都可以被看作一个目录或文件,每个 Znode 的路径加上其名字,就构成了一个全局唯一的 ID,如图 6-9 所示。

通过调用 ZooKeeper 节点创建的 API 就可以创建一个顺序节点,并且在 API 返回值中会返回这个节点的完整名字,利用此特性,可以生成全局 ID,其步骤如下。

(1) 客户端根据要创建的任务类型,在指定类型的任务下通过调用接口创建一个顺序节点,如在 type2 任务类型下创建了节点 job。

(2) 创建完成后,会返回一个完整的节点名,如 job-00000001。

(3) 客户端拼接 type 类型和返回值后,就可以作为全局唯一 ID 了,如 type2-job-00000001。

在 ZooKeeper 中,每个数据节点都能够维护一个子节点的排列顺序,当客户端对其创建一个顺序子节点时 ZooKeeper 会自动以后缀的形式在其子节点上添加一个序号,在这个场景中就是利用了 ZooKeeper 的这个特性。

3. 分布式协调/通知

分布式协调/通知服务是分布式系统中不可缺少的一个环节,是将不同的分布式组件有机结合起来的关键所在。对于一个在多台机器上部署运行的应用而言,通常需要一个协调者(coordinator)来控制整个系统的运行流程,例如分布式事务的处理、机器间的互相协调等。同时,引入这样一个协调者,便于将分布式协调的职责从应用中分离出来,从而可以大大减少系统之间的耦合性,而且能够显著提高系统的可扩展性。

ZooKeeper 中特有的 Watcher 注册是异步通知机制,能够很好地实现分布式环境下不同机器,甚至不同系统之间的协调与通知,从而实现对数据变更的实时处理。通常的做法是不同的客户端都对 ZooKeeper 上的同一个数据节点进行 Watcher 注册,监听数据节点的变化(包括节点本身和子节点),若数据节点发生变化,那么所有订阅的客户端都能够接收到相应的 Watcher 通知,并做出相应处理。

在绝大多数分布式系统中,系统机器间的通信无外乎心跳检测、工作进度汇报和系统调度。

（1）心跳检测。不同机器间需要检测到彼此是否在正常运行，可以使用 ZooKeeper 实现机器间的心跳检测，基于其临时节点特性（临时节点的生存周期是客户端会话，客户端若宕机后，其临时节点自然不再存在），可以让不同机器都在 ZooKeeper 的一个指定节点下创建临时子节点，不同的机器之间可以根据这个临时子节点来判断对应的客户端机器是否存活。通过 ZooKeeper 可以大幅减少系统耦合。

（2）工作进度汇报。通常任务被分发到不同机器后，需要实时地将自己的任务执行进度汇报给分发系统，可以在 ZooKeeper 上选择一个节点，每个任务客户端都在这个节点下面创建临时子节点，这样不仅可以判断机器是否存活，同时各机器可以将自己的任务执行进度写到该临时节点中去，以便中心系统能够实时获取任务的执行进度。

（3）系统调度。ZooKeeper 能够实现如下系统调度模式：分布式系统由控制台和一些客户端系统两部分构成，控制台的职责就是将一些指令信息发送给所有的客户端，以控制其进行相应的业务逻辑，后台管理人员在控制台上做一些操作，实际上就是修改 ZooKeeper 上某些节点的数据，ZooKeeper 可以把数据变更以时间通知的形式发送给订阅客户端。

总之，使用 ZooKeeper 来实现分布式系统机器间的通信，不仅能省去大量底层网络通信和协议设计上重复的工作，更为重要的一点是大幅降低了系统之间的耦合，能够非常方便地实现异构系统之间的灵活通信。

4. 分布式锁

分布式锁是用于控制分布式系统之间同步访问共享资源的一种方式，可以保证不同系统访问一个或一组资源时的一致性，主要分为排他锁和共享锁。

（1）排他锁又称为写锁或独占锁，若事务 T1 对数据对象 O1 加上了排他锁，那么在整个加锁期间，只允许事务 T1 对 O1 进行读取和更新操作，其他任何事务都不能再对这个数据对象进行任何类型的操作，直到 T1 释放了排他锁，如图 6-10 所示。

- 获取锁：在需要获取排他锁时，所有客户端通过调用接口，在/exclusive_lock 节点下创建临时子节点/exclusive_lock/lock。ZooKeeper 可以保证只有一个客户端能够创建成功，没有成功的客户端需要注册/exclusive_lock 节点监听。
- 释放锁：当获取锁的客户端宕机或者正常完成业务逻辑都会导致临时节点的删除，此时，所有在/exclusive_lock 节点上注册监听的客户端都会收到通知，可以重新发起分布式锁获取。

（2）共享锁又称为读锁，若事务 T1 对数据对象 O1 加上共享锁，那么当前事务只能对 O1 进行读取操作，其他事务也只能对这个数据对象加共享锁，直到该数据对象上的所有共享锁都被释放。在需要获取共享锁时，所有客户端都会到/shared_lock 下面创建一个临时顺序节点，如图 6-11 所示。

图 6-10　排他锁示意　　　　　图 6-11　共享锁示意

5. 分布式队列

有一些时候，多个团队需要共同完成一个任务，例如，A 团队将 Hadoop 集群计算的结果交给 B 团队继续计算,B 团队完成了自己的任务再交给 C 团队继续做。这就有点像业务系统的工作流一样,一环一环地传下去。

分布式环境下,同样需要一个类似单进程队列的组件,用来实现跨进程、跨主机、跨网络的数据共享和数据传递,这就是分布式队列。

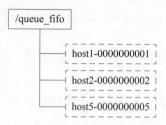

图 6-12 分布式队列 ZooKeeper
节点示意

业界有不少分布式队列产品,不过绝大多数都是类似于 Kafka、ActiveMQ、RabbitMQ 等消息中间件(或称为消息队列)。在本节中,主要介绍基于 ZooKeeper 实现的分布式队列,如图 6-12 所示。

使用 ZooKeeper 实现分布式队列,所有的客户端都会到/queue_fifo 这个节点下面创建一个临时顺序节点。

创建完节点之后,根据如下 4 个步骤来确定执行顺序。

(1) 获取/queue_fifo 节点下的所有子节点,即获取队列中所有的元素。

(2) 确定自己的节点序号在所有子节点中的顺序。

(3) 如果自己不是序号最小的子节点,那么就需要进入等待,同时向比自己序号小的最后一个节点注册 Watcher 监听。

(4) 接收到 Watcher 通知后,重复步骤(1)。

6.4 案例:基于 ZooKeeper 的服务存储管理

ZooKeeper 的编程实践是在构建分布式系统和应用程序时至关重要的一环。作为一个分布式协调服务,ZooKeeper 不仅提供了可靠的数据存储和管理,还通过其灵活的编程接口为开发者提供了强大的工具。本节将深入探讨 ZooKeeper 的服务存储管理,包括部署和运行 ZooKeeper 集群、使用交互式 Shell 进行管理和配置,以及使用 ZooKeeper 的 API 来与其交互。无论是初次接触 ZooKeeper 还是已经有一定经验的读者,这些实践都将有助于更好地利用 ZooKeeper 来构建可靠的分布式系统,并解决复杂的分布式编程挑战。

6.4.1 运行环境搭建

ZooKeeper 有两种运行模式:集群模式和单机模式。本节将分别对两种运行模式的安装和配置进行简要讲解。另外,如果没有特殊说明,本节涉及的部署与配置操作都是针对 GNU/Linux 系统的。

1. 集群模式

现在开始讲解如何使用 3 台机器来搭建一个 ZooKeeper 集群。首先,假设已经准备好 3 台互相联网的 Linux 机器,它们的 IP 地址分别为 IP1、IP2 和 IP3。

(1) 准备 Java 运行环境。确保已经安装了 Java 1.6 或更高版本的 JDK。

(2) 下载 ZooKeeper 安装包。

下载地址为 http://zookeeper.apache.org/releases.html。注意,用户可以选择稳定版本(stable)进行下载,下载完成后会得到一个文件名类似于 zookeeper-x.x.x.tar.gz 的文件,解压到一个目录,例如/opt/zookeeper-3.8.2/目录下,同时约定,在下文中使用%ZK_HOME%代表该目录。

（3）配置文件 zoo. cfg。

初次使用 ZooKeeper，需要将％ZK_HOME％/conf 目录下的 zoo_sample. cfg 文件重命名为 zoo. cfg，并且按照如下代码进行简单配置即可。

```
＃ZooKeeper 基本配置
tickTime = 2000
dataDir = /opt/zookeeper - 3.8.2/data/      ＃设置 ZooKeeper 数据目录，用于存储数据和日志文件
dataLogDir = /opt/zookeeper - 3.8.2/logs    ＃设置 ZooKeeper 日志目录，用于存放 ZooKeeper 的日志
＃文件
clientPort = 2181
initLimit = 5
syncLimit = 2
＃集群中的机器配置
server.1 = IP1:2888:3888
server.2 = IP2:2888:3888
server.3 = IP3:2888:3888
```

在配置文件中出现了 3 个端口，clientPort 是对客户端提供服务的端口，2888 是集群内机器通信使用的端口，3888 是选举 Leader 使用的端口。每台机器的配置格式为 server. id＝host:portA:portB，其中 id 代表机器的编号。id 范围为 1～255，不同机器的服务器 ID 应该是不同的，并且需要与每台机器的 myid 文件中的数字一致。

（4）创建 myid 文件。

在 dataDir 所配置的目录下，创建一个名为 myid 的文件，写入机器的编号。例如，如果机器 1 的编号为 1，那么在 dataDir 目录下创建 myid 文件，并写入数字 1。确保每台机器的 myid 文件中的数字与对应的 server. id 在 zoo. cfg 中的 ID 值一致。

例如，假设有 3 台机器，它们在集群中的配置如下。

机器 1：在/opt/zookeeper-3.8.2/data/目录下创建 myid 文件，并写入数字 1。

机器 2：在/opt/zookeeper-3.8.2/data/目录下创建 myid 文件，并写入数字 2。

机器 3：在/opt/zookeeper-3.8.2/data/目录下创建 myid 文件，并写入数字 3。

（5）配置其他节点。

使用如下命令，将当前配置的 ZooKeeper 目录复制到其他节点。

```
scp - r /opt/zookeeper - 3.8.2/ IP2:/opt/
scp - r /opt/zookeeper - 3.8.2/ IP3:/opt/
```

修改 IP2 和 IP3 两台节点上的 myid 文件。

（6）启动服务器。

至此，所有的选项都已经基本配置完毕，可以使用％ZK_HOME％/bin 目录下的 zkServer. sh 脚本进行服务器的启动，命令如下。

```
cd /opt/zookeeper - 3.8.2/bin
./zkServer. sh start
```

3 台服务器都需要执行启动命令。

（7）验证服务器。

启动完成后，可以使用 ZooKeeper 的命令行客户端来与 ZooKeeper 服务器进行交互，验证安装是否成功。

```
cd /opt/zookeeper - 3.8.2/bin
./zkCli.sh - server localhost:2181
```

```
[zk: localhost:2181(CONNECTED) 1] stat /
cZxid = 0x0
ctime = Thu Jan 01 08:00:00 CST 1970
mZxid = 0x0
mtime = Thu Jan 01 08:00:00 CST 1970
pZxid = 0x0
cversion = -1
dataVersion = 0
aclVersion = 0
ephemeralOwner = 0x0
dataLength = 0
numChildren = 1
```

图 6-13　ZooKeeper 集群模式验证

在连接成功后,进入 ZooKeeper 的命令行界面。可以在这里执行各种 ZooKeeper 相关的命令,包括 stat 命令来获取服务器的状态信息,如图 6-13 所示。

上面就是通过命令行客户端的方式,使用 stat 命令进行服务器启动的验证,如果出现和上面类似的输出信息,就说明服务器已经正常启动了。

通过/zkServer.sh status 命令,查看当前节点的状态,如图 6-14 所示。

```
[root@slave01 zookeeper-3.8.2]# bin/zkServer.sh status
ZooKeeper JMX enabled by default
Using config: /opt/zookeeper-3.8.2/bin/../conf/zoo.cfg
Client port found: 2181. Client address: localhost. Client SSL: false.
Mode: leader
```

图 6-14　查看节点状态 1

通过使用上述命令,可以确认当前节点的角色(Leader 或 Follower)。在这个输出中,Mode:leader 指示当前节点是 Leader。

2. 单机模式

在上文的集群模式中,已经完成了一个 ZooKeeper 集群的搭建了。一般情况下,在开发测试环境中没有那么多机器资源,而且平时的开发调试并不需要极好的稳定性。幸运的是,ZooKeeper 支持单机部署,只要启动一台 ZooKeeper 机器,就可以提供正常服务了。

实际上,单机模式只是一种特殊的集群模式,是由一台机器组成的集群。认识到这一点后,对下文的理解会变得更加轻松。单机模式的部署步骤与集群模式的部署步骤基本一致,只需要对 zoo.cfg 配置文件进行一些差异化的修改。由于现在是单机模式,整个 ZooKeeper 集群中只有一台机器,因此需要对 zoo.cfg 进行如下修改。

```
tickTime = 2000
initLimit = 5
syncLimit = 2
dataDir = /opt/zookeeper - 3.8.2
clientPort = 2181
server.1 = IP1:2888:3888
```

和集群模式唯一的区别就在机器列表上,在单机模式的 zoo.cfg 文件中,只有 server.1 这一项。修改完这个文件后,就可以启动服务器了。

查看当前节点的状态,如图 6-15 所示。

```
[root@master bin]# ./zkServer.sh status
ZooKeeper JMX enabled by default
Using config: /opt/zookeeper-3.8.2/bin/../conf/zoo.cfg
Client port found: 2181. Client address: localhost. Client SSL: false.
Mode: standalone
```

图 6-15　查看节点状态 2

如图 6-15 所示,Mode:standalone 表明当前节点是单机模式(standalone mode)。这意味着正在运行一台独立的 ZooKeeper 服务器,而不是一个多节点的集群。在集群模式中,多个节点会组成一个集群,通过选举产生 Leader,负责处理客户端请求和数据复制。而在单机模式中,只有一台机器运行 ZooKeeper,不涉及节点之间的通信和数据复制。

6.4.2　客户端操作

1. ZooKeeper 的 Shell 操作

这部分重点要看下 zkCli 这个脚本。执行如下命令。

```
cd /opt/zookeeper - 3.8.2/bin
./zkCli.sh
```

当看到如图 6-16 所示的输出信息时，表示已经成功连接上本地的 ZooKeeper 服务器了。

注意，上面的命令没有显式地指定 ZooKeeper 服务器地址，那么默认是连接本地的 ZooKeeper 服务器。如果希望连接指定的 ZooKeeper 服务器，可以通过如下方式实现。

```
WATCHER::

WatchedEvent state:SyncConnected type:None path:null
[zk: localhost:2181(CONNECTED) 0]
```
图 6-16　ZkCli.sh 执行结果

```
./zkCli.sh - server ip:port
```

（1）创建节点。

使用 create 命令，可以创建一个 ZooKeeper 节点。用法如下：

```
create [ - s] [ - e] path data acl
```

其中，-s 或-e 分别指定节点特性：顺序或临时节点。默认情况下，不添加-s 或-e 参数的，创建的是永久节点。

```
create /zk - book 123
```

执行完上面的命令，就在 ZooKeeper 的根节点下创建了一个叫作/zk-book 的节点，并且节点的数据内容是 123。另外，create 命令的最后一个参数是 acl，它是用来进行权限控制的，默认情况下，不做任何权限控制。关于 ZooKeeper 的权限控制相关内容可参阅官方文档。

（2）读取命令。

与读取相关的命令包括 ls 命令和 get 命令。

使用 ls 命令，可以列出 ZooKeeper 指定节点下的所有子节点。当然，这个命令只能看到指定节点下第一级的所有子节点。用法如下：

```
ls path
```

其中，path 表示的是指定数据节点的节点路径。

使用 get 命令，可以获取 ZooKeeper 指定节点的数据内容和属性信息。用法如下：

```
get path [watch]
```

执行如下命令：

```
get /zk - book
```

输出信息为：

```
123
```

从上面的输出信息中可以看到节点/zk-book 的数据内容。

（3）更新数据内容。

使用 set 命令，可以更新指定节点的数据内容。用法如下：

```
set path data [version]
```

其中，data 就是要更新的新内容。注意，set 命令后面还有一个 version 参数，在 ZooKeeper 中，节点的数据是有版本概念的，这个参数用于指定本次更新操作是基于 Znode 的哪一个数据版本进行的。

执行如下命令：

```
set /zk - book 456
```

执行完以上命令后，节点/zk-book 的数据内容就已经被更新成 456 了。

（4）删除节点。

使用 delete 命令，可以删除 ZooKeeper 上的指定节点。用法如下：

```
delete path [version]
```

此命令中的 version 参数和 set 命令中的 version 参数的作用是一致的。

执行如下命令：

```
delete /zk - book
```

执行完以上命令后，就可以把/zk-book 这个节点成功删除了。但这里要注意的一点是，要想删除某一个指定节点，该节点必须没有子节点存在。

2. ZooKeeper 的 Java API

ZooKeeper 对多种编程语言提供了原生 API。下面重点来看下 ZooKeeper 的 Java 客户端 API 使用方式。

在 IDEA 中，创建一个新的项目 zk-test，在 pom 文件中添加如下所示的依赖。

```xml
< dependencies >
    < dependency >
        < groupId > org. apache. zookeeper </groupId >
        < artifactId > zookeeper </artifactId >
        < version > 3.8.2 </version >
    </dependency >
    <!-- SLF4J API -->
    < dependency >
        < groupId > org. slf4j </groupId >
        < artifactId > slf4j - api </artifactId >
        < version > 1.7.32 </version >
    </dependency >

    <!-- Logback 实现 -->
    < dependency >
        < groupId > ch. qos. logback </groupId >
        < artifactId > logback - classic </artifactId >
        < version > 1.2.6 </version >
    </dependency >
</dependencies >
```

在项目的 src/main/resources 目录下，新建一个文件，命名为 log4j. properties，在文件中

输入以下内容。

```
log4j.rootLogger = INFO, stdout, logfile
log4j.appender.stdout = org.apache.log4j.ConsoleAppender
log4j.appender.stdout.layout = org.apache.log4j.PatternLayout
log4j.appender.stdout.layout.ConversionPattern = %d %p [ %c ] - %m %n

log4j.appender.logfile = org.apache.log4j.FileAppender
log4j.appender.logfile.File = target/spring.log
log4j.appender.logfile.layout = org.apache.log4j.PatternLayout
log4j.appender.logfile.layout.ConversionPattern = %d %p [ %c ] - %m %n
```

在项目中创建一个 Java 类 ZooKeeperExample，并在该类中编写以下代码。

```java
import org.apache.zookeeper.*;
import java.util.concurrent.CountDownLatch;

public class ZooKeeperExample {
    public static void main(String[] args) {
        try {
            final CountDownLatch countDownLatch = new CountDownLatch(1);
            ZooKeeper zooKeeper = new ZooKeeper("master:2181,slave01:2181,slave02:2181",
4000, new Watcher() {
                @Override
                public void process(WatchedEvent event) {
                    if (Event.KeeperState.SyncConnected == event.getState()) {
                        //如果收到了服务端的响应事件,则连接成功
                        countDownLatch.countDown();
                    }
                }
            });
            countDownLatch.await();
            //CONNECTED
            System.out.println(zooKeeper.getState());
        } catch (Exception e) {
            e.printStackTrace();
        }
    }
}
```

在运行上述代码后，它使用 Apache ZooKeeper 客户端库连接到 ZooKeeper 集群。代码使用 CountDownLatch 来等待连接成功，当收到与 ZooKeeper 服务器的同步连接事件时，countDownLatch 减少计数，然后程序继续执行。最后，打印输出当前的 ZooKeeper 客户端状态。

在连接成功后，会输出 CONNECTED，表述连接成功，如图 6-17 所示。

```
10:08:55.944 [main-SendThread(master:2181)] DEBUG org.apache.zookeeper.SaslServerPrincipal - Canonic
10:08:55.945 [main-SendThread(master:2181)] INFO org.apache.zookeeper.ClientCnxn - Opening socket co
10:08:55.945 [main-SendThread(master:2181)] INFO org.apache.zookeeper.ClientCnxn - SASL config statu
10:08:55.947 [main-SendThread(master:2181)] INFO org.apache.zookeeper.ClientCnxn - Socket connection
10:08:55.948 [main-SendThread(master:2181)] DEBUG org.apache.zookeeper.ClientCnxn - Session establis
10:08:55.975 [main-SendThread(master:2181)] INFO org.apache.zookeeper.ClientCnxn - Session establish
CONNECTED
```

图 6-17　Java API 连接成功

连接成功后就可以进行相关的操作了，例如添加节点，其 Java 代码如下。

```
ZooKeeper.create("/zk","123456".getBytes(),ZooDefs.Ids.OPEN_ACL_UNSAFE,CreateMode
.PERSISTENT);
```

这段代码使用 Java API 的 ZooKeeper 客户端库来向 ZooKeeper 中添加一个节点。其中：

/zk：这是要创建的节点的路径，它是一个字符串，用来指定节点在 ZooKeeper 中的位置。节点路径必须是唯一的。

"123456".getBytes()：这是节点的数据，它是一个字节数组，可以是任何类型的数据。在这个例子中，将字符串"123456"转换为字节数组作为节点的数据。

ZooDefs.Ids.OPEN_ACL_UNSAFE：这是节点的 ACL（访问控制列表），用于控制节点的访问权限。在这个例子中，使用 ZooDefs.Ids.OPEN_ACL_UNSAFE，它是一个不安全的 ACL，表示节点可以被任何客户端访问。

CreateMode.PERSISTENT：这是节点的创建模式，它指定了节点的类型。在这个例子中，使用 CreateMode.PERSISTENT，表示创建一个永久化节点，该节点在 ZooKeeper 中保持永久存在，直到被显式删除。

当客户端执行这段代码时，它会向 ZooKeeper 服务器发送请求，要求创建一个新的节点，并将指定的数据和 ACL 信息存储在节点中。如果请求成功，则 ZooKeeper 会返回节点的完整路径，例如/zk。这样，客户端就可以通过这个路径来访问和操作这个新创建的节点。

注意，这只是一个简单的示例代码，实际使用中，需要适应具体的场景和业务需求来创建和管理 ZooKeeper 节点，进一步实现分布式锁、配置管理、服务注册等功能。

本章小结

ZooKeeper 作为分布式系统中重要的分布式协调服务，在解决分布式系统中的一致性和协调问题方面发挥着关键作用。通过提供高可用性、一致性和低延迟的服务，ZooKeeper 为构建可靠、高效的分布式系统提供了强大支持。

本章的学习使读者能够全面了解和掌握 ZooKeeper 的工作原理、应用场景和编程实践。首先，深入探讨了 ZooKeeper 的系统概述，包括其产生的背景和设计目标。随着分布式系统的广泛应用，对一致性和协调性的需求日益增加，而 ZooKeeper 的出现填补了这一空白，并致力于提供高性能和可靠性的分布式协调服务。

其次，详细讨论了 ZooKeeper 的工作原理，包括基本概念、ZAB 协议、数据模型、节点类型、监视与通知机制、选举机制和工作过程等。这些内容帮助读者深入了解 ZooKeeper 是如何实现分布式协调和一致性的，从而更好地应用于实际系统中。

然后，介绍了 ZooKeeper 在实际应用中的广泛应用场景，包括配置管理、命名服务、分布式协调/通知、分布式锁和分布式队列等。这些应用场景展示了 ZooKeeper 在不同领域的灵活性和强大功能，为构建高可靠性和可扩展性的分布式系统提供了重要支持。

最后，深入探讨了 ZooKeeper 的编程实践，包括部署与运行、Shell 操作和 Java API 的使用。通过这些实践，读者可以了解如何在实际项目中使用 ZooKeeper，并通过示例代码和操作指南进行实际操作和编程。

在未来，随着分布式系统的不断发展和应用场景的扩展，ZooKeeper 的重要性和作用将进一步突显。因此，对于软件工程师和系统架构师来说，深入理解和掌握 ZooKeeper 是至关重要的。只有通过不断学习和实践,才能更好地利用 ZooKeeper 等分布式协调服务,解决实际系统中的挑战,推动分布式系统的发展和创新。随着技术的不断进步和应用场景的扩展,ZooKeeper 将继续发挥着重要作用,成为构建高效、可靠的分布式系统的重要工具之一。

课后习题

1. 单选题

(1) ZooKeeper 是 Google(　　)框架的技术实现。

　　A. Chubby　　　　B. Pig　　　　　C. Hadoop　　　　D. Nutch

(2) ZooKeeper 设计目标中不包括(　　)。

　　A. 简单的数据模型　　　　　　　B. 可构建集群

　　C. 顺序访问　　　　　　　　　　D. 支持复杂查询

(3) 在 ZooKeeper 中,(　　)角色负责处理写操作。

　　A. Leader　　　　B. Follower　　　C. Observer　　　D. Client

(4) ZooKeeper 的数据模型类似于(　　)中已有的数据结构。

　　A. 关系数据库　　B. 内存数据结构　C. 文件系统　　　D. 网络拓扑结构

(5) 在 ZooKeeper 中,客户端会话超时后,以下操作正确的是(　　)。

　　A. 自动重新连接　　　　　　　　B. 等待服务器重新分配会话

　　C. 客户端需要重新建立会话　　　D. 服务器端自动续约会话

(6) ZooKeeper 中的 Znode 数据模型中不包含(　　)。

　　A. 状态(state)信息　　　　　　B. 数据(data)

　　C. 子节点(children)　　　　　　D. 访问控制列表(ACL)

(7) ZooKeeper 的集群角色中,不参与写操作投票的是(　　)。

　　A. Leader　　　　B. Follower　　　C. Observer　　　D. Client

(8) 在 ZooKeeper 中,客户端可以通过(　　)机制来接收节点变更通知。

　　A. 轮询　　　　　B. 回调　　　　　C. Watcher　　　D. 事件队列

(9) ZooKeeper 的会话具有(　　)的特点。

　　A. 永久性连接　　　　　　　　　B. 有时限的连接

　　C. 仅用于读操作　　　　　　　　D. 仅用于写操作

(10) 在 ZooKeeper 中,用于实现分布式锁的节点类型是(　　)。

　　A. 永久节点　　　B. 临时节点　　　C. 永久顺序节点　D. 临时顺序节点

2. 思考题

(1) ZooKeeper 为什么采用主备模式而不使用 Paxos 算法?

(2) 在 ZooKeeper 中,为什么客户端需要在接收到变更通知后再次设置监视点?

第 **7** 章

分布式数据库HBase

本章将以 HBase 为例,深入探讨分布式数据库的世界。在当今信息时代,海量数据的产生和应用已成为各行各业的常态。为了应对数据规模的爆炸性增长以及实现高效的数据处理和存储,分布式数据库成为了必不可少的解决方案。

本章首先简单介绍 HBase,分析其特点和应用场景;之后学习 HBase 的数据模型和存储方式,探讨列族、行键以及版本控制等关键概念,以帮助读者进一步理解其工作原理。HBase 的工作原理部分将深入剖析 HBase 的存储架构、Region 服务器、分区机制、预写入日志读写流程等内容。最后进行 HBase 的编程实践,通过学习 HBase 的安装配置、Shell 命令和 Java API,可以使用 HBase 完成高可靠和高性能的数据存储和读写操作。

通过本章的学习,将深入了解分布式数据库的核心概念和技术特点,掌握 HBase 的原理和实践,从而能够更加灵活地应用分布式数据库解决方案,应对现代大数据处理的挑战。

7.1 问题导入

随着数据规模的迅猛增长和数据类型的多样化,传统关系数据库在处理大规模、不规则数据时面临着严重的瓶颈。它们在扩展性、灵活性和性能等方面的限制,使得开发人员和数据工程师迫切需要一种能够高效处理大数据的新型数据库解决方案。NoSQL 数据库应运而生。其中,HBase 作为一款基于 Google 的 Bigtable 模型构建的分布式数据库,因其卓越的性能和灵活性成为处理海量数据的理想选择。

然而,在选择和使用 HBase 之前,有几个关键问题需要深入探讨:

- 为什么选择 NoSQL 数据库而不是传统关系数据库?
- HBase 与 Bigtable 之间有何异同?
- HBase 在处理大规模数据时具备哪些独特的优势?
- 具体应用场景中,HBase 如何发挥其技术优势?

本章将围绕这些问题展开详细讨论,帮助读者深入理解 HBase 的基本概念、系统架构和实际应用。首先介绍 NoSQL 数据库的概念,并对 HBase 与 Bigtable 的关系进行阐述,接着对比 HBase 与传统关系数据库的区别,详细分析 HBase 的特点和应用场景。接下来,深入探讨 HBase 的数据模型与工作原理,包括数据单元和数据存储格式、存储架构及核心角色、数据读写流程等核心内容。

最后,通过一个具体的案例——基于 HBase 的员工信息读写项目,带领读者实践 HBase 的运行环境搭建和应用功能实现,帮助读者更好地理解和掌握 HBase 的实际操作方法和技术细节。通过本章的学习,读者将能够全面掌握 HBase 的理论知识和实际应用技能,为今后在大数据处理项目中更好地利用 HBase 奠定坚实的基础。希望本章内容能够为读者在大数据处理和分布式数据库领域的学习和实践提供有益的指导和帮助,提升解决实际问题的能力。

7.2 HBase 系统概述

HBase 作为 Apache Hadoop 生态系统中的一员,是一种高可扩展、分布式、面向列的 NoSQL 数据库,用于处理高度结构化的和海量的数据。HBase 的出现弥补了传统关系数据库在海量数据处理方面的不足,并为大规模数据存储和分析提供了可靠的基础。

7.2.1 NoSQL 数据库

NoSQL 数据库是一种不同于关系数据库的数据库管理系统设计方式,是对非关系数据库的统称。NoSQL 数据库没有固定的表结构,通常也不支持连接操作,也没有严格遵守 ACID 约束。因此,与关系数据库相比,NoSQL 具有灵活的水平可扩展性,能够支持大规模数据存储和处理。此外,NoSQL 数据库支持 MapReduce 风格的编程,使其在应对大数据时代的各种数据管理任务上具有优势。NoSQL 数据库的出现,一方面弥补了关系数据库在商业应用中存在的各种缺陷,另一方面也撼动了关系数据库的传统垄断地位。

大体上,NoSQL 数据库分为 4 类:键值数据库、列族数据库、文档数据库和图数据库。

1. 键值数据库

键值数据库(key-value database)以键值对的方式存储数据,每个键(key)都是唯一的,而对应的值(value)可以是任意数据类型,如字符串、数字、列表、JSON 对象等。键值数据库通常使用哈希表这种数据结构来实现。在哈希表中,每个键都被哈希成一个索引,这样可以快速地找到对应的值。当需要访问某个特定键对应的值时,可以通过哈希表的哈希计算直接找到对应位置,使得在读取或写入数据时可以高效地定位和操作相应的键值对。

键值数据库可以进一步划分为内存键值数据库和持久化键值数据库。内存键值数据库把数据保存在内存中,如 Memcached 和 Redis。持久化键值数据库把数据保存在磁盘中,如 BerkeleyDB、Voldmort 和 Riak。

这种数据库模型非常简单且高效,适用于大规模的数据存储和快速读写操作。由于其简单性和高性能,键值数据库广泛应用于许多场景,如缓存系统、会话存储、分布式存储、用户配置数据等。不过,需要注意的是,键值数据库通常不支持复杂的查询操作。

2. 列族数据库

列族数据库(column-family database)在概念上类似于键值数据库,但在数据的组织结构上有一些不同之处。在列族数据库中,数据被组织成一系列的列族。每个列族(column family)都包含多个列(column),每个列都由一个标识符(column name)和对应的值(column value)组成。不同的列族可以包含不同的列,并且每个列族可以独立定义其列的结构。

与传统的关系数据库不同,列族数据库中不需要预先定义固定的模式。这意味着不同的行(row)可以具有不同的列族和列,并且每个行的列族和列都可以根据需要动态地添加和修改。这种灵活性使得列族数据库非常适合处理半结构化或具有不规则字段的数据。Apache HBase 就是典型的列族数据库。在 HBase 中,数据被组织成行键和列族,每个列族包含多个列。行键用于唯一标识数据,而列族用于逻辑上组织列。

由于列族数据库具有高度的扩展性、快速的读写能力以及灵活的数据模型,它在许多大规模的数据存储和处理场景下被广泛应用,如时间序列数据、实时分析、日志存储等。不过,与关系数据库相比,列族数据库在复杂查询方面可能受到一些限制,因为它们更专注于高吞吐量和快速读写操作。

3. 文档数据库

文档数据库(document database)是一种衍生自键值数据库的数据库类型。在文档数据库中,每条数据都是一个独立的文档。文档数据库的设计理念是将相关的数据组织在一个文档内,这样可以更好地反映真实世界中的实体和关系。例如,如果要存储一些用户的信息,每个用户的数据可以表示为一个文档,其中包含用户名、年龄、电子邮件地址等字段。不同用户的文档结构可以不同,根据实际需要灵活地添加或删除字段。文档格式包括 XML、YAML、JSON 和 BSON 等,也可以使用二进制格式,如 PDF、Microsoft Office 文档等。人们熟悉的 MongoDB 就是一个开源的文档数据库,支持 JSON 格式的文档存储,并提供灵活的查询和高可用性。

文档数据库在许多场景中具有广泛的应用,特别适用于存储半结构化数据、大量的变化字段或者需要频繁更改数据模型的情况。文档数据库既可以根据键来构建索引,又可以基于文档内容来构建索引,这使得它们在灵活性和查询能力方面有优势。尽管文档数据库可以存储多种类型的文档,但对于非结构化数据,它们可能无法像关系数据库那样进行复杂的查询和分析。

4. 图形数据库

图形数据库(graph database)是 NoSQL 数据库类型中最复杂的一个,旨在以高效的方式存储实体之间的关系。在图形数据库中,数据以图(graph)的形式进行组织和存储,图由节点(node)和节点之间的边(edge)组成,用于表示实体和实体之间的关系。节点表示实体(如人、物、地点等),而边表示实体之间的关系(如友谊、居住、工作关系等)。每个节点和边都可以包含属性(property),用于描述节点和边的特征。

图形数据库非常适合处理具有复杂关系和连接的数据,因为它们能够以高效的方式存储和查询这些关系。对于许多实际应用场景,图形数据库可以提供更直观、高效的数据查询和分析能力,尤其在涉及网络、依赖分析、社交网络、推荐系统、知识图谱等领域时。一些流行的图形数据库包括 Neo4j、Amazon Neptune、RedisGraph 等。

综上,NoSQL 数据库的灵活性、水平可扩展性以及对大数据处理的支持,使其在当今数据管理领域发挥着重要作用。键值数据库适用于快速读写操作,列族数据库适合处理半结构化数据,文档数据库适用于灵活的数据模型,而图形数据库则专注于复杂关系的存储和查询。不过,随着 NoSQL 数据库的普及,也应该注意到它们在复杂查询和分析方面可能受到一些限制,需要根据实际需求选择合适的数据库类型。

7.2.2 HBase 与 Bigtable

HBase 的产生背景与谷歌的 Bigtable 系统有关。谷歌在 2006 年发表了一篇名为 *Bigtable: A Distributed Storage System for Structured Data* 的论文,介绍了 Bigtable 系统。它是一种面向列的大规模分布式存储系统,使用谷歌分布式文件系统 GFS 作为底层数据存储。Bigtable 在 Google 内部广泛使用,用于存储结构化数据,可以与 MapReduce 等计算框架结合使用来处理大规模数据。从 2005 年 4 月开始,谷歌的许多项目都存储在 Bigtable 中,包括搜索、地图、财经、打印、社交网站 Orkut、视频共享网站 YouTube 和博客网站 Blogger 等。

一家自然语言搜索技术公司 Powerset,为了进行海量数据搜索,从 Google 的研究论文中借鉴 Bigtable 的概念,创建了一个它的开源实现,即 HBase。2010 年,HBase 成为 Apache 软件基金会的顶级项目,正式融入 Hadoop 生态系统。HBase 是一个高可靠、高性能、面向列、可伸缩的分布式数据库,可以说是谷歌 Bigtable 的开源实现,主要用来存储非结构化和半结构化的松散数据。

HBase 的目标是通过水平扩展的方式,利用廉价计算机集群处理由超过 10 亿行数据和数百万列元素组成的数据表。在第 3 章描述的 Hadoop 生态系统中,可以看到 HBase 利用 Hadoop MapReduce 来处理库中的海量数据,实现高性能计算;使用 HDFS 作为高可靠的底层存储,利用廉价集群提供海量数据存储能力。当然,HBase 也可以直接使用本地文件系统而不用 HDFS 作为底层数据存储方式。表 7-1 对照列出了 HBase 和 Bigtable 的生态系统相关技术。

表 7-1　HBase 和 Bigtable 的底层技术对应关系

类　　别	Bigtable	HBase
文件存储系统	GFS	HDFS
海量数据处理	MapReduce	Hadoop MapReduce
协同服务管理	Chubby	ZooKeeper

HBase 从 2010 年开始前前后后经历了几十个版本的升级,不断地在读写性能、系统可用性以及稳定性等方面进行改进。现在包括 Facebook、Yahoo、Pinterest 等大公司都大规模使用 HBase 作为基础服务。在国内 HBase 相对起步较晚,但当前各大公司对于 HBase 的使用已经越来越普遍,包括阿里巴巴、小米、华为、网易、京东、滴滴、中国电信、中国人寿等公司都使用 HBase 存储海量数据,服务于各种在线系统以及离线分析系统,其中阿里巴巴、小米以及京东更是有着数千台 HBase 的集群规模。最近,阿里云、华为云等云提供商先后推出了 HBase 云服务,为国内更多公司低门槛地使用 HBase 服务提供了便利。

7.2.3　HBase 与传统关系数据库对比

关系数据库从 20 世纪 70 年代发展到今天,已经是一种非常成熟稳定的数据库管理系统,通常具备的功能包括面向磁盘的存储和索引结构、多线程访问、基于锁的同步访问机制、基于日志记录的恢复机制和事务机制等。但是,当关系数据库的表数据达到一定量级时,查询的操作就会慢得令人无法忍受。

随着 Web 2.0 应用的不断发展,传统的关系数据库已经无法满足 Web 2.0 的需求,无论在数据高并发方面,还是在高可扩展性和高可用性方面,传统的关系数据库都显得力不从心,关系数据库的关键特性——完善的事务机制和高效的查询机制,在 Wb 2.0 时代也成为"鸡肋"。出现的包括 HBase 在内的非关系数据库,有效弥补了传统关系数据库的缺陷,在 Web 2.0 应用中得到了大量使用。

HBase 与传统的关系数据库的区别主要体现在以下几方面。

(1) 数据类型。关系数据库采用关系模型,具有丰富的数据类型和存储方式。HBase 则采用了更加简单的数据模型,它把数据存储为未经解释的字符串,用户可以把不同格式的结构化数据和非结构化数据都序列化成字符串保存到 HBase 中,用户需要自己编写程序把字符串解析成不同的数据类型。

(2) 数据操作。关系数据库中包含了丰富的操作,如插入、删除、更新、查询等,其中涉及的复杂的多表连接,通常是借助于多个表之间的主外键关联来实现的。HBase 操作则不存在复杂的表与表之间的关系,只有简单的插入、查询、删除、清空等,因为 HBase 在设计上就避免了复杂的表与表之间的关系,通常只采用单表的主键查询。

(3) 存储模式。关系数据库是基于行模式存储的,元组或行会被连续地存储在磁盘页中。在读取数据时,需要顺序扫描每个元组,然后从中筛选出查询所需要的属性。如果每个元组只有少量属性的值对于查询是有用的,那么基于行模式存储就会浪费许多磁盘空间和内存带宽。HBase 是基于列存储的,每个列族都由几个文件保存,不同列族的文件是分离的,它的优点是:可以降低 I/O 开销,支持大量并发用户查询,因为仅需要处理可以回答这些查询的列,而不需要处理与查询无关的大量数据行;同一个列族中的数据会被一起进行压缩,由于同一列族内的数据相似度较高,因此可以获得较高的数据压缩比。

(4) 事务支持。关系数据库通常直接支持 ACID(原子性、一致性、隔离性、持久性)事务,并且可以处理复杂的跨行事务。HBase 不直接支持复杂的跨行事务。在 HBase 中,事务需要通过应用程序实现,如使用两阶段提交(two-phase commit)等机制。

(5) 数据索引。关系数据库通常可以针对不同列构建复杂的多个索引,以提高数据访问性能。与关系数据库不同的是,HBase 只有一个索引行键,通过巧妙的设计,HBase 中的所有访问方法,或者通过行键访问,或者通过行键扫描,从而使得整个系统不会慢下来。由于 HBase 位于 Hadoop 框架之上,因此可以使用 Hadoop MapReduce 来快速、高效地生成索引表。

(6) 数据维护。在关系数据库中,更新操作会用最新的当前值去替换记录中原来的旧值,旧值被覆盖后就不会存在。在 HBase 中执行更新操作时,并不会删除数据旧的版本,而是生成一个新的版本,旧有的版本仍然保留。

(7) 可伸缩性。关系数据库很难实现横向扩展,纵向扩展的空间也比较有限。相反,HBase 和 Bigtable 这些分布式数据库就是为了实现灵活的水平扩展而开发的,因此能够轻易地通过在集群中增加或者减少硬件数量来实现性能的伸缩。

总体而言,HBase 和传统关系数据库各自在不同的领域有优势。传统关系数据库在处理结构化数据和复杂事务方面表现出色,而 HBase 在处理大规模非结构化数据和实时读写访问方面具备优势。因此,在选择数据库时,需要根据具体应用场景和需求来进行评估和选择。

7.2.4　HBase 的特点

与其他数据库相比,HBase 在系统设计及实践中有很多独特的优点,具体如下。

(1) 海量存储。HBase 适合存储 PB 级别的海量数据,在 PB 级别的数据以及采用廉价 PC 存储的情况下,能在几十到几百毫秒内返回数据。HBase 的单表可以支持千亿行、百万列的数据规模,数据容量可以达到 TB 甚至 PB 级别。传统的关系数据库,如 Oracle 和 MySQL 等,如果单表记录条数超过亿行,读写性能都会急剧下降,在 HBase 中并不会出现这样的问题。

(2) 极易扩展。HBase 的扩展性主要体现在两方面:一方面是基于上层处理能力(RegionServer)的扩展;另一方面是基于存储(HDFS)的扩展。HBase 集群可以非常方便地实现集群容量扩展,主要包括数据存储节点扩展以及读写服务节点扩展。HBase 底层数据存储依赖于 HDFS,HDFS 可以通过简单地增加 DataNode 实现扩展,HBase 读写服务节点也一样,可以通过简单的增加 RegionServer 节点实现计算层的扩展。

(3) 高并发。由于目前大部分使用 HBase 的架构都是采用的廉价 PC,因此单个 I/O 的延迟其实并不小,一般在几十到上百毫秒之间。在高并发的情况下,HBase 的单个 I/O 延迟下降并不多。所以能获得高并发、低延迟的服务。

（4）列式存储。这里的列式存储其实说的是列族存储,HBase是根据列族来存储数据的。列族下面可以有非常多的列,列族在创建表时就必须指定。

（5）稀疏。HBase支持大量稀疏存储,即允许大量列值为空,并不占用任何存储空间。这与传统数据库不同,传统数据库对于空值的处理要占用一定的存储空间,这会造成一定程度的存储空间浪费。

（6）多版本。HBase支持多版本特性,即一个KV可以同时保留多个版本,用户可以根据需要选择最新版本或者某个历史版本。

（7）支持过期。HBase支持TTL(time to live)过期特性,用户只需要设置过期时间,超过TTL的数据就会被自动清理,不需要用户写程序手动删除。

在学习了后续的数据模型和工作原理后,对以上特点将有更深入的认识。

7.2.5　HBase应用场景

HBase作为一个强大的分布式数据库,广泛用于以下应用场景。

（1）时序数据存储。HBase适用于存储和查询时间序列数据,例如传感器数据、日志数据、监控数据等。由于HBase支持按时间戳存储多个版本的数据,因此可以方便地进行历史数据查询和版本控制。

（2）实时数据分析。HBase的低延迟读写特性使其非常适合用于实时数据分析和查询。可以将实时生成的数据直接写入HBase,并通过HBase的快速查询能力实时进行数据分析和可视化。

（3）在线存储和检索。HBase支持高性能的随机读写,适用于在线存储和检索大量结构化或半结构化数据。这使得HBase成为大规模在线应用的理想选择,如社交网络、电子商务网站等。

（4）用户个性化推荐。HBase可用于存储用户的偏好数据、浏览历史等,为个性化推荐系统提供支持。通过HBase快速查询和多版本数据特性,能够为用户实时推送相关内容。

（5）热点数据缓存。将热点数据存储在HBase中,可以提供快速的数据访问和响应。这在大规模Web应用中,如网页单击流、用户会话管理等方面特别有用。

（6）日志处理。HBase适合用于存储和处理海量日志数据。结合Hadoop生态系统中的其他组件,如HDFS和MapReduce,可以实现强大的日志分析和数据挖掘功能。

（7）物联网(IoT)数据管理。HBase能够处理大规模的传感器数据和物联网设备数据,支持高并发访问和实时处理,是物联网应用的理想选择。

（8）在线广告和推广。HBase可用于存储和查询与广告投放相关的数据,如广告单击数据、展示数据等,支持实时的广告投放和性能追踪。

总的来说,HBase适用于需要处理大规模数据、高并发访问、实时查询和分析的场景。它在结合Hadoop和其他大数据技术时,能够构建强大的分布式数据处理解决方案,为各种大数据应用提供高性能和可靠的数据存储与访问支持。

7.3　HBase数据模型与工作原理

HBase作为一款高度可扩展的分布式非关系数据库,为大规模数据的存储和实时访问提供了强有力的解决方案。要充分发挥HBase的潜力,了解其数据模型是至关重要的。本节将深入探讨HBase的数据模型,从基本概念开始,逐步揭示HBase表的组织结构、行键设计、列族管理、版本控制和面向列的存储等关键要素,帮助读者理解 HBase 数据模型的设计原则,从而能够更好地设计高性能、灵活可扩展的 HBase 数据库。

理解了 HBase 的数据模型后,本节将继续深入探索 HBase 的工作原理。首先需要了解 HBase 的灵活存储架构,探讨 Region 服务器在分布式环境中的关键角色。之后将深入研究 HBase 的分区机制,以及如何利用日志结构合并(log-structured merge,LSM)树的存储引擎来实现高效数据存取。了解预写入日志(write-ahead logging,WAL)机制将揭示 HBase 的数据持久性和一致性保障。最后探索数据的读写流程,揭示 HBase 是如何处理读写操作的。通过对 HBase 工作原理的全面了解,能够更好地利用 HBase 的强大功能来满足日益增长的大数据需求。

7.3.1　数据单元及数据存储格式

1. HBase 的基本概念

1)命名空间

命名空间(namespace)类似于关系数据库的概念,每个命名空间下有多个表。HBase 两个自带的命名空间,分别是 hbase 和 default,hbase 中存放的是 HBase 内置的表,default 是用户默认使用的命名空间。

一个表可以自由选择是否有命名空间,如果创建表时加上了命名空间,这个表名字以< Namespace >:< Table >作为区分。

2)表

HBase 中的数据是以表(table)的形式进行组织的,类似于关系数据库中的表。表由行和列组成,每个单元格(cell)存储一个特定的数据值。

HBase 表由行和列组成,每一行代表着一个数据对象,每个表的行由唯一的行键标识。每一行都是由一个行键(row key)和一个或者多个列(列族)组成的。表中的每个单元格存储一个特定的数据值,它由行键、列族和列限定符(可选)组合定位。

3)行键

行键是行的唯一标识,行键并没有什么特定的数据类型,以二进制的字节来存储,按字母顺序排序。

因为表的行是按照行键顺序进行存储的,所以行键的设计相当重要。设计行键的一个重要原则就是相关的行键要存储在接近的位置,例如,设计记录网站的表时,行键需要将域名反转(例如,org. apache. www、org. apache. mail、org. apache. jira),这样的设计能使与 Apache 相关的域名在表中存储的位置非常接近。

访问表中的行只有 3 种方式:通过单个行键获取单行数据;通过一个行键的区间来访问给定区间的多行数据;全表扫描。

4)列族

列族是 HBase 表中列的逻辑分组,表中所有的列都需要组织在列族里面。通常将一组相关的列放置在同一个列族中。列族在表创建时需要预先定义,并且在表的整个生命周期内不能修改,因为它会影响到 HBase 真实的物理存储结构,但是列族中的列限定符及其对应的值可以动态增加和删除。

表中的每一行都有相同的列族,但是不需要每一行的列族中都有一致的列限定符,所以 HBase 是一种稀疏的表结构,这样可以在一定程度上避免数据的冗余。

一个列族的所有列成员都有着相同的前缀,例如,courses:history 和 courses:math 都是列族 courses 的成员。":"是列族的分隔符,用来区分前缀和列名。

列族存在的意义是 HBase 会把相同列族的列尽量放在同一台机器上,所以,如果想让某几个列被放到一起,就给它们定义相同的列族。每个列族存储在 HDFS 上的一个单独文件中,空值不会被保存。官方建议一张表的列族定义的越少越好,列族太多会极大程度地降低数据库性能,且目前版本 HBase 的架构容易出故障。

5)列限定符

在 HBase 中,数据是按照列族进行组织的,而列限定符(column qualifier)则是在列族内唯一标识数据的具体列。一个列族可以包含多个列限定符,每个列限定符对应一个单元格,存储着一个特定版本的数据。

列族中的数据通过列限定符(或列)来定位。在 HBase 表中,数据的组织方式可以形象地表示为"表名:列族名:列限定符",这样可以唯一标识表中的一个数据单元。例如,如果有一张 HBase 表名为 student_info,其中包含列族 personal_info 和列族 academic_info,列族 personal_info 包含列限定符:"name"、"age"、"gender"等,则该表中的 name 数据单元可以用 student_info:personal_info:name 形式表示。

HBase 中的列限定符不需要预先定义,也不需要在不同行之间保持一致。它们可以在数据写入时动态创建,这意味着在一个列族中可以灵活地根据数据的需求动态地添加新的列限定符,而无须事先预留表结构。如果没有指定列限定符,那么数据将以列族名作为默认的列限定符。列限定符没有数据类型,总被视为字节数组 byte[]。

6)时间戳

HBase 支持对每个单元格存储多个版本(version)的数据。每个版本都带有一个时间戳(timestamp),用于标识数据的不同版本。这使得 HBase 能够存储历史数据和实时数据,并支持时间序列数据的查询。时间戳默认由系统指定,也可以由用户显式指定。

在读取单元格的数据时,版本号可以省略,如果不指定,HBase 默认会获取最后一个版本的数据返回。

7)单元格

单元格是 HBase 中最小的数据存储单元,对应于某一行的某一列。每个单元格包含一个时间戳和数据值,时间戳用于标识每个版本的数据。HBase 支持多版本数据存储,允许在同一个单元格中保存多个时间戳对应的数据值,这样可以实现数据的版本控制和历史追溯。单元格中的数据是没有类型的,总被视为字节数组 byte[]。

在学习了以上基本概念的基础上,可以把 HBase 的这些概念归结成如图 7-1 所示。

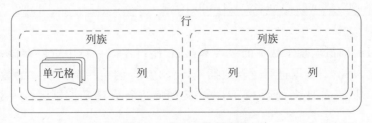

图 7-1　HBase 数据存储

为了更好地理解 HBase 的存储方式,来看一下单元格中具体存储的数据,如图 7-2 所示。图中,每一行代表一个数据对象,由行键标识;每个数据对象都对应相同的列族 info,列族中包含了相同的内容,由列限定符 name、major、email 来标识。当然,如果内容不同,也可以给出不同的列限定符。每一行的每一列对应一个单元格,存储具体的数据;每个单元格的数据都可以附带时间戳，以对应不同的数据版本。

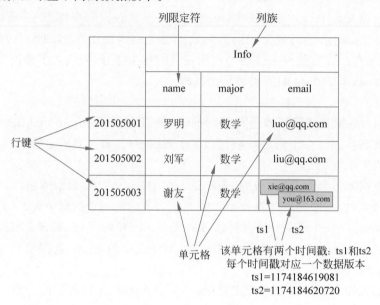

图 7-2　单元格示意

8）数据坐标

HBase 使用坐标来定位表中的数据，也就是说，每个值都是通过坐标来访问的。对于熟悉的关系数据库而言，数据定位可以理解为采用"二维坐标"，即根据行和列就可以确定表中一个具体的值。但是，HBase 中需要根据行键、列族、列限定符和时间戳来确定一个具体数据，因此可以视为一个"四维坐标"，即[行键，列族，列限定符，时间戳]。

例如，图 7-2 中，由行键"201505003"、列族"Info"、列限定符"email"和时间戳"1174184619081"(ts1)这 4 个坐标值确定的数据值是"xie@qq.com"；由坐标["201505003"，"Info"，"email"，1174184620720]确定的单元格里面存储的值是"you@163.com"。

如果把所有坐标看成一个整体，视为"键"，把四维坐标对应的单元格中的数据视为"值"，那么，HBase 也可以看成一个键值数据库（见表 7-2）。

表 7-2　HBase 可视作键值数据库

键	值
["201505003"，"Info"，"email"，1174184619081]	"xie@qq.com"
["201505003"，"Info"，"email"，1174184620720]	"you@163.com"

2. 多版本控制

HBase 通过时间戳实现了数据的多版本存储，使得在同一行中可以存储多个不同版本的数据。换而言之，每次对数据进行更新或插入操作，都会创建一个新版本的数据，而不是直接覆盖之前的值。那么，如此多的版本，HBase 又如何进行管理和控制呢？一起来看看具体的操作规则。

1）写入数据

当客户端向 HBase 中插入新数据时，客户端可以指定一个特定的时间戳来作为新数据版本的标识。如果未提供时间戳，则 HBase 会自动生成一个合适的时间戳，通常使用系统当前时间。HBase 支持写入多个列族下的多个列的数据，并为每个数据单元格分配一个时间戳。

2）版本保存

HBase 并不会立即删除旧数据或覆盖它们，而是将新数据添加为该列的新版本，同时保留旧版本数据。当同一个单元格被写入多次时，每次写入都会创建一个新版本，即使数据内容相同。版本之间的关系是有序的，根据时间戳的递增顺序排列。

3）读取数据

在读取数据时，可以通过指定时间戳或时间范围来获取特定版本的数据。如果没有指定时间戳，则默认获取最新版本的数据。客户端可以指定一个时间戳或时间范围来检索历史版本的数据。例如，可以检索过去 24 小时内的所有数据版本。

4）版本数控制

在表的创建或设计阶段，HBase 允许配置表的最大版本数目。这样，可以控制存储在表中的历史版本数量，防止数据无限增长。

5）版本清理

为了防止存储空间无限增长，HBase 提供了版本清理机制。可以通过设置适当的时间戳保留策略来定期清理旧版本的数据。版本清理可以由 HBase 自动执行，也可以通过编程方式触发。HBase 提供了两种数据版本回收方式：一是保存数据的最后 n 个版本；二是保存最近一段时间内的版本（如最近 7 天）。

通过时间戳实现多版本控制使得 HBase 在许多应用场景下非常有用，例如需要存储历史数据、审计数据变更、支持时间范围查询等。用户需要根据具体应用的需求和系统的存储资源，合理设置版本数目和版本清理策略，以平衡存储成本和系统性能。

3. 概念视图和物理视图

HBase 是一个稀疏、多维度、排序的映射表。多维度和排序很容易理解，因为表中的每个数据值都需要一个四维坐标来定位，每个数据对象都有一个可排序的行键。那稀疏又怎么理解呢？一起来看看 HBase 的概念视图。

1）概念视图

表 7-3 就是 HBase 存储数据的概念视图实例。它是一个存储网页的 HBase 表的片段。行键是一个反向 URL（即 com. baidu. www），之所以这样存放，是因为 HBase 是按照行键的字典序来排序存储数据的，采用反向 URL 的方式，可以让来自同一个网站的数据内容都保存在相邻的位置。可以定义 contents 列族用来存储网页内容，anchor 列族存储任何引用这个主页的网页的锚链接文本。Baidu 的主页被 page-a. com 和 page-b. com 网页同时引用，因此，这里的行包含了名称为"anchor:page-a. com"和"anchor:page-b. com"的列。可以采用"四维坐标"来定位单元格中的数据，例如在这个实例表中，四维坐标["com. baidu. www"，"anchor"，"anchor:page-a. com"，t5]对应的单元格里面存储的数据是锚链接文本"welcome to BAIDU"，四维坐标["com. baidu. www"，"anchor"，"anchor:page-b. com"，t4]对应的单元格里面存储

表 7-3 HBase 数据的概念视图

行　　键	时间戳	列族 contents	列族 anchor
"com. baidu. www"	t5		anchor:page-a. com＝"welcome to BAIDU"
	t4		anchor:page-b. com＝"baidu. com"
	t3	contents:html＝"＜html＞…"	
	t2	contents:html＝"＜html＞…"	
	t1	contents:html＝"＜html＞…"	
"cn. edu. cczu. www"	t6	contents:html＝"＜html＞…"	

的数据是"baidu.com",四维坐标["com.baidu.www","contents","html",t3]对应的单元格里面存储的数据是网页内容。可以看出,在一个 HBase 表的概念视图中,每个行都包含相同的列族,尽管行不需要在每个列族里存储数据,如表 7-3 中,前 2 行数据中,列族 contents 的内容就为空,后 3 行数据中,列族 anchor 的内容为空,从这个角度来说,HBase 表是一个稀疏的映射关系,即里面存在很多空的单元格。

在 HBase 的概念视图中,可以看到,同一张表里面的每一个行键对应的数据对象并不要求拥有相同的列族或列,同一行键对应的不同版本数据也可以拥有不同的列族或列。因此对于整个映射表的每行数据而言,有些列的值就是空的,所以说 HBase 是稀疏的。通过这种稀疏的映射结构,HBase 能够有效地存储和检索具有不同属性集的数据,还可以横向扩展以应对大规模数据的需求。

2)物理视图

在表 7-3 的概念视图中,可以看到,有些列是空的,即这些列上面不存在值。需要注意的是,这个空的列并不需要占用实际空间,事实上,该数据对象并没有这个列的数据。为了更好地理解数据的实际存储状况,来了解一下 HBase 数据的物理视图。

从概念视图层面,HBase 中的每个表是由许多行组成的,但是在物理存储层面,它是采用了基于列的存储方式,而不是像传统关系数据库那样采用基于行的存储方式,这也是 HBase 和传统关系数据库的重要区别。表 7-3 的概念视图中的第一行的数据对象,在物理存储时会存成表 7-4 中的两个小片段,也就是说,这个 HBase 表会按照 contents 和 anchor 这两个列族分别存放,属于同一个列族的数据保存在一起,同时,和每个列族一起存放的还包括行键和时间戳。

表 7-4 HBase 数据的物理视图

行　键	时　间　戳	列族 contents
	t3	contents:html="< html >…"
"com.baidu.www"	t2	contents:html="< html >…"
	t1	contents:html="< html >…"

行　键	时　间　戳	列族 anchor
	t5	anchor:page-a.com="welcome to BAIDU"
"com.baidu.www"	t4	anchor:page-b.com="baidu.com"

可以看到,在物理视图中,这些空的列不会被存储成 null,而是根本就不会被存储,当请求这些空白的单元格时,会返回 null 值。

4. 面向列的存储

通过前面的阐述,已经了解 HBase 是面向列的存储,也就是一种列式数据库。相对于列式数据库,传统的关系数据库采用的是面向行的存储方式,被称为行式数据库。下面对这两种存储方式进行简要介绍。

简单来说,行式数据库采用了 NSM(n-ary storage model,多元组存储模型),它将一个元组(或行)连续地存储在磁盘页中,如图 7-3 所示。也就是说,数据是一行一行被存储的,当第一行写入磁盘页后,接着写入第二行,以此类推。当从磁盘中读取数据时,需要顺序扫描每个元组的完整内容,然后从每个元组中筛选出查询所需的属性。然而,如果每个元组中只有少量属性的值对于查询是有用的,那么 NSM 将会浪费大量的磁盘空间和内存带宽。

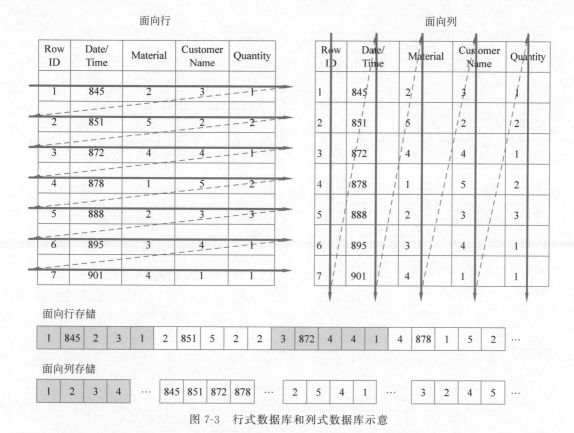

图 7-3 行式数据库和列式数据库示意

列式数据库采用了在 1985 年提出的 DSM(decomposition storage model,分解存储模型/列存储模型),其主要目的在于最小化无用的 I/O 操作。相较于 NSM 的思路,DSM 采用了不同的方法,它会对关系进行垂直分解,并为每个属性分配一个子关系。这样,一个具有 n 个属性的关系会被分解成 n 个子关系,每个子关系单独存储。只有当请求涉及某个属性时,相应的子关系才会被访问。换句话说,DSM 以关系数据库中的属性或列为单位进行存储,将关系中多个元组的同一属性值(或同一列值)存储在一起,而一个元组中不同属性值则通常会被分别存放于不同的磁盘页中。

图 7-4 是一个关于行式存储结构和列式存储结构的实例,从中可以看出两种存储方式的具体差别。

行式数据库主要适用于处理小批量数据,例如联机事务型数据处理。常见的关系数据库如 Oracle 和 MySQL 属于行式数据库。相比之下,列式数据库则适用于批量数据处理和即席查询(ad-hoc query)。列式数据库具有以下优势:降低 I/O 开销,支持大量并发用户查询,数据处理速度比传统方法快 100 倍。这是因为列式数据库仅需处理包含所需查询的列,而不涉及整理与特定查询无关的数据行。此外,列式数据库具有高数据压缩比,比传统的行式数据库更加高效,甚至可达到 5 倍效果。列式数据库在决策支持和地理信息系统等查询密集型系统中表现优异,因为它能够一次查询即得出结果,无须遍历所有的数据库。因此,列式数据库主要应用于人口统计调查、医疗分析等行业,这些行业需要处理大量的数据统计分析。如果使用行式数据库,将导致处理时间无限延长。

DSM 的缺陷在于,执行连接操作时需要昂贵的元组重构代价。这是因为一个元组的不同属性被分散到不同磁盘页中存储。当需要完整的元组时,必须从多个磁盘页中读取相应字段

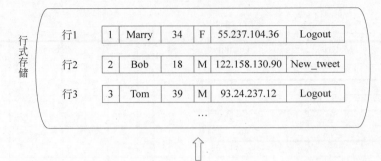

行式存储

行1	1	Marry	34	F	55.237.104.36	Logout
行2	2	Bob	18	M	122.158.130.90	New_tweet
行3	3	Tom	39	M	93.24.237.12	Logout

…

Log					
Log_id	user	age	sex	ip	action
1	Marry	34	F	55.237.104.36	Logout
2	Bob	18	M	122.158.130.90	New_tweet
3	Tom	38	M	93.24.237.12	Logout
4	Linda	58	F	87.124.79.252	Logout

列式存储

列1：user	Marry	Bob	Tom	Linda
列2：age	34	18	38	58
列3：sex	F	M	M	F
列4：ip	55.237.104.36	122.158.130.90	93.24.237.12	87.124.79.252
列5：action	Logout	New_tweet	Logout	Logout

图 7-4　行式存储结构和列式存储结构

的值并重新组合才能得到原来的一个完整元组。在联机事务型数据处理中，经常需要频繁修改某些元组，例如百货商场售出一件衣服后要立即修改库存数据。如果采用 DSM，将会产生高昂的开销。过去的很多年里，数据库主要应用于联机事务型数据处理，因此，主流商业数据库大多采用了 NSM 而不是 DSM。然而，随着市场需求的变化，分析型应用在数据挖掘等方面变得越来越重要。企业需要分析各种经营数据来制定决策。对于分析型应用，一般数据存储后不会发生修改，例如数据仓库，因此不涉及昂贵的元组重构代价。所以，近年来 DSM 开始受到青睐，出现了一些采用 DSM 的商业产品和学术研究原型系统，例如 Sybase IQ、ParAccel、Sand/DNA Analytics、Vertica、InfiniDB、NFOBright、MonetDB 和 LucidDB。一些商业化的列式数据库，如 Sybase IQ 和 Vertica，能够很好地满足数据仓库等分析型应用的需求，并且性能较高。受益于 DSM 的优良特性，非关系数据库（或称为 NoSQL 数据库）如 HBase 也吸收借鉴了这种面向列的存储格式。

可以观察到，严格从关系数据库的角度来看，HBase 并不是一个严格的列式存储数据库。毕竟，HBase 以列族为单位进行分解（列族包含多个列），而不是每个列都单独存储。然而，HBase 借鉴和利用了磁盘上的列存储格式，因此从这个角度来看，HBase 可以被视为列式数据库。

7.3.2　存储架构及核心角色

HBase 借鉴了 Bigtable，它的结构是典型的主从模式。系统中有一个管理集群的 Master 节点以及大量实际服务用户读写的 Region 服务器节点。除此之外，HBase 中所有数据最终都存储在 HDFS 中，这与 Bigtable 实际数据存储在 GFS 中相对应；系统中还有一个 ZooKeeper 节点，协助 Master 对集群进行管理，如图 7-5 所示。

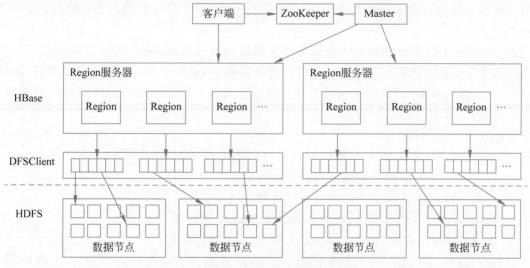

图 7-5　HBase 存储架构

从图 7-5 中，可以看到各服务器角色是如何组成宏观结构的，以下是对各部分的介绍。

（1）Region 服务器。

Region 服务器（RegionServer）是 HBase 中最核心的模块，负责维护分配给自己的 Region，并响应用户的读写请求。有关 Region 服务器的细节和工作机制会在 7.3.2 节详细阐述。

Region 是 HBase 中数据存储和管理的基本单位。HBase 是一个分布式数据库，将数据表分割成若干 Region 进行存储和管理。每个 Region 负责管理一部分数据，并在 HBase 集群中的 RegionServer 上运行。有关表的分区机制将在 7.3.3 节详细讲解。

HBase 一般采用 HDFS 作为底层存储文件系统，因此 Region 服务器需要向 HDFS 中读写数据。采用 HDFS 作为底层存储，可以为 HBase 提供可靠稳定的数据存储，HBase 自身并不具备数据复制和维护数据副本的功能，而 HDFS 可以为 HBase 提供这些支持。当然，HBase 也可以不采用 HDFS，而是使用其他任何支持 Hadoop 接口的文件系统作为底层存储，如本地文件系统或云计算环境中的 Amazon S3（Simple Storage Service）。

（2）客户端。

客户端包含访问 HBase 的接口，同时在缓存中维护着已经访问过的 Region 位置信息，用来加快后续数据访问过程。HBase 客户端使用 HBase 的 RPC 机制与 Master 和 Region 服务器进行通信。其中，对于管理类操作，客户端与 Master 进行 RPC；而对于数据读写类操作，客户端则会与 Region 服务器进行 RPC。

（3）ZooKeeper 服务器。

ZooKeeper 服务器并非一台单一的机器，可能是由多台机器构成的集群来提供稳定可靠的协同服务。ZooKeeper 能够很容易地实现集群管理的功能，如果有多台服务器组成一个服务器集群,那么必须有一个"总管"知道当前集群中每台机器的服务状态,一旦某台机器不能提供服务,集群中其他机器必须知道,从而做出调整重新分配服务策略。同样,当增加集群的服务能力时,就会增加一台或多台服务器,同样也必须让"总管"知道。

在 HBase 服务器集群中,包含了一个 Master 和多个 Region 服务器,Master 就是这个HBase 集群的"总管",它必须知道 Region 服务器的状态。ZooKeeper 就可以轻松做到这一点,每个 Region 服务器都需要到 ZooKeeper 中进行注册,ZooKeeper 会实时监控每个 Region服务器的状态并通知给 Master,这样,Master 就可以通过 ZooKeeper 随时感知到各 Region 服务器的工作状态。

ZooKeeper 不仅能够帮助维护当前集群中机器的服务状态,而且能够帮助选出一个"总管",让这个总管来管理集群。HBase 可以启动多个 Master,但是 ZooKeeper 可以帮助选举出一个 Master 作为集群的总管,并保证在任何时刻总有唯一一个 Master 在运行,这就避免了Master 的"单点失效"问题。

(4) Master 服务器。

Master 服务器(主服务器,也称作 HMaster)主要负责表和 Region 的管理工作。

* 管理用户对表的增加、删除、修改、查询等操作。
* 实现不同 Region 服务器之间的负载均衡。
* 在 Region 分裂或合并后,负责重新调整 Region 的分布。
* 对发生故障失效的 Region 服务器上的 Region 进行迁移。

任何时刻,一个 Region 只能分配给一个 Region 服务器。Master 维护了当前可用的Region 服务器列表,以及当前哪些 Region 分配给了哪些 Region 服务器,哪些 Region 还未被分配。当存在未被分配的 Region,并且有一个 Region 服务器上有可用空间时,Master 就给这个 Region 服务器发送一个请求,把该 Region 分配给它。Region 服务器接受请求并完成数据加载后,就开始负责管理该 Region 对象,并对外提供服务。

(5) DFSClient。

HBase 内部封装了一个名为 DFSClient 的 HDFS 客户端组件,负责对 HDFS 的实际数据进行读写访问。DFSClient 在 Hadoop 集群中充当了与 HDFS 进行交互的重要角色,使应用程序能够高效地读写和管理大规模的数据。它的主要功能如下。

① 文件读取和写入。DFSClient 负责向 HDFS 读取和写入文件数据。当客户端需要读取文件时,DFSClient 将从合适的数据节点获取数据块,并将数据传输给客户端。而在文件写入时,DFSClient 将数据分成数据块,并将数据块写入合适的数据节点,以实现数据的分布式存储。

② 块副本管理。HDFS 中的数据被分成多个数据块,并复制到不同的数据节点上,以提供容错性和数据冗余。DFSClient 负责管理这些数据块的复制,包括创建新的副本、删除旧的副本以及处理数据节点故障时的副本重定位。

③ 客户端缓存。DFSClient 提供本地缓存,以减少重复读取数据时的网络传输开销。客户端可以选择将某些数据块缓存在本地,从而在需要时能够更快地读取数据。

④ 文件元数据操作。DFSClient 负责处理文件的元数据操作,例如创建文件、删除文件、重命名文件等。

⑤ 客户端连接管理。DFSClient 管理与 HDFS 集群中各数据节点的连接,以便高效地传输数据。

1. Region 服务器

一个 Region 服务器 RegionServer 可以存放多个 Region，如图 7-6 所示。一个 RegionServer 包含有：

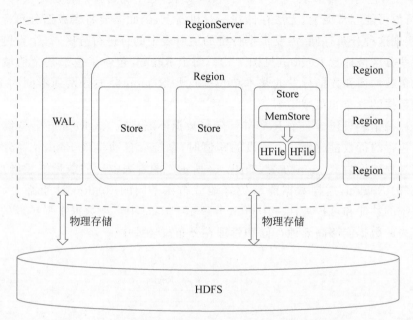

图 7-6　RegionServer 内部结构

（1）一个 WAL。WAL（预先写入日志）是 write-ahead log 的缩写，从名字就可以看出它的用途，就是预先写入日志。当操作到达 Region 时，HBase 即刻做的操作就是写到 WAL 里面去。HBase 会先把数据放到基于内存实现的 MemStore 里，等数据达到一定的数量时才刷写（flush，这是一个写入磁盘的动作）到最终存储的 HFile 内。而如果在这个过程中服务器宕机或者断电了，那么数据就丢失了。WAL 是一个保险机制，数据在写到 MemStore 之前先被写到 WAL 了。这样，当故障恢复时可以从 WAL 中恢复数据。

（2）多个 Region。Region 相当于一个数据分片。每个 Region 都有起始行键和结束行键，代表了它所存储的行范围。

再进一步观察一下 Region 中的内部结构。

一个 Region 由一个或者多个 Store 构成，Store 的个数取决于表中列族的个数，有多少个列族就有多少个 Store。HBase 中，每个列族的数据都集中存放在一起形成一个存储单元 Store，因此建议将具有相同 I/O 特性的数据设置在同一个列族中。每个 Store 由一个 MemStore 和一个或多个 HFile 组成。MemStore 称为写缓存，用户写入数据时首先会写到 MemStore，当 MemStore 写满之后（缓存数据超过阈值，默认为 128MB）系统会异步地将数据刷写成一个 HFile 文件。显然，随着数据不断写入，HFile 文件会越来越多，当 HFile 文件数超过一定阈值之后系统将会执行 Compact 操作，将这些小文件通过一定策略合并成一个或多个大文件。

每个 Region 内都包含有多个 Store 实例。一个 Store 对应一个列族的数据，如果一个表有两个列族，那么在一个 Region 里面就有两个 Store。在最右边的单个 Store 的解剖图上，可以看到 Store 内部有 MemStore 和 HFile 这两个组成部分。

2. 表的分区机制

1）Region 分区

在 HBase 中，包含了许多表。对于每个 HBase 表，表中的行按照行键的字典序进行维护。由于表中的行数可能非常庞大，无法存储在一台机器上，因此需要将表数据分布存储到多台机器上。为了实现这种分布存储，需要根据行键的值对表中的行进行分区，每个行键值范围形成一个分区，这些分区被称为 Region（见图 7-7）。每个 Region 包含了位于某个值域区间内的所有数据，它是负载均衡和数据分发的基本单位。这些 Region 会被分发到不同的 Region 服务器上，以实现数据的分布和负载均衡。

初始阶段，每个表只包含一个 Region。随着数据不断插入，该 Region 会持续增大。当一个 Region 中包含的行数量达到一个预设的阈值时，系统会自动将该 Region 等分为两个新的 Region，这个过程被称为 Region 分裂，如图 7-8 所示。随着表中行的数量继续增加，会不断分裂出越来越多的 Region，这样数据能够更好地分布在不同的 Region 服务器上，实现负载均衡，并保证系统的性能和可扩展性。Region 分裂是 HBase 中实现数据水平扩展的重要机制之一，它确保了表的数据能够高效地存储和管理在分布式环境中。

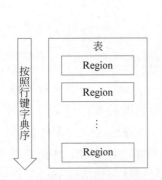 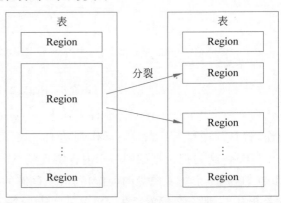

图 7-7　一个 HBase 表被划分成多个 Region　　图 7-8　一个 Region 会被分裂成多个新的 Region

在 HBase 中，每个 Region 的默认大小通常在 100～200MB，它是负载均衡和数据分发的基本单位。Master 服务器负责将不同的 Region 分配到不同的 Region 服务器上，如图 7-9 所示。但是需要注意的是，同一个 Region 不会被拆分到多个 Region 服务器上，即一个 Region 完全由一个 Region 服务器管理。

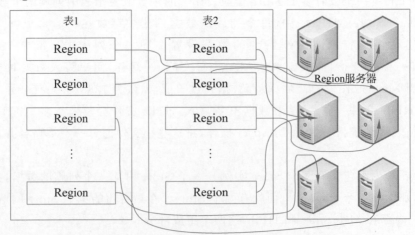

图 7-9　不同的 Region 可以分布在不同的 Region 服务器上

　　每个 Region 服务器负责管理一个 Region 集合,而在每个 Region 服务器上通常会放置 10～1000 个 Region。这个范围的 Region 数量是可以根据具体需求和配置进行调整的。这种架构使得 HBase 能够有效地处理大量的数据,并在分布式环境下实现数据的负载均衡和高可用性。随着数据的不断增加和 Region 分裂的发生,Region 服务器上的 Region 数量也会相应增加,确保数据的均衡存储和高性能访问。

　　2) Region 的定位

　　一个 HBase 的表可能非常庞大,会被分裂成很多个 Region,这些 Region 被分发到不同的 Region 服务器上。因此,必须设计相应的 Region 定位机制,保证客户端知道到哪里可以找到自己所需要的数据。

　　每个 Region 都有一个 RegionID 来标识它的唯一性,这样,一个 Region 标识符就可以表示成"表名＋开始主键＋RegionID"。

　　有了 Region 标识符,就可以唯一标识每个 Region。为了定位每个 Region 所在的位置,就可以构建一张映射表,映射表的每个条目(或每行)包含两项内容:一个是 Region 标识符;另一个是 Region 服务器标识,这个条目就表示 Region 和 Region 服务器之间的对应关系,从而就可以知道某个 Region 被保存在哪个 Region 服务器中。这个映射表包含了关于 Region 的元数据即 Region 和 Region 服务器之间的对应关系,因此也被称为元数据表,又名 hbase: meta 表(1. x 版本中称为. META. 表)。

　　当一个 HBase 表中的 Region 数量非常庞大时,hbase:meta 表的条目就会非常多,一个服务器保存不下时,也需要分区存储到不同的服务器上,因此,hbase:meta 表也会被分裂成多个 Region。元数据的最顶层信息直接由 Master 服务器管理,Master 服务器会直接知道 hbase: meta 表的位置,从而可以定位任意的用户数据表。

　　综上所述,HBase 使用三层结构来保存 Region 位置信息(见图 7-10),表 7-5 给出了 HBase 三层结构中每个层次的名称及其具体作用。

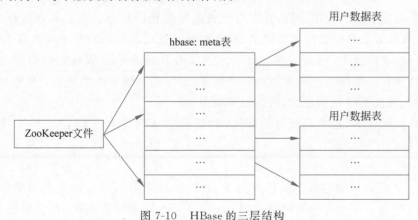

图 7-10　HBase 的三层结构

表 7-5　HBase 三层结构

层　　次	名　　称	作　　用
第一层	ZooKeeper 文件	记录了-ROOT-表的位置信息
第二层	hbase:meta 表	记录了用户数据表的 Region 位置信息,hbase:meta 表可以有多个 Region,保存了 HBase 中所有用户数据表的 Region 位置信息
第三层	用户数据表	用户数据表是实际存储用户数据的表格,它们的元数据信息会被记录在 hbase:meta 表中。每个用户表可能会被分成多个 Region,这些 Region 存储了用户数据的实际内容

当客户端需要访问某个用户数据表时,它首先会通过与 ZooKeeper 进行交互,获取 hbase:meta 表所在的 RegionServer 地址。一旦知道了 hbase:meta 表所在的 RegionServer,客户端会直接与 hbase:meta 表进行数据交互,以获取所需用户数据表的位置信息。在 hbase:meta 表中,每行记录代表一个 Region,其中包含了用户数据表的分片信息,例如 Region 的起始行键和结束行键,Region 所在的 RegionServer 等。客户端利用这些元数据信息,可以确定需要访问的特定行键在哪个 Region 中,然后直接与对应的 RegionServer 进行数据交互,获取用户数据表的实际数据。

整个流程通过两次数据交互即可完成:首先是从 ZooKeeper 获取 hbase:meta 表的位置信息,然后从 hbase:meta 表获取用户数据表的位置信息。这样的设计简化了元数据的管理,提高了访问速度,并使整个系统更加高效和可靠。同时,hbase:meta 表的多个 Region 和 ZooKeeper 的高可用性确保了元数据信息的负载均衡和高可用性。

3. B+树与 LSM 树

不同的排序、搜索算法在性能上差别非常大,其复杂度从 $O(n^2)$ 到 $O(\mathrm{lb}n)$ 甚至 $O(1)$。同样,不同的存储模型和索引结构对数据库的读写性能影响也很大。B+树和 LSM(log-structured merge)树是两种常见的索引结构,分别用于优化读性能和写性能。HBase 巧妙地结合了这两种索引结构,实现了在提高写性能的同时保证读性能的目标。

1) B+树

B+树是一种平衡树结构,它在磁盘上存储有序的键值对,适合快速的查找和范围查询。为了理解 B+树,要先从大家熟悉的二叉查找树和 B 树(balanced tree)说起。

二叉查找树(binary search tree)是一种经典的查找数据结构,其查找的平均时间复杂度 $O(\mathrm{lb}n)$。二叉查找树的特点是每个非叶子节点都只包含两棵子树:左子树和右子树(其中一棵可为空树),其左子树上节点的关键字值都小于双亲节点的关键字值,其右子树上节点的关键字值都大于双亲节点的关键字值,且左右子树也具有相同特点。在二叉查找树中进行搜索操作时,需要从根节点开始逐级比较键值,然后根据比较结果选择向左子树或右子树遍历。如果节点数据存储在磁盘上,那么每次访问节点都需要从磁盘中读取相应的数据,这就是磁盘 I/O 操作。磁盘 I/O 操作相比内存访问要慢得多,这可能导致较大的延迟。随着数据量增大,树的深度增加,磁盘 I/O 次数增多,搜索效率会降低。

为了提高搜索效率,必须降低树的深度,数据模型从两方面进行了改进:一是平衡化处理,就是让子树的深度之差不会超过 1;二是多路搜索,增加节点的分支。这就有了 B 树。

B 树是一种自平衡的多路搜索树,是在二叉树的基础上优化而来,主要目的是降低树的深度,减少磁盘 I/O。B 树通过将二叉树改为多叉树,在每个节点上存储更多的指针信息,从而降低磁盘 I/O 数目。在插入和删除节点时,如果节点的键值过多或过少,会触发节点的分裂或合并,以保持树的平衡。B 树的所有叶子节点都具有相同的深度,因此数据查找时间比较平衡。图 7-11 展示了一个深度为 2 的 B 树(这里定义根节点的深度为 0)。

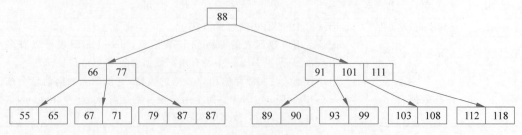

图 7-11　B 树

B+树是B树的一种变体。B+树也是一种平衡树,其所有叶子节点到根节点的高度相同。其与B树的主要区别如下。

(1) 节点存储方式。在B树中,每个节点既存储数据,又存储键值和指向子节点的指针。而在B+树中,非叶子节点只存储键值和指向子节点的指针,称为索引节点,而完整的数据都存储在叶子节点上。这使得B+树的非叶子节点可以容纳更多的键值,减少树的高度,进而减少磁盘I/O次数,提高查询性能。

(2) 叶子节点连接。在B树中,叶子节点之间没有连接,而是通过非叶子节点进行遍历。而在B+树中,所有叶子节点使用链表进行连接,这样可以更加高效地进行范围查询。

图7-12展示了一棵深度为2的B+树。

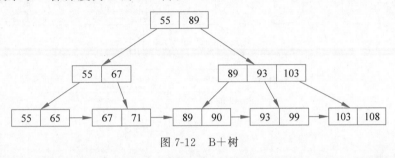

图 7-12　B+树

相对来说,B+树比B树更适合用作数据库系统索引,尤其是HBase这类常用区间扫描的数据库,原因是B+树只需遍历所有叶子节点即可实现区间扫描而无须回溯到父节点甚至根节点。在HBase中,B+树被用于构建主索引(primary index),通过按行键对数据进行有序排列,加速数据的检索和范围查询,保证了HBase在读取方面的高性能。

B+树最大的性能问题是插入。随着越来越多数据的插入,叶子节点会慢慢分裂,逻辑上连续的叶子节点可能会存储到磁盘的不同块,做区间扫描时可能产生大量随机读I/O。同时,数据写入时维护树的分裂、合并也会产生大量随机写I/O。因此,对于插入操作的频率和性能需求,需要在实际应用中进行权衡,选择适合的索引结构。

2) LSM 树

为了解决B+树随机写I/O过多的问题,HBase引入了LSM树。LSM树是一种写优先的数据结构,通过将写入操作暂时缓存在内存中来减少频繁的磁盘写入。

LSM树的核心思想是将一棵大树拆分为多棵小树,HBase数据的写入都会先写入MemStore(内存缓冲区),在内存中构建一棵有序的小树,当MemStore达到一定条件时,会触发flush操作,将数据持久化到HDFS中的HFile文件。此时的数据已经是有序的,并且因为是顺序写入磁盘的,所以写入速度很快。然而,随着数据量的增大,存储文件(即小树)会越来越多,数据查询时需要扫描所有的文件,显然文件越多扫描效率越低。

为了解决这个问题,LSM树采用了多层级的存储结构。通过合并和压缩操作,将多个HFile合并成更大的文件,从而减少读取时的随机磁盘访问,提高读性能。当MemStore刷写后,存储文件达到配置的数量或距离上次合并时间满足配置的时间间隔时,HBase就会自动触发合并,这包括大合并和小合并两种类型。

图7-13展示了树T-M从MemStore刷写到磁盘,存储为存储文件,之后多棵存储文件存储的小树合并为一棵大树的过程。在LSM树的小树合并成大树的过程中,相关的数据会重新进行排序,而不是原来的小树直接简单合并出一个新的父节点。

结合B+树和LSM树的特点,HBase能够在写入时利用LSM树的写优先特性来提高写性能,而在读取时使用B+树的有序索引结构来保证快速的查找和范围查询。这样的设计使

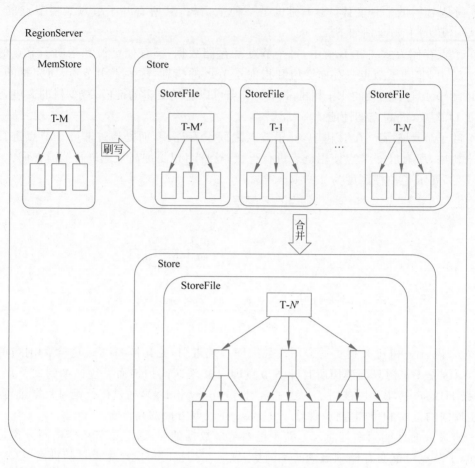

图 7-13　MemStore 刷写与存储文件合并

HBase 能够在复杂的数据场景下表现出色,在海量数据的环境下实现高吞吐的写入操作和快速的读取操作,为用户提供稳定高效的数据服务。

4. WAL 预写入日志

为了提高写性能,HBase 会将数据以 LSM 树结构先写入内存,只要服务器宕机或者断电等,就会导致内存数据丢失,因此类似于 Oracle 数据库事务提交之前需要写重做日志(redo log),HBase 数据库在数据写入内存之前也需要写 WAL,以便做异常恢复。WAL 是一个顺序写的日志文件,它记录了所有的写入操作。在发生服务器宕机或故障时,HBase 可以通过重放 WAL 中的写入操作来恢复尚未刷写到磁盘的数据。

WAL 有以下几种持久化类型(见 org. apache. hadoop. hbase. client. Durability)。

- SYNC_WAL:将数据的修改以同步的方式写入 WAL,并刷写到文件系统,如刷写为 HDFS 的 HLog。
- USE_DEFAULT:使用默认的持久化策略。HBase 全局默认的持久化策略为 SYNC_ WAL。
- SKIP_WAL:不写 WAL。这种持久化类型在分区服务器发生故障时可能会导致 MemStore 中尚未刷写的数据丢失,因此,除非业务能够容忍数据丢失,否则不建议使用。
- ASYNC_WAL:将数据的修改以异步的方式写入 WAL。与 SYNC_WAL 相比,其性能会有所提升,客户端无须等待 WAL 写入完成后再返回。

• FSYNC_WAL：当前版本仍未实现,等同于 SYNC_WAL。

下面是 WAL 的写入过程。

（1）写入 MemStore。当客户端发送写入请求到 HBase 时,数据首先会被写入内存缓冲区,也称为 MemStore。

（2）生成 WAL 日志记录。在写入内存缓冲区的同时,HBase 会生成一条对应的 WAL 记录,用于记录这次写入操作的细节。WAL 记录包含了写入的表名、行键、列族、列限定符和数据等信息。

（3）写入 WAL 文件。WAL 记录会被追加写入 WAL 文件中。这些 WAL 文件通常位于 HBase 的 WAL 目录下,是一系列的日志片段。WAL 文件的写入是一个追加写的过程,不需要频繁地进行随机写入,这使得写入操作非常高效。

（4）确认写入完成。在 WAL 记录成功写入 WAL 文件之后,HBase 会向客户端发送一个确认（Ack）。此时,客户端可以认为数据已经成功写入 HBase,尽管实际上数据还在内存缓冲区,尚未持久化到 Store 文件中。

（5）刷写到磁盘。随着时间的推移,内存缓冲区中的数据会积累到一定的阈值。当达到 Flush 阈值时,HBase 触发 flush 操作,将内存中的数据持久化写入磁盘上的 Store 文件中。

（6）删除 WAL 记录。一旦数据已经成功写入 Store 文件中,与之对应的 WAL 记录就会被删除或归档。这样,内存中的 WAL 记录和磁盘上的 Store 文件之间的数据就保持了一致性。

通过 WAL 的写入过程,HBase 确保了数据的可靠性和持久性。即使在发生系统崩溃或故障的情况下,数据仍然可以通过回放 WAL 来恢复,从而避免了数据的丢失。然而,由于 WAL 是一种追加写的操作,因此会产生一定的存储开销。在某些情况下,可以根据应用程序的需求来配置 WAL 的使用策略,以在数据的可靠性和性能之间进行平衡。

7.3.3　数据读写流程

HBase 采用 LSM 树架构,天生适用于写多读少的应用场景。在真实生产线环境中,也正是因为 HBase 集群出色的写入能力,才能支持当下很多数据激增的业务。

HBase 数据的写入与读取需要客户端先通过读取主节点上的元数据定位到对应本次插入或者读取数据所在 Region 负责的 Region 服务器,之后 HBase 客户端直接与定位到的 Region 服务器通信。

在之前的章节中,已经学习了 LSM 树的原理、WAL 和 Region 的分裂与定位。这些都是数据的写入和读取流程的一部分,接下来对数据写入和读取进行总结。

1. 写入流程

HBase 写入流程如图 7-14 所示。

由图 7-14 可见,HBase 数据写入流程可以概括为以下几个阶段。

（1）客户端请求。应用程序的客户端向 HBase 的 HMaster 节点发起写入数据的请求,请求中包含要写入的数据表名称、行键、列族、列限定符以及要写入的实际数据。

（2）HMaster 处理请求。HMaster 接收到客户端的写入请求后,根据数据表的元数据信息确定要写入数据的 Region 所在的 RegionServer。

（3）HMaster 返回 RegionServer 信息。HMaster 将确定的 RegionServer 的相关信息返回给客户端。

（4）客户端与 RegionServer 建立通信。客户端收到 HMaster 返回的 RegionServer 信息

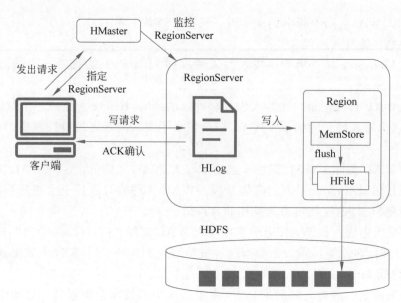

图 7-14　HBase 写入流程

后，直接与确定的 RegionServer 建立连接。

(5) 客户端发送写请求。客户端通过与确定的 RegionServer 建立的连接，将写入数据的请求发送给该 RegionServer。

(6) RegionServer 处理写请求。当写入请求到达 RegionServer 时，RegionServer 会将数据写入内存缓冲区(MemStore)。数据首先暂时存储在 MemStore 中，形成一个内存中的写入缓冲。当 MemStore 中的数据量达到一定阈值时，或者当 RegionServer 接收到一些特定的触发条件(如时间间隔、内存使用情况等)时，会触发 MemStore 的 flush 操作。flush 操作将内存中的数据刷写到磁盘上的 HFile 文件，形成一个新的 HFile。HBase 中的数据是以 HFile 的形式存储在磁盘上。如果 RegionServer 上的某个数据块已满，该数据块会被写入 HDFS 中的一个或多个数据块，以实现数据的分布式存储和冗余备份。

(7) Acknowledgement(Ack)。一旦数据成功写入内存缓冲区或磁盘中，RegionServer 会向客户端发送确认(Ack)，表示数据写入成功。

2. 读取流程

HBase 读取流程如图 7-15 所示。

读取流程可以概括为以下几个阶段。

(1) 客户端请求。应用程序的客户端向 HBase 发送读取数据的请求，请求中包含要读取的数据表名称、行键、列族、列限定符等读取参数。

(2) 客户端与 HMaster 通信。客户端首先与 HBase 的 HMaster 节点通信，获取数据表的元数据信息，包括数据表的结构、Region 的分布情况等。

(3) 定位 RegionServer。根据元数据信息，客户端确定要读取的数据所属的 Region 所在的 RegionServer。如果数据读取的位置不在当前 RegionServer 上，可能需要与其他 RegionServer 通信。

(4) 客户端与 RegionServer 通信。客户端与确定的 RegionServer 建立连接，并将读取数据的请求发送给该 RegionServer。

(5) RegionServer 处理读请求。当读取请求到达 RegionServer 时，RegionServer 首先在内存缓冲区(MemStore)中查找数据。如果需要读取的数据在 MemStore 中找到，就会直接返

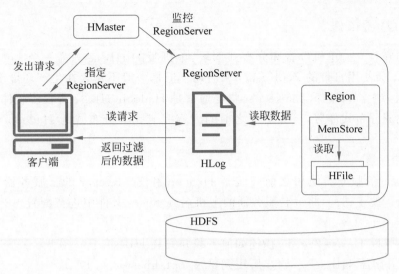

图 7-15　HBase 读取流程

回数据给客户端，读取操作就完成了。如果在 MemStore 中未找到数据，RegionServer 会根据数据表的主索引（B＋树）查找对应的 HFile 文件，以找到包含要读取数据的 HFile 区块。如果在 HFile 中找到了数据，同样会将数据返回给客户端，读取操作完成。如果在以上步骤中都没有找到要读取的数据，RegionServer 会从 HDFS 上的数据块中读取数据，并将数据加载到 MemStore 中，以便将数据返回给客户端，完成读取操作。需要注意的是，RegionServer 在读取数据时，会过滤掉不正确的版本和带有删除标记的数据。

（6）Acknowledgement（Ack）。一旦数据成功读取并返回给客户端，RegionServer 会向客户端发送确认（Ack），表示读取操作成功。

和写流程相比，HBase 读数据的流程更加复杂。主要基于两方面的原因：一是因为 HBase 一次范围查询可能会涉及多个 Region、多块缓存甚至多个数据存储文件；二是因为 HBase 中更新操作以及删除操作的实现都很简单，更新操作并没有更新原有数据，而是使用时间戳属性实现了多版本；删除操作也并没有真正删除原有数据，只是插入了一条标记为 deleted 标签的数据，而真正的数据删除发生在系统异步执行 Major Compact 时。很显然，这种实现思路大幅简化了数据更新、删除流程，但是对于数据读取来说却意味着套上了层层枷锁：读取过程需要根据版本进行过滤，对已经标记删除的数据也要进行过滤。

特别需要说明的是，HBase 在读取数据时，首先会在内存缓冲区（MemStore）查找数据，如果找到则直接返回。如果未找到，则会通过 B＋树索引查找 HFile 中的数据。如果这两步都未找到数据，最后才会从 HDFS 中读取数据。这种设计保证了高效的数据读取，并充分利用了内存缓存和索引加速等机制，以提供快速的数据查询性能。

7.4　案例：基于 HBase 的员工信息读写

HBase 是一个强大的分布式 NoSQL 数据库系统，专门设计用于处理大规模数据的存储和检索。它构建在 Hadoop 之上，提供了高可用性、高性能和弹性的数据存储解决方案，尤其适用于需要快速访问大量结构化数据的应用程序。本节将深入探讨 HBase 的编程实践，涵盖了安装和配置 HBase 集群、使用交互式 Shell 进行数据管理和查询、利用 HBase 的 API 进行程序开发，以及性能调优的关键技巧。

7.4.1　运行环境搭建

HBase 的安装支持单机部署和分布式部署,单机版的 HBase 只需一个 Java 运行环境即可启动,HBase 会使用自带的 ZooKeeper 来启动。但是一般不建议在生产环境下使用自带的 ZooKeeper,因为生产环境下 ZooKeeper 集群通常是 Hadoop、HBase 等很多软件公用的。

本章将完成分布式部署,可先参考之前的内容完成完全分布式的 Hadoop 和 ZooKeeper 的安装。

1. 安装和配置

安装 HBase 的服务器使用之前安装了 Hadoop 和 ZooKeeper 的云服务器(或者虚拟主机)。同时,为了便于访问,将 3 台服务器的主机名在 hosts 文件中进行配置。3 个 IP 分别对应 master、slave01、slave02。

下面的步骤以 HBase 2.4.17 描述如何下载并安装 HBase。

(1) 下载并解压 HBase 安装包,解压到目录/opt/hbase-2.4.17。

(2) 修改配置文件 hbase-env.sh。

HBase 配置文件均位于/opt/hbase-2.4.17/config 目录。由于 HBase 依赖 HDFS,因此需要先复制 Hadoop 的配置文件 hdfs-site.xml 到 HBase:

```
cp /opt/hadoop-3.3.6/etc/hadoop/hdfs-site.xml /opt/hbase-2.4.17/conf/
```

让 HBase 读取到 HDFS 的配置有如下 3 种方式。

- 把 HADOOP_CONF_DIR 添加到 HBASE_CLASSPATH 中。
- 把 HDFS 的配置文件复制一份到 HBase 的 conf 文件夹下,或者直接建一个 hdfs-site.xml 的软链接到 hbase/conf 下。
- 把 HDFS 的几个配置项直接写到 hbase-site.xml 文件中。

此处采用的是第二种。下面是与 HBase 运行环境相关的配置脚本文件 hbase-env.sh 的内容。

```
export JAVA_HOME = /opt/jdk1.8
export HADOOP_HOME = /opt/hadoop - 3.3.6
export HBASE_HOME = /opt/hbase - 2.4.17
export HADOOP_CONF_DIR = ${HADOOP_HOME}/etc/hadoop
# HBASE_MANAGES_ZK(是否启动自带 ZooKeeper 开关)
export HBASE_MANAGES_ZK = false
```

(3) 修改配置文件 hbase-site.xml。

接下来是修改 HBase 的核心配置文件 hbase-site.xml 的内容。

```
< configuration >
        < property >
                < name > hbase.rootdir </name >
                < value > hdfs://master:9000/hbase </value >
        </property>
        < property >
                < name > hbase.cluster.distributed </name >
                < value > true </value >
        </property>
< property >
< name > hbase.ZooKeeper.quorum </name >
```

```
< value > master, slave01, slave02 </value >
</property >
< property >
< name > hbase. wal. provider </name >
< value > filesystem </value >
</property >
</configuration >
```

上述的配置项,具体说明如下。

① Hbase 存储根目录(hbase. rootdir)。

由于这里使用 HDFS 来存储数据,因此不能被配置成本地路径的格式,而是要配置成 HDFS 路径的格式。配置文件中的 master 是之前 Hadoop 启动的 namenode 进程所在的主节点名称。

② 分布式开关(hbase. cluster. distributed)。

添加这个配置项,并设置成 true 来告诉 HBase 现在要按分布式模式启动了。

③ ZooKeeper 集群地址(base. ZooKeeper. quorum)。

配置 ZooKeeper 集群的访问地址。由于 ZooKeeper 在分布式环境下一定是一个集群,因此有多台机器。

④ 指定 WAL 的提供者(hbase. wal. provider)。

hbase. wal. provider 属性用于指定 HBase 在哪里保存 WAL。在当前配置中,filesystem 表示使用文件系统来保存 WAL。这是 HBase 的默认设置。

配置修改完毕后,将 hbase-2. 4. 17 目录复制到 slave01 和 slave02 节点。

(4) 修改配置文件 regionservers。

配置文件 regionservers 每行代表一个 HBase 集群中分区服务器节点。具体内容如下所示。

```
master
slave01
slave02
```

(5) 启动集群。

HBase 提供了 start-hbase. sh 脚本启动 HBase 集群,在启动 HBase 之前,应确认 Hadoop 和 ZooKeeper 已经正确启动。

① 启动 HMaster 进程。

登录到 Master 节点,执行下面的命令启动 HMaster 进程。

```
/opt/hbase - 2. 4. 17/bin/hbase - daemon. sh start master
```

然后用 jps 来看看 Master 启动了没有。

如图 7-16 所示,看到了 HMaster 进程,说明启动成功了。

如果 HBase 用的是自己的 ZooKeeper,那么在 jps 中看到的 ZooKeeper 名字是 HQuorumPeer。如果使用的是外部的 ZooKeeper 集群,那么它的名字叫 QuorumPeer 或者 QuorumPeerMain。

```
[root@master logs]# jps
4129 Jps
2452 ResourceManager
1926 NameNode
3883 HMaster
2205 SecondaryNameNode
3791 QuorumPeerMain
```

图 7-16 启动 HMaster 进程

② 启动 HRegionServer 进程。

分别在 master、slave01、slave02 3 个节点执行下面的命令,启动 HRegionServer 进程。

```
/opt/hbase-2.4.17/bin/hbase-daemon.sh start regionserver
```

启动后用 jps 看看是否启动了 RegionServer。

如图 7-17 所示，在 3 台节点上都看到了 HRegionServer 进程，说明启动成功了。

```
[root@master logs]# jps
2452 ResourceManager
1926 NameNode            [root@slave01 bin]# jps    [root@slave02 bin]# jps
3883 HMaster             7073 DataNode               6308 DataNode
2205 SecondaryNameNode   7187 NodeManager            7429 QuorumPeerMain
4206 HRegionServer       9050 QuorumPeerMain         6422 NodeManager
3791 QuorumPeerMain      9165 HRegionServer          7545 HRegionServer
4431 Jps                 9389 Jps                    7772 Jps
```

图 7-17　启动 HRegionServer 进程

（6）HBase Web 控制台。

HBase 启动后会同时启动一个 Web 控制台（WebUI）。如果访问 master:16010 就能看到如图 7-18 所示的界面，而且能在 Region Servers 这个列表里面看到当前的 Region 服务器信息。

Region Servers

| Base Stats | Memory | Requests | Storefiles | Compactions | Replications | | | |

ServerName	Start time	Last contact	Version	Requests Per Second	Num. Regions
master,16020,169397843284 4	Wed Sep 06 13:33:52 CST 2 023	1 s	2.4.17	0	2
slave01,16020,16939784369 70	Wed Sep 06 13:33:56 CST 2 023	0 s	2.4.17	0	2
slave02,16020,16939784350 86	Wed Sep 06 13:33:55 CST 2 023	0 s	2.4.17	0	2
Total:3				0	6

图 7-18　HBase WebUI

Web 监控页面首页为集群概览监控页面，主要包括以下信息。

① 集群节点监控信息，包括 Region Servers（提供服务的分区服务器）、Dead Region Servers（已经死亡的分区服务器）等，Region Servers 下又包括 Base Stats（基础统计）、Memory（内存使用情况）、Requests（请求数）、Storefiles（存储文件）、Compactions（合并）、Replications（复制）等分区服务器的统计信息，如图 7-18 所示。

② Tables（集群表概览监控信息），包括 User Tables（用户表）、System Tables（系统表）和 Snapshots（快照列表），如图 7-19 所示。

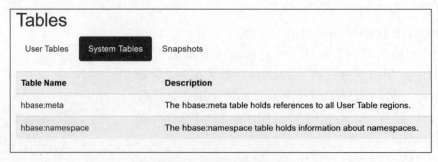

Tables

| User Tables | **System Tables** | Snapshots |

Table Name	Description
hbase:meta	The hbase:meta table holds references to all User Table regions.
hbase:namespace	The hbase:namespace table holds information about namespaces.

图 7-19　集群表概览监控

③ Tasks(运行任务监控信息),包括 Start Time(开始时间)、Description(描述)、State(状态)、Status(阶段),如图 7-20 所示。

Tasks

Show All Monitored Tasks   Show non-RPC Tasks   Show All RPC Handler Tasks   Show Active RPC Calls

Show Client Operations

View as JSON

Start Time	Description	State	Status
Wed Sep 06 13:34:25 C ST 2023	RpcServer.priority.RWQ.Fifo.read.handler=2,queue =1,port=16000	WAITING (since 5mins, 34 sec ago)	Waiting for a call (since 5mins, 3 4sec ago)
Wed Sep 06 13:34:35 C ST 2023	RpcServer.priority.RWQ.Fifo.read.handler=3,queue =1,port=16000	WAITING (since 5mins, 24 sec ago)	Waiting for a call (since 5mins, 2 4sec ago)
Wed Sep 06 13:34:35 C ST 2023	RpcServer.priority.RWQ.Fifo.read.handler=4,queue =1,port=16000	WAITING (since 5mins, 24 sec ago)	Waiting for a call (since 5mins, 2 4sec ago)

图 7-20 运行任务监控

7.4.2 应用功能实现

1. 常用 Shell 命令

本节主要介绍 Linux 中关于 HBase 数据库的常用 Shell 命令。Hadoop 安装以后,只包含 HDFS 和 MapReduce,并不包含 HBase,因此需要在 Hadoop 中继续安装 HBase。

这里采用的 Hadoop 版本号为 3.3.6,HBase 版本号为 2.4.17。使用 hbase shell 可以进入一个 Shell 命令行界面。

```
cd /opt/hbase - 2.4.17/bin
./hbase shell
```

1) list:列出 HBase 中所有的表信息

```
hbase > list
TABLE
0 row(s) in 0.0410 seconds
```

list 后可以使用 * 等通配符进行表的过滤。

2) create:创建表

创建表时,需要指定表名和列族名,而且至少需要指定一个列族,没有列族的表是没有任何意义的。

创建表时,还可以指定表的属性,表的属性需要指定在列族上。

格式:

create '表名', { NAME => '列族名 1', 属性名 => 属性值}, {NAME => '列族名 2', 属性名 => 属性值},
…

如果只需要创建列族,而不需要定义列族属性,那么可以采用以下快捷写法:

create '表名','列族名 1','列族名 2', …

```
hBase > create 'student','info'
```

3) describe:显示表的相关信息

```
hbase > describe 'student'
hbase > desc 'student'
```

4) disable：停用表

停用表后，可以防止在对表做一些维护时，客户端依然可以持续写入数据到表。一般在删除表前，必须停用表。

在对表中的列族进行修改时，也需要停用表。

```
hbase > disable 'student'
0 row(s) in 2.4250 seconds
```

disable_all '正则表达式' 可以使用正则来匹配表名。

is_disabled 可以用来判断表是否被停用。

```
hbase > is_disabled 'student'
true
0 row(s) in 0.0160 seconds
```

5) enable：启用表

is_enabled '表名' 用来判断一个表是否被启用。

enable_all '正则表达式' 可以通过正则来过滤表，启用符合条件的表。

使用如下的命令启用之前停用了的 student 表。

```
hbase > enable 'student'
```

6) exists：判断表是否存在

```
hbase > exists 'student'
Table student does exist
0 row(s) in 0.0210 seconds
```

7) count：统计表中的行数

```
hbase > count 'student'
1 row(s) in 0.0240 seconds
 => 0
```

8) drop：删除表

删除表前，需要先 disable 表，否则会报错："ERROR：Table xxx is enabled. Disable it first."。

```
hbase > drop 'student'
```

9) truncate：使表无效，删除该表，然后重新建立表

```
hbase > truncate 'student'
Truncating 'student' table (it may take a while):
 - Disabling table...
 - Truncating table...
0 row(s) in 4.0010 seconds
```

10) alter：修改列族模式

alter 命令可以修改表的属性，通常是修改某个列族的属性。

向表 t1 中添加列族 f1，命令如下：

```
hbase > alter 't1', NAME =>'f1'
```

11）scan：浏览表的相关信息

- scan 命令可以按照 RowKey 的字典顺序来遍历指定的表的数据。
- scan '表名'：默认当前表的所有列族。
- scan '表名',{COLUMNS=>['列族：列名'],…}：遍历表的指定列。
- scan '表名',{STARTROW => '起始行键', ENDROW => '结束行键'}：指定 RowKey 范围，区间为左闭右开。如果不指定，则会从表的开头一直显示到表的结尾。
- scan '表名',{LIMIT => 行数量}：指定返回的行的数量。
- scan '表名',{VERSIONS => 版本数}：返回单元格的多个版本。

```
hbase > scan 'student'
```

12）put：向表、行、列指定的单元格添加数据

- put '表名','行键','列名','值'
- put '表名','行键','列名','值',时间戳
- put '表名','行键','列名','值',{'属性名' => '属性值'}
- put '表名','行键','列名','值',时间戳,{'属性名' =>'属性值'}

```
hBase > put 'student','1001','info:name','Nick'
hBase > put 'student',1001,'info:sex','male'
hBase > put 'student','1001','info:age','18'
hBase > put 'student','1002','info:name','Janna'
hBase > put 'student','1002','info:sex','female'
hBase > put 'student','1002','info:age','20'
```

13）get：获得相应单元格的值

通过指定表名、行、列、时间戳、时间范围和版本号来获得相应单元格的值。get 支持 scan 所支持的大部分属性，如 COLUMNS、TIMERANGE、VERSIONS、FILTER。

```
hBase > get 'student','1001'
hBase > get 'student','1001','info:name'
```

14）delete：删除指定单元格的数据

删除某 RowKey 的全部数据：

```
hBase > deleteall 'student','1001'
```

删除某 RowKey 的某列数据：

```
hBase > delete 'student','1002','info:sex'
```

2. Java API 访问

HBase 提供了面向 Java、C/C++、Python 等多种语言的客户端。由于 HBase 本身是 Java 开发的，因此非 Java 语言的客户端需要先访问 ThriftServer，然后通过 ThriftServer 的 Java HBase 客户端来请求 HBase 集群。当然，有部分第三方团队实现了其他一些 HBase 客户端，例如 OpenTSDB 团队使用的 asynchbase 和 gohbase 等，但由于社区客户端和服务端协议在大版本之间可能产生较大不兼容，而第三方开发的客户端一般会落后于社区，因此这里不推荐使用第三方客户端，建议统一使用 HBase 社区的客户端。对其他语言的客户端，推荐使用 ThriftServer 的方式来访问 HBase 服务。

1）创建项目

示例代码以 Maven 进行依赖管理，创建项目后，pom. xml 中需要添加下列依赖，才可以访问 HBase 集群。

```
< dependency >
< groupId > org. apache. hbase </groupId >
        < artifactId > hbase - client </artifactId >
        < version > 2.4.17 </version >
</dependency >
< dependency >
        < groupId > org. apache. hbase </groupId >
        < artifactId > hbase - server </artifactId >
        < version > 2.4.17 </version >
</dependency >
< dependency >
        < groupId > org. apache. hbase </groupId >
        < artifactId > hbase - mapreduce </artifactId >
        < version > 2.4.17 </version >
</dependency >
```

为了方便查看日志信息，还需要完成对 log4j 的配置。在 resources 目录下新建 log4j . properties 文件，具体内容如下。

```
log4j. rootLogger = INFO, console
# 控制台输出配置
log4j. appender. console = org. apache. log4j. ConsoleAppender
log4j. appender. console. layout = org. apache. log4j. PatternLayout
log4j. appender. console. layout. ConversionPattern = %d{yyyy - MM - dd HH:mm:ss} % - 5p %c{1} : %L -   %m %n
```

2）连接 HBase 集群

创建一个 Java 类，命名为 HBaseExample，然后在类中添加以下代码来连接 HBase 集群。

```
package org. example;

import org. apache. hadoop. conf. Configuration;
import org. apache. hadoop. hbase. HBaseConfiguration;
import org. apache. hadoop. hbase. TableName;
import org. apache. hadoop. hbase. client. * ;
import org. apache. hadoop. hbase. util. Bytes;
import java. io. IOException;

public class HBaseExample {
    private static Connection connection;
    public static Connection getConnection() throws IOException {
        if (connection == null || connection. isClosed()) {
            Configuration config = HBaseConfiguration. create();
            config. set("hbase. zookeeper. quorum","master,slave01,slave02");
            connection = ConnectionFactory. createConnection(config);
            System. out. println("成功连接到 HBase 集群。");
        }
        return connection;
    }
    public static void closeConnection() throws IOException {
```

```
            if (connection != null) {
                connection.close();
            }
        }
        public static void main(String[] args) {
            try {
                //连接 HBase 集群
                getConnection();

            } catch (IOException e) {
                e.printStackTrace();
            } finally {
                //关闭 HBase 连接
                try {
                    closeConnection();
                    System.out.println("连接已关闭。");
                } catch (IOException e) {
                    e.printStackTrace();
                }
            }
        }
    }
```

在上述代码中会构建一个 Configuration 实例,该实例包含一些客户端配置项,最重要的配置项是 HBase 集群的 ZooKeeper 地址。

执行 main 函数后,在控制台可以看到打印的日志信息,如图 7-21 所示。

成功连接到**HBase**集群。
连接已关闭。

进程已结束,退出代码0

图 7-21　连接 HBase

3) 创建表

在 HBase 中,表由表名和列族组成。可以使用 HBase 的 Admin API 来创建表。在当前类中,新增一个函数 createTable,完整代码如下所示。

```java
private static void createTable(Connection connection) throws IOException {
    Admin admin = connection.getAdmin();
    TableName tableName = TableName.valueOf("employee");
    String columnFamily = "personal";

    if (!admin.tableExists(tableName)) {
        ColumnFamilyDescriptor columnFamilyDesc = ColumnFamilyDescriptorBuilder
                .newBuilder(Bytes.toBytes(columnFamily))
                .build();
        TableDescriptor tableDesc = TableDescriptorBuilder
                .newBuilder(tableName)
                .setColumnFamily(columnFamilyDesc)
                .build();
        admin.createTable(tableDesc);
        System.out.println("表 'employee' 创建成功。");
    } else {
        System.out.println("表 'employee' 已存在。");
    }
}
```

上述代码会检查'employee'表是否存在,若不存在则进行创建。此外还需要修改 main 函数,调用这个方法。修改后的 main 函数如下所示。

```java
public static void main(String[] args) {
    try {
        //连接 HBase 集群
        Connection connection = getConnection();
        //创建表
        createTable(connection);
    } catch (IOException e) {
        e.printStackTrace();
    } finally {
        //关闭 HBase 连接
        try {
            closeConnection();
        } catch (IOException e) {
            e.printStackTrace();
        }
    }
}
```

执行 main 函数后,就可以在控制台看到打印的日志信息,如图 7-22 所示。

```
成功连接到HBase集群。
2023-07-27 11:07:56 INFO  HBaseAdmin:3541 - Operation: CREATE, Table
表 'employee' 创建成功。
2023-07-27 11:07:56 INFO  ConnectionImplementation:1974 - Closing mas
连接已关闭。

进程已结束,退出代码0
```

图 7-22　创建表

4）插入数据

在 HBase 中,数据以行的形式存储,并使用唯一的行键来标识每一行。在当前类中,新增一个函数 insertData,完整代码如下所示。

```java
private static void insertData(Connection connection) throws IOException {
    TableName tableName = TableName.valueOf("employee");
    String columnFamily = "personal";
    Table table = connection.getTable(tableName);
    Put put = new Put(Bytes.toBytes("1001"));
    put.addColumn(Bytes.toBytes(columnFamily),Bytes.toBytes("name"),Bytes.toBytes("张三"));
    put.addColumn(Bytes.toBytes(columnFamily),Bytes.toBytes("age"), Bytes.toBytes("35"));
    table.put(put);
    System.out.println("数据插入成功。");
}
```

在上述代码中,会向 employee 表插入一条数据,行键为 1001,列族为 personal,列为 name 和 age,分别对应值"张三"和 35。然后修改 main 函数调用这个方法,修改后的 main 函数如下所示。

```java
public static void main(String[] args) {
    try {//连接 HBase 集群
```

```
        Connection connection = getConnection();
//创建表
        //createTable(connection);
        //插入数据
        insertData(connection);
} catch (IOException e) {
        e.printStackTrace();
} finally {
        //关闭 HBase 连接
        try {
            closeConnection();
        } catch (IOException e) {
            e.printStackTrace();
        }
    }
}
```

执行 main 函数后,在控制台可以看到打印的日志信息,如图 7-23 所示。

```
2023-07-27 11:18:22 INFO  ClientCnxnSocket:237 - jute.maxbuffer valu
2023-07-27 11:18:22 INFO  ClientCnxn:1653 - zookeeper.request.timeo
2023-07-27 11:18:22 INFO  ClientCnxn:1112 - Opening socket connecti
2023-07-27 11:18:22 INFO  ClientCnxn:959 - Socket connection establ
2023-07-27 11:18:22 INFO  ClientCnxn:1394 - Session establishment c
成功连接到HBase集群。
数据插入成功。
连接已关闭。

进程已结束,退出代码0
```

图 7-23　插入数据

5）获取数据

在当前类中,新增一个函数 getData,从 employee 表中获取行键为 1001 的数据,完整代码如下所示。

```
private static void getData(Connection connection) throws IOException {
        TableName tableName = TableName.valueOf("employee");
        String columnFamily = "personal";
        Table table = connection.getTable(tableName);

        Get get = new Get(Bytes.toBytes("1001"));
        get.addColumn(Bytes.toBytes(columnFamily), Bytes.toBytes("name"));
        get.addColumn(Bytes.toBytes(columnFamily), Bytes.toBytes("age"));

        Result result = table.get(get);

        byte[] nameValue = result.getValue(Bytes.toBytes(columnFamily), Bytes.toBytes("name"));
        byte[] ageValue = result.getValue(Bytes.toBytes(columnFamily), Bytes.toBytes("age"));

        if (nameValue != null && ageValue != null) {
            String name = Bytes.toString(nameValue);
            String age = Bytes.toString(ageValue);
            System.out.println("员工姓名:" + name + ",年龄:" + age);
        } else {
            System.out.println("未找到数据。");
        }
    }
```

修改 main 函数调用这个方法，修改后的 main 函数如下所示。

```java
public static void main(String[] args) {
    try {
        //连接 HBase 集群
        Connection connection = getConnection();
        //创建表
        //createTable(connection);
        //插入数据
        //insertData(connection);
        //获取数据
        getData(connection);
    } catch (IOException e) {
        e.printStackTrace();
    } finally {
        //关闭 HBase 连接
        try {
            closeConnection();
        } catch (IOException e) {
            e.printStackTrace();
        }
    }
}
```

执行 main 函数后，在控制台可以看到打印的日志信息，如图 7-24 所示。

```
2023-07-27 11:21:09 INFO   ClientCnxnSocket:257 - jute.maxbuffer value is 41
2023-07-27 11:21:09 INFO   ClientCnxn:1653 - zookeeper.request.timeout value
2023-07-27 11:21:09 INFO   ClientCnxn:1112 - Opening socket connection to se
2023-07-27 11:21:09 INFO   ClientCnxn:959 - Socket connection established, i
2023-07-27 11:21:09 INFO   ClientCnxn:1394 - Session establishment complete
成功连接到HBase集群。
员工姓名：张三，年龄：35
连接已关闭。

进程已结束,退出代码0
```

图 7-24　获取数据

6）删除数据

在当前类中，新增一个函数 deleteData，从 employee 表中删除行键为 1001 的数据，完整代码如下所示。

```java
private static void deleteData(Connection connection) throws IOException {
    TableName tableName = TableName.valueOf("employee");
    Table table = connection.getTable(tableName);

    Delete delete = new Delete(Bytes.toBytes("1001"));
    table.delete(delete);
    System.out.println("数据删除成功。");
}
```

修改 main 函数调用这个方法，修改后的 main 函数如下所示。

```java
public static void main(String[] args) {
    try {
        //连接 HBase 集群
        Connection connection = getConnection();
```

```
//创建表
        //createTable(connection);
        //插入数据
        //insertData(connection);
        //获取数据
        //getData(connection);
        //删除数据
        deleteData(connection);

    } catch (IOException e) {
        e.printStackTrace();
    } finally {
        //关闭 HBase 连接
        try {
            closeConnection();
        } catch (IOException e) {
            e.printStackTrace();
        }
    }
}
```

执行 main 函数后,在控制台可以看到打印的日志信息,如图 7-25 所示。

```
2023-07-27 11:22:48 INFO  ClientCnxn:1653 - zookeeper.request.timeout value
2023-07-27 11:22:48 INFO  ClientCnxn:1112 - Opening socket connection to se
2023-07-27 11:22:48 INFO  ClientCnxn:959 - Socket connection established, i
2023-07-27 11:22:48 INFO  ClientCnxn:1394 - Session establishment complete
成功连接到HBase集群。
数据删除成功。
连接已关闭。

进程已结束,退出代码0
```

图 7-25 删除数据

7) 删除表

在当前类中,新增一个函数 deleteTable,删除名为 employee 的表,完整代码如下所示。

```
private static void deleteTable(Connection connection) throws IOException {
    Admin admin = connection.getAdmin();
    TableName tableName = TableName.valueOf("employee");

    if (admin.tableExists(tableName)) {
        admin.disableTable(tableName);
        admin.deleteTable(tableName);
        System.out.println("表 'employee' 删除成功。");
    } else {
        System.out.println("表 'employee' 不存在。");
    }
}
```

修改 main 函数调用这个方法,修改后的 main 函数如下所示。

```
public static void main(String[] args) {
    try {
        //连接 HBase 集群
        Connection connection = getConnection();
```

```
//创建表
    //createTable(connection);
    //插入数据
    //insertData(connection);
    //获取数据
    //getData(connection);
    //删除数据
    //deleteData(connection);
    //删除表
    deleteTable(connection);

} catch (IOException e) {
    e.printStackTrace();
} finally {
    //关闭 HBase 连接
    try {
        closeConnection();
    } catch (IOException e) {
        e.printStackTrace();
    }
}
}
```

执行 main 函数后,在控制台可以看到打印的日志信息,如图 7-26 所示。

成功连接到**HBase**集群。
2023-07-27 11:25:19 INFO HBaseAdmin:890 - Started disable of ∈
2023-07-27 11:25:21 INFO HBaseAdmin:3541 - Operation: DISABLE,
2023-07-27 11:25:21 INFO HBaseAdmin:3541 - Operation: DELETE,
表 'employee' 删除成功。
2023-07-27 11:25:21 INFO ConnectionImplementation:1974 - Clos∶
连接已关闭。

进程已结束,退出代码0

图 7-26　删除表

3. 性能调优

HBase 系统主要应用于写多读少的业务场景,通常来说对系统的写入吞吐量要求都比较高。在实际生产线环境中,HBase 运维人员或多或少都会遇到写入比较慢的情况。碰到类似问题,可以从 HBase 服务器端和业务客户端两个角度分析,确认是否还有提高的空间。

1) HBase 服务器端优化

(1) Region 是否太少。

原理:当前集群中表的 Region 个数如果小于 RegionServer 个数,即 Num(Region of Table) < Num(RegionServer),可以考虑切分 Region 并尽可能分布到不同的 RegionServer 上以提高系统请求并发度。

策略:在 Num(Region of Table) < Num(RegionServer)的场景下切分部分请求负载高的 Region,并迁移到其他 RegionServer。

(2) 写入请求是否均衡。

原理:写入请求如果不均衡,会导致系统并发度较低,还有可能造成部分节点负载很高,进而影响其他业务。分布式系统中特别需要注意单个节点负载很高的情况,单个节点负载很高可能会拖慢整个集群,这是因为很多业务会使用 Multi 批量提交读写请求,一旦其中一部分请求落到慢节点无法得到及时响应,会导致整个批量请求超时。

策略:检查 rowkey 设计以及预分区策略,保证写入请求均衡。

(3) Utilize Flash storage for WAL。

该特性会将 WAL 文件写到 SSD 上,对于写性能会有非常大的提升。需要注意的是,该特性建立在 HDFS 2.6.0+以及 HBase 1.1.0+版本基础上,以前的版本并不支持该特性。使用该特性需要两个配置步骤:①使用 HDFS Archival Storage 机制,在确保物理机有 SSD 的前提下配置 HDFS 的部分文件目录为 SSD 介质。②在 hbase-site. xml 中添加如下配置:

```
< property >
< name > hbase. wal. storage. policy </ name >
< value > ONE_SSD </ value >
</ property >
```

hbase. wal. storage. policy 默认为 none,用户可以指定 ONE_SSD 或者 ALL_SSD。

ONE_SSD:WAL 在 HDFS 上的一个副本文件写入 SSD 介质,另两个副本写入默认存储介质。

ALL_SSD:WAL 的 3 个副本文件全部写入 SSD 介质。

2) HBase 客户端优化

(1) 是否可以使用 Bulkload 方案写入。

Bulkload 是一个 MapReduce 程序,运行在 Hadoop 集群。程序的输入是指定数据源,输出是 HFile 文件。HFile 文件生成之后再通过 LoadIncrementalHFiles 工具将 HFile 中相关元数据加载到 HBase 中。

Bulkload 方案适合将已经存在于 HDFS 上的数据批量导入 HBase 集群。相比调用 API 的写入方案,Bulkload 方案可以更加高效、快速地导入数据,而且对 HBase 集群几乎不产生任何影响。

(2) 是否需要写 WAL,WAL 是否需要同步写入。

原理:数据写入流程可以理解为一次顺序写 WAL 加上一次写缓存,通常情况下写缓存延迟很低,因此提升写性能只能从 WAL 入手。HBase 中可以通过设置 WAL 的持久化等级决定是否开启 WAL 机制以及 HLog 的落盘方式。WAL 的持久化分为 4 个等级:SKIP_WAL、ASYNC_WAL、SYNC_WAL 以及 FSYNC_WAL。如果用户没有指定持久化等级,HBase 默认使用 SYNC_WAL 等级持久化数据。

在实际生产线环境中,部分业务可能并不特别关心异常情况下少量数据的丢失,而更关心数据写入吞吐量。例如某些推荐业务,这类业务即使丢失一部分用户行为数据可能对推荐结果也不会构成很大影响,但是对于写入吞吐量要求很高,不能造成队列阻塞。这种场景下可以考虑关闭 WAL 写入。退而求其次,有些业务必须写 WAL,但可以接受 WAL 异步写入,这是可以考虑优化的,通常也会带来一定的性能提升。

策略:根据业务关注点在 WAL 机制与写入吞吐量之间做出选择,用户可以通过客户端设置 WAL 持久化等级。

(3) put(插入数据)是否可以同步批量提交。

原理:HBase 分别提供了单条 put 以及批量 put 的 API 接口,使用批量 put 接口可以减少客户端到 RegionServer 之间的 RPC 连接数,提高写入吞吐量。另外需要注意的是,批量 put 请求要么全部成功返回,要么抛出异常。

策略:使用批量 put 写入请求。

（4）写入 KeyValue 数据是否太大。

KeyValue 大小对写入性能的影响巨大。一旦遇到写入性能比较差的情况，需要分析写入性能下降是否因为写入 KeyValue 的数据太大。KeyValue 大小对写入性能影响曲线如图 7-27 所示。

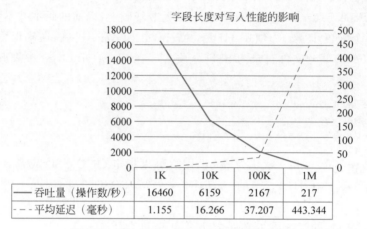

	1K	10K	100K	1M
—— 吞吐量（操作数/秒）	16460	6159	2167	217
- - 平均延迟（毫秒）	1.155	16.266	37.207	443.344

图 7-27　KeyValue 大小对写入性能的影响

图 7-27 中横坐标是写入的一行数据（每行数据 10 列）大小，左纵坐标是写入吞吐量，右纵坐标是写入平均延迟（毫秒）。可以看出，随着单行数据不断变大，写入吞吐量急剧下降，写入延迟在 100K 之后急剧增大。

通过以上内容，读者可以全面了解 HBase 数据库的使用和管理，从安装配置、启动停止、到 HBase Shell 的使用、Java API 访问，再到数据的插入查询、表管理、集群状态监控和性能调优等方面。本节内容将帮助读者快速上手使用和管理 HBase 数据库，为实际的数据处理和应用提供指导和帮助。

本章小结

HBase 作为分布式数据库在大数据领域扮演着重要的角色，其强大的扩展性、高性能和灵活的数据模型使其成为处理海量数据的首选工具之一。通过本章的学习，读者可以全面了解和掌握 HBase 的概念、数据模型、工作原理和编程实践，为设计和构建分布式系统提供了重要的参考和支持。

首先，介绍了 HBase 的简介，包括 NoSQL 数据库的特点、HBase 与 Bigtable 的关系以及 HBase 与传统关系数据库的对比。了解这些基本概念有助于读者建立对 HBase 的整体认识，并明确其在分布式系统中的地位和作用。

其次，深入探讨了 HBase 的数据模型，包括基本概念、多版本控制、面向列的存储等方面。HBase 的数据模型以键值对的形式存储数据，并支持多版本控制，具有灵活的架构和高度的扩展性，适用于处理结构化和半结构化数据。

接着，详细介绍了 HBase 的工作原理，包括存储架构、Region 服务器、表的分区机制、B＋树与 LSM 树、WAL 以及读写流程等方面。了解这些工作原理有助于读者理解 HBase 是如何实现分布式存储和高性能访问的，从而更好地优化和调整 HBase 集群，提高其性能和可靠性。

最后，介绍了 HBase 的编程实践，包括安装和配置、常用 Shell 命令、Java API 访问以及性能调优等方面。通过实际操作和编程练习，读者可以掌握 HBase 的基本用法，并深入了解其在实际项目中的应用和优化技巧。

随着大数据技术的不断发展和应用场景的不断扩展,HBase 作为分布式数据库的重要代表,将继续发挥重要作用。随着数据量的不断增长和数据处理需求的日益复杂化,HBase 的应用范围也将不断扩大,涉及更多的行业和领域。因此,对于软件工程师和数据工程师来说,深入学习和掌握 HBase 是至关重要的。

通过不断学习和实践,可以更好地利用 HBase 等分布式数据库,应对日益增长的数据挑战,推动数据驱动的创新和发展。只有持续关注和掌握最新的技术发展动态,不断提升自己的技能水平,才能在竞争激烈的大数据领域立于不败之地。随着技术的不断进步和应用场景的扩展,HBase 将继续发挥重要作用,成为构建高效、可靠的分布式系统的重要工具之一。

课后习题

1. 单选题

(1) HBase 是(　　)。

　　A. 关系数据库　　　　B. NoSQL 数据库　　C. 图数据库　　　　D. 文档数据库

(2) HBase 是基于(　　)构建的。

　　A. MongoDB 模型　　B. Bigtable 模型　　C. Cassandra 模型　　D. Redis 模型

(3) HBase 的主要优点不包括(　　)。

　　A. 高可扩展性　　　　　　　　　　B. 灵活的数据模型

　　C. 严格的 ACID 约束　　　　　　　D. 高效的数据处理和存储

(4) 在 HBase 中,数据是按照(　　)方式组织的。

　　A. 行　　　　　　B. 列　　　　　　C. 列族　　　　　　D. 文档

(5) HBase 的存储架构采用了(　　)。

　　A. Master-Slave 模型　　　　　　B. Peer-to-Peer 模型

　　C. Client-Server 模型　　　　　　D. Layered 模型

(6) HBase 的(　　)组件负责维护分配给自己的 Region,并响应用户的读写请求。

　　A. Master 服务器　　　　　　　　B. Region 服务器

　　C. ZooKeeper 服务器　　　　　　D. DFSClient

(7) HBase 的(　　)特性允许它存储 PB 级别的海量数据。

　　A. 极易扩展　　　　B. 高并发　　　　C. 列式存储　　　　D. 海量存储

(8) HBase 的多版本控制是通过(　　)实现的。

　　A. 行键　　　　　　B. 列族　　　　　　C. 时间戳　　　　　　D. 版本号

(9) 在 HBase 中,表的默认大小通常的范围为(　　)。

　　A. 10~20MB　　　　　　　　　　B. 100~200MB

　　C. 1~2GB　　　　　　　　　　　D. 10~20GB

(10) HBase 的 WAL 的主要作用是(　　)。

　　A. 提高查询性能　　　　　　　　B. 保证数据的可靠性和持久性

　　C. 提供数据压缩　　　　　　　　D. 优化写入性能

2. 思考题

(1) HBase 为什么适合用于处理大规模数据?与传统关系数据库相比有哪些优势?

(2) 在设计 HBase 表的行键时,有哪些最佳实践应该考虑?为什么?

第 **8** 章

分布式消息系统Kafka

Kafka 是当今互联网领域最受欢迎的开源项目之一,其在高性能、可靠性和可扩展性方面的卓越表现,使其成为众多企业和组织解决大规模实时数据处理和消息传递需求的首选工具。

Kafka 是一个高性能、分布式、可持久化的流式数据平台,已经成为当今大数据领域中的关键工具之一。本章将 Kafka 作为主流的分布式消息系统实例进行深入讲解:全面介绍 Kafka 的产生背景、特点和应用场景;通过学习 Kafka 的分布式架构、发布-订阅模型、分区及复制机制,以及生产者、消费者和代理的工作原理,帮助读者深入理解 Kafka 的内部工作机制;最后讲解 Kafka 的部署,并通过编程实践学习系统从消息的产生、传递到最终被消费的全过程。

8.1 问题导入

在现代大数据处理和实时数据流管理中,分布式消息系统扮演着至关重要的角色。随着互联网的快速发展,企业需要处理的数据量呈爆炸式增长,传统的消息队列系统已经无法满足高吞吐量、低延迟和高可扩展性的需求。为了应对这些挑战,Kafka 作为一种高性能的分布式消息系统应运而生。

然而,面对如此复杂的系统,需要回答以下几个关键问题。

- Kafka 为什么在大数据处理和实时数据流管理中如此重要?
- Kafka 相较于传统消息系统有哪些独特的优势?
- Kafka 能够应用于哪些具体的场景?
- Kafka 的核心工作机制是怎样的?

本章将围绕这些问题展开详细讨论,帮助读者深入理解 Kafka 的基本概念、系统架构和实际应用。首先介绍 Kafka 的产生背景,阐述其在解决大规模数据处理需求中的重要作用。接着将详细探讨 Kafka 的特点,包括其高吞吐量、低延迟、分布式架构、持久性存储和高可扩展性等优势。通过这些特点的分析,读者将能够理解 Kafka 为什么能在大数据和实时流处理领域占据重要地位。

随后,本章将介绍 Kafka 的主要应用场景,包括日志聚合、实时监控、事件追踪和流数据处理等。通过具体应用场景的分析,读者可以了解到 Kafka 在实际业务中的广泛应用和其带来的显著效果。

在理解了 Kafka 的背景和特点之后,将深入探讨其工作机制与流程。首先介绍 Kafka 的消息模型,分析消息的生产、分发和消费流程。接着,详细讲解 Kafka 的消息处理流程,包括数据的写入、存储和读取等环节,并介绍如何通过客户端进行操作。通过这些内容,读者将能够全面掌握 Kafka 的内部工作原理和操作方法,为在实际项目中应用 Kafka 提供理论和技术支持。

最后,本章将通过一个具体的案例——基于 Kafka 的用户行为日志的消息处理,带领读者实践 Kafka 的应用。通过日志数据的产生和消费流程,详细介绍如何在实际项目中使用 Kafka 进行数据处理和分析。这个案例不仅可以帮助读者理解 Kafka 的实际应用,还能够提供具体的操作步骤和技巧,增强读者在实际项目中的实践能力。

通过本章的学习,读者将能够全面掌握 Kafka 的理论知识和实际应用技能,为今后在大数据处理和实时数据流管理项目中更好地利用 Kafka 奠定坚实的基础。希望本章内容能够为读者在分布式消息系统领域的学习和实践提供有益的指导和帮助,提升解决实际问题的能力。

8.2 Kafka 系统概述

本节通过介绍 Kafka 的产生背景和特点,帮助读者理解为什么 Kafka 在各种数据处理和消息传递场景中广受欢迎。在此基础上,进一步介绍它的一些实际应用场景。

8.2.1 Kafka 的产生背景

Kafka 是由 LinkedIn 公司开发的分布式消息系统,其背景和由来可以追溯到 LinkedIn 内部的需求和挑战。

在早期,LinkedIn 在处理日志和实时数据方面面临着一些挑战。随着 LinkedIn 用户数量的增加和业务规模的扩大,数据量快速增长,传统的消息传递系统和队列无法满足大规模、高吞吐量的需求。在这种情况下,LinkedIn 需要一个更强大、可靠和可扩展的消息传递平台来处理海量的实时数据和日志。

为了解决这些问题,LinkedIn 于 2008 年开始开发 Kafka,它的设计灵感来源于发布-订阅模式和分布式提交日志的思想。Kafka 使用 Avro 作为消息序列化框架,每天高效地处理数十亿级别的度量指标和用户活动跟踪信息。LinkedIn 于 2010 年把 Kafka 捐献给 Apache 软件基金会,Kafka 成为 Apache 软件基金会的顶级项目之一。2010 年年底,Kafka 作为开源项目在 GitHub 上发布。2011 年 7 月,因为备受开源社区的关注,它成为 Apache 软件基金会的孵化器项目。2012 年 10 月,Kafka 从孵化器项目"毕业"。

来自 LinkedIn 内部的开发团队一直为 Kafka 提供大力支持,而且吸引了大批来自 LinkedIn 外部的贡献者和参与者,进一步丰富了其特性和功能。2014 年秋天,Jay Kreps、Neha Narkhede 和 Jun Rao 离开 LinkedIn,创办了 Confluent。Confluent 是一个致力于为企业开发提供支持、为 Kafka 提供培训的公司。这两家公司连同来自开源社区持续增长的贡献力量,一直在开发和维护 Kafka。

目前,Kafka 不仅仅是分布式消息系统,同时也可以定位为一个分布式流式处理平台,在各种实时数据处理、日志收集、事件驱动架构等领域发挥着重要作用。它以高吞吐、可持久化、可水平扩展、支持流数据处理等多种特性而被广泛使用,越来越多的开源分布式处理系统如 Cloudera、Storm、Spark、Flink 等都支持与 Kafka 集成。

8.2.2 Kafka 的特点

Kafka 的设计初衷是使 Kafka 能够成为统一、实时处理大规模数据的平台。根据官方网站的介绍，Kafka 可以发布和订阅流数据、提供相应的容错机制、实时处理数据流，用户可以方便地使用 Kafka 构建实时流数据应用。特别值得一提的是，在 0.10 版本之后，Kafka 推出了 Kafka Streams，这使得 Kafka 在对流数据进行处理方面变得更加方便和高效。Kafka 的特点总结如下。

1. 消息持久化

Kafka 将消息持久化存储在磁盘上，即使在消息被消费之后，它们仍然会保留在系统中。这使得 Kafka 可以作为可靠的数据存储和传递解决方案。

Kafka 高度依赖于文件系统来存储和缓存消息。说到文件系统，大家普遍认为磁盘读写慢，依赖于文件系统进行存储和缓存消息势必在性能上会大打折扣，其实文件系统存储速度快慢一定程度上也取决于对磁盘的用法。据 Kafka 官方网站介绍：6 块 7200r/min SATA RAID-5 阵列的磁盘线性写的速度为 600MB/s，而随机写的速度为 100KB/s，线性写的速度是随机写的 6000 多倍。Kafka 还利用文件系统的缓存机制，将部分数据缓存在内存中，加速消息的读写操作。这样，Kafka 能够在处理高并发的消息流时保持高性能，同时还能确保消息的可靠性和持久性。

Kafka 对文件系统的依赖也使得它可以轻松地扩展存储容量。当集群需要更多的存储空间时，只需在底层文件系统上增加磁盘空间即可。Kafka 可以透明地利用新增的磁盘空间，而无须对应用程序做任何更改。

2. 高吞吐量

高吞吐量是 Kafka 设计的主要目标。Kafka 将数据写到磁盘，充分利用磁盘的顺序读写。同时，Kafka 在数据写入及数据同步采用了零复制(zero-copy)技术，采用 sendFile 函数调用，sendFile 函数是在两个文件描述符之间直接传递数据，完全在内核中操作，从而避免了内核缓冲区与用户缓冲区之间数据的复制，操作效率极高。Kafka 还支持数据压缩及批量发送，同时 Kafka 将每个主题划分为多个分区，这一系列的优化及实现方法使得 Kafka 具有很高的吞吐量。经大多数公司对 Kafka 应用的验证，Kafka 支持每秒数百万级别的消息传输，使其成为处理海量数据的理想选择。

3. 可扩展性

Kafka 的分布式架构使其能够轻松地水平扩展，可以将多台廉价的 PC 服务器搭建成一个大规模的消息系统。Kafka 依赖 ZooKeeper 来对集群进行协调管理，这样使得 Kafka 更加容易进行水平扩展。通过增加更多的代理和分区，可以将吞吐量和存储容量线性扩展，以满足不断增长的数据需求。同时在机器扩展时无须将整个集群停机，集群能够自动感知，重新进行负载均衡及数据复制。

4. 多语言支持

Kafka 核心模块用 Scala 语言开发，但 Kafka 支持不同语言开发生产者和消费者客户端应用程序。0.8.2 之后的版本增加了 Java 版本的客户端实现，0.10 之后的版本已废弃 Scala 语言实现的生产者及消费者，默认使用 Java 版本的客户端。Kafka 提供了多种开发语言的接入，如 Java、Scala、C、C++、Python、Go、Erlang、Ruby、Node.js 等。同时，Kafka 支持多种连接器(connector)的接入，也提供了 Connector API 供开发者调用。Kafka 与当前主流的大数据框架都能很好地集成，如 Flume、Hadoop、HBase、Hive、Spark、Storm 等。

5. 安全机制

Kafka 提供了多层次的安全特性，以确保数据的保密性、完整性和可靠性。当前版本的 Kafka 支持以下几种安全措施。

（1）身份认证。Kafka 支持多种身份认证机制，包括基于 SSL/TLS 的加密认证和 SASL（simple authentication and security layer）机制。这使得 Kafka 能够验证客户端和服务端的身份，防止未授权的访问。

（2）访问控制。Kafka 可以配置访问控制列表（ACL），允许管理员对不同主题、分区或客户端进行细粒度的访问控制。这确保了只有经过授权的用户能够访问特定的主题和数据。

（3）数据加密。Kafka 可以通过 SSL/TLS 提供数据传输的加密，确保消息在网络传输过程中的机密性和完整性。

（4）生产者和消费者的安全认证。Kafka 允许生产者和消费者通过用户名和密码或其他认证机制来连接和发送/接收消息，以确保安全的数据传输。

（5）Kerberos 认证。对于大型企业级应用，Kafka 还支持使用 Kerberos 进行认证，与企业现有的身份验证和授权基础设施集成。

（6）审计日志。Kafka 支持审计日志，记录了关键的安全事件和操作，帮助管理员监视和分析系统的安全状态。

6. 数据备份

数据备份是 Kafka 的重要特性之一，它可以防止数据丢失，并在节点故障时恢复数据。Kafka 实现数据备份的主要方式是通过在多个代理之间复制数据。每个主题可以被划分为多个分区，每个分区可以有多个副本。每个分区的数据被复制到多个代理上的不同副本中。即使在服务代理节点或节点故障的情况下，数据仍然可以从其他副本中恢复。

7. 消息压缩

Kafka 允许对传输的消息进行压缩，从而有效地减少网络传输和存储成本，提高整体性能和吞吐量。Kafka 支持多种压缩算法，常见的有 Gzip、Snappy 和 LZ4。通常把多条消息放在一起组成 MessageSet，然后把 MessageSet 放到一条消息中，从而提高压缩比率，进而提高吞吐量。

8.2.3　Kafka 应用场景

作为一个通用的实时流数据处理平台，Kafka 有着广泛的应用，如订单处理、日志分析、报警系统等。下面介绍一些具体的应用场景。

1. 电商平台订单处理系统

在现代电商业务中，订单处理系统是一个至关重要的组件。随着用户量和订单量的不断增长，订单处理系统需要应对高并发的订单生成和处理请求。为了确保系统的高性能、高可靠性和灵活性，电商企业需要寻找一种合适的解决方案。在这种背景下，使用 Kafka 作为订单处理系统的消息队列成为了一种可行的方案。如图 8-1 所示为电商订单处理系统。

图 8-1　电商订单处理系统

当用户在电商平台上提交订单时，订单系统将收集并处理订单信息，包括商品详情、购买数量、收货地址等。

传统的做法是将订单直接写入数据库，但这种方式可能会导致数据库负载过重，影响系统性能。使用 Kafka，订单生成模块将订单信息封装成消息，并发送到一个特定的 Kafka Topic 中，这个 Topic 就充当了消息队列。采用发布-订阅模型，订单生成模块作为消息的发布者，负责将订单消息发布到 Topic 中,而订单处理模块则作为消息的订阅者,通过订阅 Topic 来获取新的订单消息。发布-订阅模型如图 8-2 所示。

图 8-2　发布-订阅模型

订单处理系统中的消费者模块通过订阅 Kafka 的 Topic 实时获取最新的订单消息。一旦有新的订单消息到达 Topic,消费者会立即获取该消息,并开始实时处理订单。这个过程包括验证订单信息的完整性和有效性、计算订单总金额、检查商品库存是否足够、生成发货信息等。Kafka 的高吞吐量和低延迟确保订单消息能够及时传递到消费者,实现高并发的订单处理。同时,Kafka 充当了消息代理,使得订单处理模块与订单生成模块解耦,订单生成模块不需要直接将消息传递给订单处理模块,而是将消息发送到 Topic 中,由消费者自行订阅并处理。

订单处理系统在实时处理订单的过程中,根据不同的处理结果来更新订单的状态。订单状态可能包括待支付、已支付、已发货等。订单处理系统将订单状态的变更写入数据库,以便后续查询和跟踪订单状态。

在订单成功处理后,订单处理系统需要向用户发送订单确认短信。为了避免短信发送过程阻塞订单处理流程,短信发送任务被推送到另一个 Kafka 队列中,这个过程使用了队列模型。后台的短信服务作为消费者从队列中获取短信发送任务,并负责实际的短信发送操作。这样的方式保证了短信发送的异步处理,不影响订单处理系统的性能和响应速度。队列模型如图 8-3 所示。

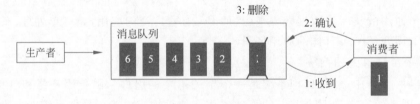

图 8-3　队列模型

2. 游戏日志实时分析

一家在线游戏公司使用 Kafka 作为实时日志分析的消息队列,收集和分析各游戏服务器产生的日志数据。这些日志数据包括游戏服务器日志、用户行为日志、异常日志和性能日志,如图 8-4 所示。通过使用 Kafka Streams 流处理框架,游戏公司能够实时进行游戏表现分析、用户行为监控、异常监测和性能优化。这样,游戏公司可以及时发现游戏服务器的问题并做出相应的优化措施,从而提升游戏体验和性能。

游戏服务器产生大量日志数据,包括运行状态、玩家活动、游戏事件和性能指标等。游戏服务器的日志生成模块将这些日志数据异步地发送到一个 Kafka Topic 中。同时,游戏中的玩家行为产生的用户行为日志、异常情况产生的异常日志,以及性能指标产生的性能日志,也都由相应的模块作为 Kafka 的生产者,异步地发送到同一个 Topic 中。

在 Kafka 集群中,Kafka 的消费者模块订阅对应的 Topic,实时获取游戏服务器产生的日志消息,包括游戏服务器日志、用户行为日志、异常日志和性能日志。消费者利用 Kafka Streams 或其他流处理框架对这些日志数据进行实时分析和处理,例如消费者可以计算游戏延迟、FPS(刷新率)等指标,评估游戏服务器的性能;可以追踪用户的活跃度、付费行为等,为个性化推荐和广告投放提供依据;可以快速发现游戏崩溃和错误日志,及时通知运维团队;可以分析性能日志,找出性能瓶颈并提供优化建议。同时,消费者端可以结合 Hadoop 等其他系统化的存储和分析系统,实现更全面的数据处理和存储。

3. 物联网数据枢纽

一个智能家居系统将各种传感器的数据通过 Kafka 传输到数据中心。在数据中心,使用 Kafka 和流处理框架将传感器数据进行实时处理和聚合,以监控家居设备的状态、实现智能调控和节能优化,如图 8-5 所示。

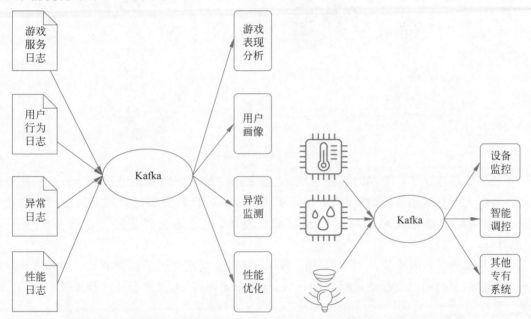

图 8-4　游戏日志实时分析　　　　图 8-5　物联网数据枢纽

智能家居系统中的各种传感器,如温度传感器、湿度传感器、光照传感器等,实时采集家居环境信息。这些传感器数据作为 Kafka 的生产者,异步地发送到一个 Kafka Topic 中。

在数据中心,Kafka 的消费者模块订阅 Kafka Topic,实时获取各传感器产生的数据。利用 Kafka 和流处理框架,数据中心可以对传感器数据进行实时处理和聚合。

通过实时处理和聚合,数据中心能够监控家居设备的状态,如实时获取家中的温度、湿度和光照强度。这些数据可以用于智能调控,如自动控制空调、加湿器和灯光,以保持舒适的家居环境。同时,数据中心还可以进行节能优化,如根据传感器数据来调整家电的使用,以降低能源消耗。

此外,物联网数据处理中的 Kafka 还具有一项重要功能:将同一份数据集导入多个专用系统中。数据中心可以根据需要,将传感器数据导入不同的专用系统,如 KV 存储系统、搜索系统、流式处理系统、时序数据库系统等。这样,不同系统可以根据各自的特点和需求,对传感器数据进行更深入的分析和应用。

通过 Kafka 作为数据中转枢纽,智能家居系统能够高效地实现数据传输和处理,实时监控家居设备,实现智能调控和节能优化,并且灵活地将数据导入不同的专用系统,满足各种数据处理需求。

4. 电力实时告警系统

有一家电力公司负责管理多个电力站点，每个电力站点都有大量的传感器监测电力设备和环境状态。这些传感器实时采集各种数据，如电流、电压、温度、湿度等，并将数据通过 Kafka 传输到数据中心，如图 8-6 所示。

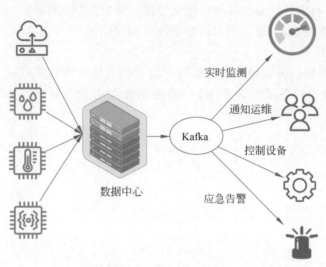

图 8-6　电力实时告警系统

在数据中心建立了一个实时告警系统，使用 Kafka 和流处理框架进行搭建。该系统订阅了来自各电力站点传感器的数据，用于接收实时数据。一旦监测到电力站点的电力设备出现异常、电力供应不稳定或环境温湿度超过安全范围，传感器会将报警消息异步地发送到 Kafka 中。

告警系统的消费者模块订阅该 Kafka Topic，实时获取监测到的报警消息。消费者模块根据报警消息的类型和严重程度进行处理，包括解析报警内容、生成报警通知和触发相应的应急措施。

例如，当电力设备出现故障或电力供应异常时，告警系统会立即向运维人员发送短信和邮件，提醒他们前往处理。同时，告警系统会自动触发控制系统，调整电力设备运行参数，以尽量避免停电或电力波动。另外，如果环境温湿度超过安全范围，告警系统会及时通知相关部门，以防止设备受损或影响工作环境。

通过实时告警系统，电力公司能够及时发现电力设备和环境的异常情况，保障电力站点的稳定运行和员工的安全。同时，Kafka 作为消息队列，赋予了告警系统高吞吐量和可靠性，确保报警消息的准确传递和处理，提高了报警响应的效率和可靠性。

8.3　Kafka 的工作机制与流程

本节深入探讨 Kafka 的内部工作机制，涵盖从数据产生到最终被消费的全过程。通过对 Kafka 的架构、生产者、消费者、分区、可靠性保证等方面的介绍，帮助读者理解 Kafka 作为一种高性能、高可靠性的流数据处理平台，是如何保证高吞吐量和数据的一致性的，有助于更好地应用 Kafka 来构建现代化的大数据处理系统。

8.3.1　消息模型

1. Kafka 分布式架构

要理解 Kafka 的消息模型,首先要了解其分布式架构。一个典型的 Kafka 基本分布式架构包括若干生产者、若干服务代理节点、若干消费者,以及一个 ZooKeeper 集群,如图 8-7 所示。

生产者将消息发送到服务代理节点

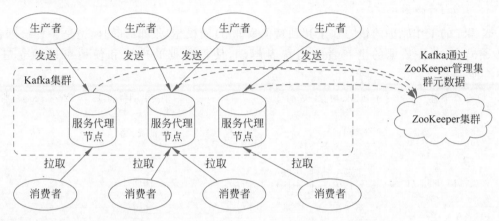

消费者采用拉模式订阅并消费消息

图 8-7　Kafka 分布式架构

首先解释一下 Kafka 架构中引入的 3 个术语。

- 生产者(producer):也就是发送消息的一方。生产者负责创建消息,然后将其投递到 Kafka 中。
- 消费者(consumer):也就是接收消息的一方。消费者连接到 Kafka 上并接收消息,进而进行相应的业务逻辑处理。
- 服务代理节点(broker):对于 Kafka 而言,服务代理节点可以简单地看作一个独立的 Kafka 服务节点或 Kafka 服务实例。大多数情况下也可以将服务代理节点看作一台 Kafka 服务器,前提是这台服务器上只部署了一个 Kafka 实例。一个或多个服务代理节点组成了一个 Kafka 集群(Kafka cluster)。

在生产环境中 Kafka 集群一般包括一台或多台服务器,可以在一台服务器上配置一个或多个代理。每个代理都有唯一的标识 ID,这个 ID 是一个非负整数。在一个 Kafka 集群中,每增加一个代理就需要为其配置一个 ID,在本书中有时也称为 brokerid。

综上,可以很容易理解各主体的工作过程,生产者将消息发送到服务代理节点,服务代理节点负责将收到的消息存储到磁盘中,而消费者负责从服务代理节点订阅并消费消息。其中 ZooKeeper 是 Kafka 用来负责集群元数据的管理、控制器的选举等操作的。

Kafka 的分布式架构使其具备如下优势。

- 横向扩展和负载均衡。Kafka 支持通过增加服务代理节点(每个服务代理节点都是一个 Kafka 实例,可以在不同的物理机器上运行,实现数据的分布和冗余)来实现横向扩展,从而提高处理能力和容量。主题的分区机制实现了消息在多个服务代理节点上的分布和负载均衡,确保数据均匀分布和高吞吐量。
- 高可用和数据冗余。Kafka 的分布式架构允许多个服务代理节点之间的数据复制和备份,当一个服务代理节点故障时,其他服务代理节点可以继续提供服务,保障数据的高可用性和容错性。

- 多消费者组和多订阅者。Kafka 支持多个消费者组,每个消费者组可以有多个消费者。这使得消费者可以根据不同的业务需求灵活地订阅主题,实现了松耦合的消息消费。

总体而言,Kafka 的分布式架构使其成为大规模实时数据处理、日志收集和流式数据分析的理想选择,同时满足高性能、高可用和高扩展性的要求。

2. 发布-订阅模型

Kafka 的工作原理的核心在于其独特的发布-订阅模型,发布-订阅模型是一种松耦合的消息传递模式,它将数据的生产者和消费者解耦,使得数据的产生和使用可以独立进行,如图 8-8 所示。

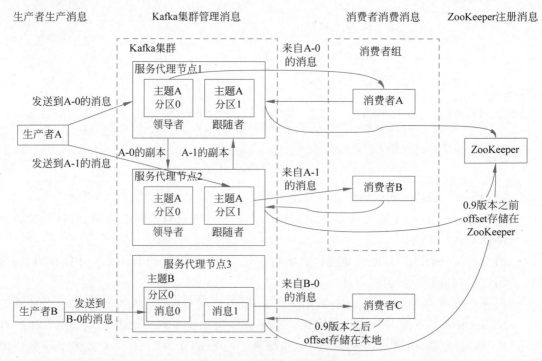

图 8-8　Kafka 发布-订阅模型

下面详细解释 Kafka 的发布-订阅模型。

- 消息(message)。消息是 Kafka 通信的基本单位,由一个固定长度的消息头和一个可变长度的消息体构成。在老版本中,每条消息称为 message;在由 Java 重新实现的客户端中,每条消息称为 record。
- 主题(topic)。在 Kafka 中,数据被组织成一个个主题,每个主题可以被认为是一个逻辑上的消息容器。生产者将数据发布到特定的主题,而消费者则可以订阅感兴趣的主题并从中获取数据。主题可以被看作消息的类别或频道,每个主题可以包含多条消息。
- 分区(partition)。每个主题可以划分为多个分区,每个分区是消息在 Kafka 集群中的物理存储单元。分区允许 Kafka 在分布式环境下对消息进行分片存储和并行处理。每个分区在一个服务代理节点上,而一个服务代理节点可以管理多个分区。有关分区的详细内容在下文讲解。

- 偏移量(offset)。分区在存储层面可以看作一个可追加的日志文件,消息在被追加到分区日志文件的时候都会分配一个特定的偏移量。偏移量是消息在分区中的唯一标识,Kafka通过它来保证消息在分区内的顺序性。
- 生产者(producer)。生产者负责将消息发送到Kafka集群的指定主题中。生产者可以选择发送消息时指定目标分区,也可以由Kafka根据分区策略自动选择目标分区。生产者将消息封装成records,records包含了键和值以及其他元数据。
- 消费者(consumer)。消费者通过订阅一个或多个主题来接收数据。消费者可以不同的消费模式来读取数据,例如第一消费者模式和消费者组模式。
- 消费者组(consumer group)。多个消费者可以组成一个消费者组来共同消费一个主题的数据。每个分区中的消息只能被消费者组内的一个消费者消费,这保证了消息在消费者组内的负载均衡和高吞吐量。
- 分区均衡(partition balancing)。Kafka会尝试将一个主题的分区均匀地分配给消费者组内的各个消费者,这样每个消费者可以处理多个分区,从而实现并行处理,提高系统的处理能力。

Kafka的发布-订阅模型使得生产者和消费者之间解耦,使得系统的可扩展性更强,可以方便地适应不同规模和复杂度的数据处理需求。同时,多个消费者可以同时订阅一个主题,实现数据的广播,保证了数据的高效分发。这种模型的设计使得Kafka成为一个高性能、高可靠性的流媒体平台,在大数据场景中得到广泛应用。

3. Kafka 分区

通过主题和分区,Kafka实现了消息的高效存储、传递和消费。主题是一个逻辑上的概念,它还可以细分为多个分区。每个分区由一系列有序、不可变的消息组成,是一个有序队列。如果一个主题只对应一个文件,那么这个文件所在的机器 I/O 将会成为这个主题的性能瓶颈,而分区解决了这个问题。本节将对分区的相关知识进行详细讲解。

1) 分区的定义

Kafka分区是一个逻辑上的概念,用于对消息进行分片存储和管理。每个主题可以被划分为一个或多个分区,每个分区都有一个唯一的分区号,从0开始递增。每个分区在物理上对应为一个文件夹,分区的命名规则为主题名称后接-(连接符),之后再接分区编号,如图8-8中的"A-0""A-1",表示主题A的0号分区和1号分区。

分区号用于唯一标识主题中的每个分区,生产者在发送消息时可以指定消息要发送到哪个分区,消费者在订阅主题时也可以指定消费特定的分区。

2) 分区数

分区数表示主题中总共的分区数量。在一个主题中,如果分区的总数是 N,分区号的范围是 $0 \sim N-1$。

分区数决定了主题在Kafka集群中的并行性和扩展性,它影响着生产者和消费者的负载均衡以及整体的吞吐量。理论上来说,分区数越多吞吐量越高,但这要根据集群实际环境及业务场景而定。

每个主题对应的分区数可以在Kafka启动时所加载的配置文件中配置,也可以在创建主题时通过指定的参数来设置分区的个数。当然,Kafka也支持动态增加或减少主题的分区数,但调整分区数可能需要重新分配数据,因此在设计主题时应慎重考虑分区数。

3) 分区内消息的顺序保证

对于同一个分区内的消息,它们的顺序是有序的,即消息按照发送的顺序被追加到分区中,而消费者按照顺序读取这些消息。每条消息被追加到相应的分区中,是顺序写磁盘,因此效率非常高,这是 Kafka 高吞吐率的一个重要保证。如图 8-9 所示,主题中有 4 个分区,消息被顺序追加到每个分区日志文件的尾部。

需要注意的是,Kafka 保证一个分区之内消息的有序性,不保证跨分区消息的有序性。因此,在应用程序中需要注意设计,确保不同分区之间的消息顺序不会影响业务逻辑。通常情况下,可以通过在消息中添加共享的键来将相关的消息发送到同一个分区,从而实现一定程度的顺序性。

4)分区内消息的标识

在 Kafka 中,分区内的每条消息都有一个唯一的标识,即消息的偏移量。偏移量是一个 64 位的整数,它用于标记消息在分区中的位置。每个分区的消息都按照顺序依次编号,从 0 开始递增,越新的消息其偏移量值越大,如图 8-9 所示。在同一个分区内,消息的偏移量是按照发送顺序递增的,保证了消息在分区内的有序性。

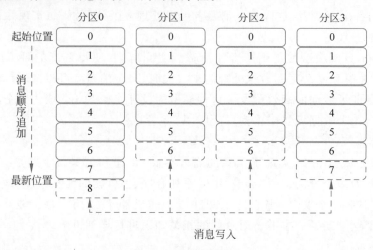

图 8-9 消息追加写入

消费者在消费消息时,会维护一个偏移量来标记它已经消费过的消息。消费者首先指定从哪个偏移量开始消费,然后依次处理每条消息,同时更新自己的偏移量。这样,在下次消费时,消费者可以继续从上一次消费的偏移量位置开始读取消息,确保不会重复消费和丢失消息。

与传统消息系统不同的是,Kafka 并不会立即删除已被消费的消息。Kafka 提供两种删除老数据的策略:一是基于消息已存储的时间长度;二是基于分区的大小。

5)分区的副本机制

Kafka 采用副本(replica)机制来确保数据的冗余备份和高可用性。每个 Kafka 分区都可以有多个副本,其中包括一个主副本(leader replica)和若干追随者副本(follower replica)。主副本负责处理读写请求,追随者副本只负责与主副本的消息同步,主要用于数据的冗余备份和故障恢复。

如图 8-10 所示,Kafka 集群中有 4 个服务代理节点,某个主题中有 3 个分区,且副本因子(即副本个数)也为 3,如此每个分区便有 1 个主副本和 2 个追随者副本。生产者和消费者只与主副本进行交互,而追随者副本只负责消息的同步,很多时候追随者副本中的消息相对主副本而言会有一定的滞后。

每一条消息被发送到服务代理节点之前,会根据分区规则选择存储到哪个具体的分区。

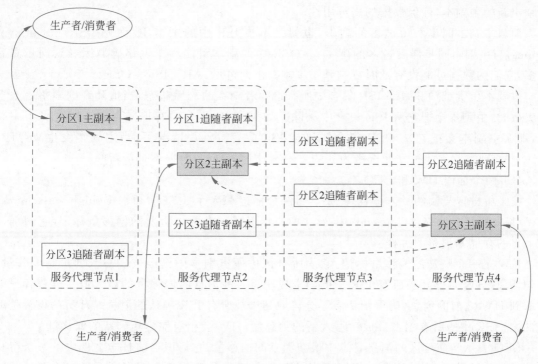

图 8-10　多副本机制

也就是说,一个主题可以横跨多个服务代理节点,以此来提供比单个服务代理节点更强大的性能。Kafka 中的分区的副本分布在不同的服务器上,这样,Kafka 通过多副本机制实现了故障的自动转移,当 Kafka 集群中某个服务代理节点失效时仍然能保证服务可用。

如果主副本出现故障,Kafka 会自动从追随者副本中选择一个新的主副本,确保分区的高可用性。主副本的选举通常是通过 ZooKeeper 来协调和实现的,ZooKeeper 用于监控服务代理节点状态,并在主副本不可用时重新选择新的主副本。

6) 分区复制机制

Kafka 的分区复制机制是保证数据可靠性和高可用性的关键部分。每个 Kafka 主题可以分为多个分区,并且每个分区都可以有多个副本,Kafka 中的消息发送和同步过程分两步完成。

(1) 生产者发送消息到主副本。

(2) 主副本将消息追加到消息日志中,并将消息复制到所有追随者副本。

追随者副本总是尽最大努力与主副本保持一致,但追随者副本在同步过程中总会有一定程度的滞后。Kafka 允许这种“一定程度的滞后”(滞后的范围是可以通过参数进行配置),并通过一个 ISR(in-sync replica)的集合来保证数据的一致性。那么 ISR 又是什么呢? Kafka 又如何完成复制过程呢? 下面依次来解答。

(1) 同步复制副本集合 ISR。

分区中的所有副本统称为 AR(assigned replica)。Kafka 在 ZooKeeper 中动态维护了一个 ISR,它是与主副本保持“一定程度同步”状态的副本集合(包括主副本在内)。显然,ISR 集合是 AR 集合中的一个子集。

在正常情况下,AR 和 ISR 应该相等(AR=ISR),也就是说所有的追随者副本都应该与主副本保持一定程度的同步。这样在主副本发生故障时,ISR 中的其他追随者副本可以快速地选举出新的主副本,确保数据的高可用性。

而与主副本同步滞后过多的副本,也就是不在 ISR 中的副本,被称为 OSR(out-of-sync replica,与主副本同步滞后过多的副本)。OSR 中的副本可能由于网络等原因导致同步滞后过多,它们的数据可能没有及时复制到主副本。由此可见,AR＝ISR＋OSR。

主副本负责维护和跟踪 ISR 集合中所有追随者副本的滞后状态,当追随者副本落后太多或失效时,主副本会把它从 ISR 集合中剔除。如果 OSR 集合中有追随者副本"追上"了主副本,那么主副本会把它从 OSR 集合转移至 ISR 集合。默认情况下,当主副本发生故障时,OSR 中的副本就不能被立即选举为新的主副本,因为它们的数据不是最新的。

(2) 两个标记 HW 和 LEO。

要了解分区复制的具体过程,先要学习两个标记 HW 和 LEO:高水位(high watermark,HW)和最新日志偏移量(log end offset,LEO)是 Kafka 中两个重要的偏移量标记,它们都涉及消息的存储和消费的过程。

HW 是一个特殊的偏移量标记,它表示分区中所有副本中已经成功写入的最高偏移量。换句话说,HW 是已经被所有 ISR 中的副本成功写入的消息的偏移量的最大值。消费者只能拉取到 HW 之前的消息,确保消费者不会读取到未被所有 ISR 确认的消息。HW 的设置是动态的,当 ISR 中的所有副本都成功写入新的消息后,HW 会相应地更新到新的偏移量。

LEO 表示当前分区的消息日志中最新消息的偏移量,它标识当前日志文件中下一条待写入消息的偏移量。LEO 的大小相当于当前日志分区中最后一条消息的偏移量值加 1。分区 ISR 集合中的每个副本都会维护自身的 LEO,而 ISR 集合中最小的 LEO 即为分区的 HW,对消费者而言只能消费 HW 之前的消息。LEO 的值是动态变化的,随着新的消息不断写入分区,LEO 会不断更新到新的偏移量。

如图 8-11 所示,它代表一个日志文件,这个日志文件中有 9 条消息,第一条消息的偏移量(LogStartOffset)为 0,最后一条消息的偏移量为 8,偏移量为 9 的消息用虚线框表示,代表下一条待写入的消息,也就是 LEO。日志文件的 HW 为 6,表示消费者只能拉取到偏移量为 0～5 的消息,而偏移量为 6 的消息对消费者而言是不可见的。

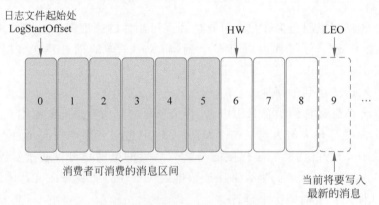

图 8-11　分区中各种偏移量的说明

(3) 复制过程。

为了让读者更好地理解 ISR 集合,以及 HW 和 LEO 之间的关系,了解分区复制过程,下面通过一个简单的示例来进行相关的说明。如图 8-12 所示,假设某个分区的 ISR 集合中有 3 个副本,即一个主副本(leader)和 2 个追随者副本(follower1 和 follower2),此时分区的 LEO 和 HW 都为 3。消息 3 和消息 4 从生产者发出之后会被先存入主副本,如图 8-12 所示。

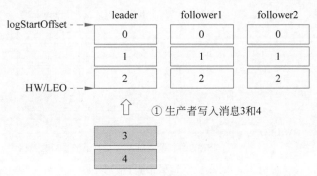

图 8-12 写入消息(情形 1)

在消息写入主副本之后,追随者副本会发送拉取请求来拉取消息 3 和消息 4 以进行消息同步,如图 8-13 所示。

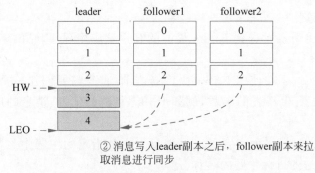

② 消息写入leader副本之后,follower副本来拉取消息进行同步

图 8-13 写入消息(情形 2)

在同步过程中,不同的追随者副本的同步效率也不尽相同。如图 8-14 所示,在某一时刻 follower1 完全跟上了 leader 而 follower2 只同步了消息 3,如此主副本的 LEO 为 5,follower1 的 LEO 为 5,follower2 的 LEO 为 4,那么当前分区的 HW 取最小值 4,此时消费者可以消费到偏移量为 0~3 的消息。

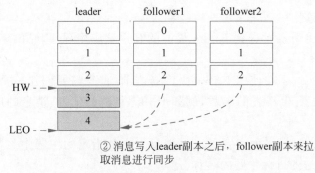

③ 其中follower1完全追齐消息,follower2只读取了部分消息

图 8-14 写入消息(情形 3)

写入消息(情形 4)如图 8-15 所示,所有的副本都成功写入了消息 3 和消息 4,整个分区的 HW 和 LEO 都变为 5,因此消费者可以消费到偏移量为 4 的消息了。

由此可见,Kafka 的复制机制既不是完全的同步复制,也不是单纯的异步复制。事实上,同步复制要求所有能工作的追随者副本都复制完,这条消息才会被确认为已成功提交,这种复制方式极大地影响了性能。而在异步复制方式下,追随者副本异步地从主副本中复制数据,数据只要被主副本写入就被认为已经成功提交。在这种情况下,如果追随者副本都还没有复制完而落后于主副本,突然主副本宕机,则会造成数据丢失。Kafka 使用的这种 ISR 的方式则有

④ISR的所有节点都成功复制了消息3和消息4

图 8-15　写入消息(情形 4)

效地权衡了数据可靠性和性能之间的关系。

8.3.2　消息处理流程

1. 生产者工作原理

Kafka 生产者是将消息发送到 Kafka 集群的客户端应用程序,它的工作原理涉及以下关键步骤。

(1) 创建生产者实例。在使用 Kafka 生产者之前,首先需要创建一个生产者实例。创建生产者实例时,需要配置生产者的参数,例如 Kafka 集群的地址、消息的序列化方式、分区策略等。

(2) 指定消息发送目标。生产者可以将消息发送到指定的主题中。在发送消息之前,生产者需要指定消息发送的目标主题的名称。

(3) 选择分区策略(可选)。如果生产者未手动指定消息要发送到哪个分区,Kafka 会根据分区策略来自动选择目标分区。常见的分区策略如下。

- round-robin(轮询):依次将消息发送到每个分区,实现负载均衡。
- random(随机):随机选择一个分区发送消息。
- Hash(哈希):根据消息的键进行哈希计算,将带有相同键的消息发送到同一个分区,实现消息的有序性。

(4) 发送消息。生产者使用 send 方法将消息发送到 Kafka 集群。发送消息时,生产者将消息写入本地缓冲区,并等待发送到服务代理节点的确认响应。

(5) 消息确认(可选)。生产者可以选择等待服务代理节点对消息的确认响应。确认响应可以分为如下 3 种级别。

- fire-and-forget(发后即忘):生产者发送消息后不等待确认响应,可能会导致消息丢失。
- synchronous(同步):生产者等待确认响应后再发送下一条消息,确保消息被成功写入服务代理节点,但性能较差。
- asynchronous(异步):生产者异步发送消息,不等待确认响应,可以获得较好的性能,但可能会出现消息丢失。

(6) 序列化和分区。在发送消息之前,生产者需要将消息进行序列化,将消息转换为字节流以便传输。同时,如果未手动选择目标分区,生产者会根据分区策略选择目标分区。

(7) 消息缓冲。生产者会将发送的消息写入本地缓冲区,而不是立即发送到服务代理节点。这样做可以将多个消息一并发送,提高发送效率。

(8) 消息发送到服务代理节点。生产者将消息从本地缓冲区发送到指定的服务代理节点。消息被发送到目标分区的主副本。

（9）副本复制。主副本将消息复制到其他追随者副本，确保数据的冗余备份。

（10）消息确认。服务代理节点将确认消息是否成功写入的响应发送给生产者。根据生产者的配置，可以等待确认响应或继续发送下一条消息。

（11）错误处理。如果发送过程中发生错误，生产者可以根据配置进行错误处理，例如重试、放弃发送等。

简单来说，Kafka生产者通过将消息序列化并发送到指定的主题和分区，利用分区策略实现负载均衡和消息的有序性。生产者可以选择等待确认响应或异步发送消息，根据业务需求进行配置。生产者的工作原理关键在于将消息发送到Kafka集群中的指定分区，从而实现高效可靠的消息传输。

2. 消费者工作原理

Kafka消费者是从Kafka集群中读取消息的客户端应用程序，它的工作原理涉及以下关键步骤。

（1）创建消费者实例。在使用Kafka消费者之前，首先需要创建一个消费者实例。创建消费者实例时，需要配置消费者的参数，例如Kafka集群的地址、消费者组的名称、消息的反序列化方式等。

（2）订阅主题。消费者通过subscribe方法订阅一个或多个主题。一个消费者可以订阅一个或多个主题，并从这些主题中读取消息。

（3）加入消费者组。Kafka消费者可以组成一个消费者组。每个消费者组可以有多个消费者，每个消费者负责消费一个或多个主题中的消息的一个或多个分区。Kafka使用消费者组来实现消息的负载均衡和并行处理。

（4）从分区中读取消息。一旦消费者订阅了主题，并加入消费者组，它会从指定分区中读取消息。消费者通过poll方法定期从分区拉取消息，然后处理这些消息。

（5）指定偏移量。消费者会维护一个偏移量，用于标记它在分区中已经消费的消息位置。在读取和处理消息后，消费者会更新自己的偏移量，确保不会重复消费和丢失消息。

（6）消息处理。消费者从Kafka中读取到消息后，可以对消息进行业务处理，例如存储到数据库、进行计算、发送到其他系统等。

（7）消息确认（可选）。消费者可以选择手动提交偏移量或让Kafka自动管理偏移量的提交。手动提交偏移量可以确保消费的消息得到准确处理，但需要注意避免重复提交偏移量。

（8）消费者健康监测。消费者可以定期发送心跳到Kafka服务代理节点来证明自己的健康状态。如果消费者长时间未发送心跳或宕机，Kafka会将其从消费者组中移除，并将分区重新分配给其他消费者。

（9）消费者负载均衡。如果消费者组中有多个消费者，Kafka会根据分区的分配策略将分区均匀地分配给不同的消费者，实现负载均衡。

（10）重新分配分区（可选）。如果消费者组中有消费者加入或退出，Kafka会触发重新分配分区的过程，确保分区在消费者组中的均衡。

总之，Kafka消费者通过订阅主题，从指定分区中拉取消息，并根据消费者组实现负载均衡和并行处理。消费者维护自己的偏移量，确保消息的有序消费和不丢失。消费者的工作原理关键在于拉取消息、处理消息、提交偏移量等步骤，从而实现高效可靠的消息消费。

3. 服务代理节点工作原理

Kafka中间件的服务代理节点是Kafka集群中的核心组件，它负责接收、存储和分发消息。服务代理节点的工作原理涉及以下关键步骤。

（1）消息存储。当 Kafka 生产者发送消息时，消息会首先被写入服务代理节点中的磁盘，形成一个不可变的日志文件，也称为消息日志或分区日志。每个主题的每个分区都有自己的消息日志。

（2）分区。每个主题可以划分为多个分区，每个分区是一个有序的消息队列。分区的作用是将消息分散存储和处理，保证消息的有序性、负载均衡和并行处理。

（3）副本。Kafka 的每个分区设置有多个副本，其中包括一个主副本和若干追随者副本。主副本负责处理读写请求，而追随者副本主要用于数据的冗余备份和故障恢复。

（4）生产者写入。当 Kafka 生产者将消息发送到服务代理节点时，消息会首先写入主副本的消息日志。主副本将消息追加到日志中，并将写入结果发送给追随者副本。

（5）副本复制。主副本将消息复制到其他追随者副本，确保数据的冗余备份。追随者副本可以配置为同步或异步地复制主副本的数据。

（6）消费者读取。当 Kafka 消费者从服务代理节点读取消息时，它会连接到主副本，并从分区的消息日志中读取消息。消费者按照顺序处理消息，确保消息的有序消费。

（7）leader 选举。如果主副本出现故障，Kafka 会自动从追随者副本中选择一个新的主副本，确保分区的高可用性。

（8）副本同步。Kafka 使用副本同步协议来确保主副本和追随者副本之间的数据一致性。追随者副本通过拉取主副本的日志来保持与其数据同步。

（9）消息存储策略。Kafka 采用高效的消息存储策略，支持基于时间和大小的日志段切分，以及消息的索引和压缩，从而实现高效的消息读写和存储管理。

（10）偏移量管理。服务代理节点负责管理消费者的偏移量。消费者可以手动提交偏移量或让 Kafka 自动管理偏移量的提交。

简而言之，Kafka 服务代理节点是 Kafka 集群中的核心组件，负责消息的存储、复制和分发。通过分区和副本机制，服务代理节点实现了高可用性、数据冗余备份和高效的消息读写。服务代理节点的工作原理关键在于消息的写入和存储、副本的复制和同步，以及消费者的读取和偏移量管理。

8.3.3　客户端操作

Kafka 的部署是构建一个可靠的消息传递系统或数据流平台的关键步骤之一。为了充分利用 Kafka 的高性能和可伸缩性，正确地进行安装、配置和管理是至关重要的。本节将详细介绍 Kafka 的部署过程，包括安装和配置 Kafka 集群，以及使用 Kafka 的 Shell 工具进行基本操作。

1. Kafka 的安装与配置

本节的内容以 Linux CentOS 作为安装演示的操作系统，其他 Linux 系列的操作系统也可以参考本节的内容。搭建 Kafka 运行环境还需要涉及 ZooKeeper，Kafka 和 ZooKeeper 都是运行在 JVM 之上的服务，所以还需要安装 JDK。Kafka 从 2.0.0 版本开始就不再支持 JDK 7 及以下版本，本节以 JDK 8 为例来进行演示。

Kafka 的安装需要先安装部署 JDK 和 ZooKeeper，这部分安装步骤参看前述章节内容完成。Kafka 自带了一个 ZooKeeper，也可以运行使用自带的 ZooKeeper。

在安装完 JDK 和 ZooKeeper 之后，就可以执行 Kafka 服务代理节点的安装了。首先也是从官方网站中下载安装包，示例中选用的安装包是 kafka_2.11-2.0.0.tgz，将其复制至/opt 目录下并进行解压缩,接下来需要修改服务代理节点的配置文件 $KAFKA_HOME/config/server. properties。主要关注以下几个配置参数即可。

```
#broker 的编号,如果集群中有多个 broker,则每个 broker 的编号需要设置得不同
broker. id = 0
#存放消息日志文件的地址
log.dirs = /tmp/kafka - logs
#Kafka 所需的 ZooKeeper 集群地址,为了方便演示,假设 Kafka 和 ZooKeeper 都安装在本机
zookeeper.connect = localhost:2181
```

如果是单机模式,那么修改完上述配置参数之后就可以启动服务。如果是集群模式,那么只需要对单机模式的配置文件做相应的修改:确保集群中每个服务代理节点的 broker. id 配置参数的值不一样;listeners 配置参数修改为与服务代理节点对应的 IP 地址或域名;各自启动服务。注意,在启动 Kafka 服务之前同样需要确保 zookeeper. connect 参数所配置的 ZooKeeper 服务已经正确启动。

启动 Kafka 服务的方式比较简单,在 $KAFKA_HOME 目录下执行下面的命令即可。

```
bin/kafka - server - start. sh config/server. properties
```

如果要在后台运行 Kafka 服务,那么可以在启动命令中加入-daemon 参数或 & 字符,示例如下。

```
bin/kafka - server - start. sh - daemon config/server. properties
#或者
bin/kafka - server - start. sh config/server. properties &
```

可以通过 jps 命令查看 Kafka 服务进程是否已经启动,示例如下。

```
[root node1 kafka 2.11 - 2.0.0]      #jps - l
23152 sun. tools. jps. Jps
16052 org. apache. zookeeper. server. quorum. QuorumPeerMain
22807 kafka. Kafka      #这个就是 Kafka 服务端的进程
```

jps 命令只是用来确认 Kafka 服务的进程已经正常启动。至于 Kafka 是否能够正确地对外提供服务,还需要通过发送和消费消息进行验证。

2. Kafka 的简单 Shell 操作

Kafka 提供了许多实用的脚本工具,存放在 $KAFKA_HOME 的 bin 目录下,其中与主题有关的就是 kafka-topics. sh 脚本,下面用它演示 Shell 命令的操作。

首先用 kafka-topics. sh 创建一个分区数为 4、副本因子为 3 的主题 topic-demo。创建一个拥有 3 个副本的主题,Kafka 集群中需要有 3 个可用的服务代理节点。

```
bin/kafka - topics. sh - - zookeeper localhost:2181 - - create - - topic topic - demo - - partitions
4 - - replication - factor 3
```

其中,--zookeeper 指定了 Kafka 所连接的 ZooKeeper 服务地址,--topic 指定了所要创建主题的名称,--replication-factor 指定了副本因子,--partitions 指定了分区个数,--create 是创建主题的动作指令。还可以通过--describe 展示主题的更多具体信息。

创建主题 topic-demo 之后再来检测一下 Kafka 集群是否可以正常地发送和消费消息。$KAFKA_HOME/bin 目录下还提供了两个脚本 kafka-console-producer. sh 和 kafkaconsole-consumer. sh, 通过控制台收发消息。首先打开一个 Shell 终端, 通过 kafka-consoleconsumer. sh 脚本来订阅主题 topic-demo, 示例如下。

```
bin/kafka - console - consumer.sh -- bootstrap - server localhost:9092 -- topic topic - demo
```

其中, --bootstrap-server 指定了连接的 Kafka 集群地址, --topic 指定了消费者订阅的主题。目前主题 topic-demo 尚未有任何消息存入, 所以此脚本还不能消费任何消息。

再打开一个 Shell 终端, 然后使用 kafka-consoleproducer. sh 脚本发送一条消息"Hello, Kafka!"至主题 topic-demo, 示例如下。

```
bin/kafka - console - producer.sh -- broker - list localhost:9092 -- topic topic - demo
> Hello, Kafka!
>
```

其中, --broker-list 指定了连接的 Kafka 集群地址, --topic 指定了发送消息时的主题。示例中的第二行是通过人工输入的方式输入的, 按下 Enter 键后会跳到第三行, 即">"字符处。此时, 原先执行 kafkaconsole-consumer. sh 脚本的 Shell 终端中出现了刚刚输入的消息"Hello, Kafka!"。

读者也可以通过输入一些其他自定义的消息来熟悉消息的收发及这两个脚本的用法。不过这两个脚本一般用来进行一些测试类的工作, 在实际应用中, 不会只是简单地使用这两个脚本来做复杂的与业务逻辑相关的消息生产与消费的工作, 具体的工作可以通过编程的手段来实施。

8.4 案例：基于 Kafka 的用户行为日志的消息处理

Kafka 提供了以下 4 类核心 API。

- Producer API。Producer API 提供生产消息相关的接口, 可以通过实现 Producer API 提供的接口来自定义生产者、自定义分区分配策略等。
- Consumer API。Consumer API 提供消费消息相关接口, 包括创建消费者、消费偏移量管理等。
- Streams API。Streams API 是 Kafka 提供的一系列用来构建流处理程序的接口, 通过 Streams API 让流处理相关的应用场景变得更加简单。
- Connect API。Kafka 在 0.9.0 版本后提供了一种方便 Kafka 与外部系统进行数据流连接的连接器(connect), 实现将数据导入 Kafka 或从 Kafka 中导出到外部系统。Connect API 提供了相关实现的接口, 不过很多时候并不需要编码来实现连接器的功能, 而只需要简单的几个配置就可以应用 Kafka Connect 与外部系统进行数据交互, 因此对 Connect API 不进行介绍。

接下来重点学习 Producer API 和 Consumer API 的应用, 完成一个基于 Kafka 的消息系统搭建。

项目搭建过程如下。

在 Kafka 的安装目录下执行如下命令, 创建一个新的主题 mytopic1。

```
bin/kafka - topics.sh -- create -- zookeeper localhost:2181 -- replication - factor 1
-- partitions 1 -- topic mytopic1
```

先使用 IDEA 创建一个通过 Maven 管理的 Maven Project，该工程名为 distributed-message-system，在工程的 pom.xml 文件中引入 Kafka 的依赖包，该 pom.xml 文件的内容如下所示。

```xml
<?xml version = "1.0" encoding = "UTF-8"?>
<project xmlns = "http://maven.apache.org/POM/4.0.0" xmlns:xsi = "http://www.w3.org/2001/XMLSchema-instance"
  xsi:schemaLocation = "http://maven.apache.org/POM/4.0.0 http://maven.apache.org/xsd/maven-4.0.0.xsd">
  <modelVersion>4.0.0</modelVersion>
  <groupId>org.example</groupId>
  <artifactId>distributed-message-system</artifactId>
  <version>1.0-SNAPSHOT</version>
  <name>distributed-message-system</name>
  <!-- FIXME change it to the project's website -->
  <url>http://www.example.com</url>
  <dependencies>
    <dependency>
      <groupId>org.apache.kafka</groupId>
      <artifactId>kafka-clients</artifactId>
      <version>2.0.0</version>
    </dependency>
  </dependencies>
  <build>
    <plugins>
      <plugin>
        <groupId>org.apache.maven.plugins</groupId>
        <artifactId>maven-compiler-plugin</artifactId>
        <configuration>
          <source>8</source>
          <target>8</target>
        </configuration>
      </plugin>
    </plugins>
  </build>
</project>
```

8.4.1　日志数据产生

接下来通过具体实例来介绍如何通过 Producer API 开发生产者程序。

实现一个简单的 Kafka 生产者的一般步骤如下。

（1）创建 Properties 对象，设置生产者级别配置。以下 3 个配置是必须指定的。

- bootstrap.servers：配置连接 Kafka 代理列表，不必包含 Kafka 集群所有的代理地址，当连接上一个代理后，会从集群元数据信息中获取其他存活的代理信息。但为了保证能够成功连上 Kafka 集群，在多代理集群的情况下建议至少配置两个代理。
- key.serializer：配置用于序列化消息 Key 的类。
- value.serializer：配置用于序列化消息实际数据的类。

（2）根据 Properties 对象实例化一个 KafkaProducer 对象。

（3）实例化 ProducerRecord 对象，每条消息对应一个 ProducerRecord 对象。

（4）调用 KafkaProducer 发送消息的方法将 ProducerRecord 发送到 Kafka 相应节点。

Kafka 提供了两个发送消息的方法，即 send(ProducerRecord<String, String> record)方法和

send(ProducerRecord < String,String > record,Callback callback)方法,带有回调函数的 send 方法要实现 org. apache. kafka. clients. producer. Callback 接口。如果消息发送发生异常,Callback 接口的 onCompletion 会捕获到相应异常。KafkaProducer 默认是异步发送消息,会将消息缓存到消息缓冲区中,当消息在消息缓冲区中累积到一定数量后作为一个 RecordBatch 再发送。

(5) 关闭 KafkaProducer,释放连接的资源。

介绍完实现一个 KafkaProducer 的基本步骤之后,通过代码来完成一个生产者。

先新建一个实体类 UserLogs,具体代码如下。

```java
public class UserLogs {
    public Long user_id;
    public int new_user;
    public int age;
    public String sex;
    public String os;
    public String channel;
    public int total_pages_visited;
    public int home_page;
    public int listing_page;

    public UserLogs() {
    }
    public Long getUser_id() {
        return user_id;
    }
    public void setUser_id(Long user_id) {
        this.user_id = user_id;
    }
    public int getNew_user() {
        return new_user;
    }
    public void setNew_user(int new_user) {
        this.new_user = new_user;
    }
    public int getAge() {
        return age;
    }
    public void setAge(int age) {
        this.age = age;
    }
    public String getSex() {
        return sex;
    }
    public void setSex(String sex) {
        this.sex = sex;
    }
    public String getOs() {
        return os;
    }
    public void setOs(String os) {
        this.os = os;
    }
    public String getChannel() {
```

```java
            return channel;
        }
        public void setChannel(String channel) {
            this.channel = channel;
        }
        public int getTotal_pages_visited() {
            return total_pages_visited;
        }
        public void setTotal_pages_visited(int total_pages_visited) {
            this.total_pages_visited = total_pages_visited;
        }
        public int getHome_page() {
            return home_page;
        }
        public void setHome_page(int home_page) {
            this.home_page = home_page;
        }
        public int getListing_page() {
            return listing_page;
        }
        public void setListing_page(int listing_page) {
            this.listing_page = listing_page;
        }
        @Override
        public String toString() {
            return "UserLogs{" +
                    "user_id=" + user_id +
                    ", new_user=" + new_user +
                    ", age=" + age +
                    ", sex='" + sex + '\'' +
                    ", os='" + os + '\'' +
                    ", channel='" + channel + '\'' +
                    ", total_pages_visited=" + total_pages_visited +
                    ", home_page=" + home_page +
                    ", listing_page=" + listing_page +
                    '}';
        }
    }
```

新建类ProducerDemo，具体代码如下。

```java
package org.example;
import org.apache.kafka.clients.producer.KafkaProducer;
import org.apache.kafka.clients.producer.Producer;
import org.apache.kafka.clients.producer.ProducerRecord;
import java.util.Properties;
import java.util.Random;

public class ProducerDemo {
    public static void main(String[] args) throws InterruptedException {
        Properties props = new Properties();
        props.put("bootstrap.servers", "192.168.0.190:9092");
        props.put("acks", "all");
        props.put("retries", 0);
        props.put("batch.size", 16384);
        props.put("linger.ms", 1);
```

```
        props.put("buffer.memory", 33554432);
        props.put("key.serializer", "org.apache.kafka.common.serialization.StringSerializer");
        props.put("value.serializer", "org.apache.kafka.common.serialization.StringSerializer");
        Producer<String, String> producer = new KafkaProducer<String, String>(props);
        Random r = new Random();
        String[] channelArray = {"ads", "seo", "direct"};
        String[] sexlArray = {"male", "female"};
        String[] oslArray = {"IOS", "Android", "Windows"};
        for (int i = 0; i < 10; i++) {
            UserLogs userLogs = new UserLogs();
            userLogs.setUser_id(Math.abs(r.nextLong()));
            userLogs.setNew_user(r.nextInt(2));
            userLogs.setAge(r.nextInt(31) + 18);
            userLogs.setSex(sexlArray[r.nextInt(2)]);
            userLogs.setOs(oslArray[r.nextInt(3)]);
            userLogs.setChannel(channelArray[r.nextInt(3)]);
            userLogs.setTotal_pages_visited(r.nextInt(10) + 1);
            userLogs.setHome_page(r.nextInt(2));
            userLogs.setListing_page(r.nextInt(2));
            producer.send(new ProducerRecord<String, String>("mytopic1", "key" + i, "value"
+ i + ":" + userLogs.toString()));
            System.out.println("发送消息: key" + i + " -> value" + i + ":" + userLogs.toString());
            Thread.sleep(1000);
        }
        producer.close();
    }
}
```

先前已经介绍了 Properties 对象的 3 个配置，接下来看一下代码中 Properties 对象的其他配置。

（1）acks：表示服务器端在接收到消息后，生产者需要进行反馈确认的尺度，其主要用于消息的可靠性传输。

- acks=0 表示生产者不需要来自服务器端的确认。
- acks=1 表示服务器端将消息保存后即可发送 Ack，不需要等到其他 follower 角色都收到该消息。
- acks=all（或 acks=-1）意味着服务器端将等待所有副本都被接收后才发送确认。

（2）retries：表示生产者发送失败后重试的次数。

（3）batch.size：表示当多条消息发送到同一个分区时，该值控制生产者批量发送消息的大小。批量发送可以减少生产者到服务器端的请求数，有助于提高客户端和服务器端的性能。

（4）linger.ms：表示在默认情况下缓冲区的消息会被立即发送到服务器端，即使缓冲区的空间并没有用完。可以将 linger.ms 设置为大于 0 的值，这样发送者在等待一段时间后，再向服务器端发送请求，以实现每次请求可以尽可能多发送批量消息。

（5）buffer.memory：表示生产者缓冲区的大小，保存的是还未来得及发送到服务器端的消息，如果生产者的发送速度大于消息被提交到服务器端的速度，该缓冲区将被耗尽。

8.4.2　日志数据消费

Kafka 还保留 Scala 版本的两套消费者，在 Kafka 0.9 版本之后，通过 Java 语言对消费者进行了重新实现，即 KafkaConsumer。本案例中将使用 KafkaConsumer 相关的 API 完成消费者程序的编写。

```java
package org.example;
import java.time.Duration;
import java.util.Arrays;
import java.util.Properties;
import org.apache.kafka.clients.consumer.ConsumerRecord;
import org.apache.kafka.clients.consumer.ConsumerRecords;
import org.apache.kafka.clients.consumer.KafkaConsumer;

public class ConsumerDemo {
    public static void main(String[] args) {
        Properties props = new Properties();
        props.put("bootstrap.servers","192.168.0.190:9092");
        props.put("group.id","mygroup");
        props.put("enable.auto.commit","true");
        props.put("auto.commit.interval.ms","1000");
        props.put("key.deserializer", "org.apache.kafka.common.serialization.StringDeserializer");
        props.put("value.deserializer", "org.apache.kafka.common.serialization.StringDeserializer");
        KafkaConsumer<String,String> consumer =
                new KafkaConsumer<String,String>(props);
        consumer.subscribe(Arrays.asList("mytopic1"));
        while (true){
            ConsumerRecords<String,String> records = consumer.poll(Duration.ofMillis(100)
.toMillis());
            for (ConsumerRecord<String,String> record : records) {
                System.out.println("收到消息: " + record.key() + " -> " + record.value());
            }
        }
    }
}
```

下面来看一下消费者程序中 Properties 对象的相关配置。

（1）Mygroup：表示 Kafka 使用消费者分组的概念来允许多个消费者共同消费和处理同一个主题中的消息。分组中的消费者成员是动态维护的，如果一个消费者处理失败了，那么之前分配给它的分区将被重新分配给分组中的其他消费者；同样，如果分组中加入了新的消费者，也将触发整个分区重新分配，每个消费者将尽可能地分配到相同数目的分区，以达到新的均衡状态。

（2）enable.auto.commit：表示用于配置消费者是否自动提交消费的进度。

（3）auto.commit.interval.ms：表示用于配置自动提交消费进度的时间。

1. 程序运行

为了便于调试程序，在运行程序之前，还需要配置 log4j 日志依赖。

在 pom 文件的 dependencies 标签中加入 log4j 依赖，代码如下。

```xml
<dependency>
    <groupId>org.apache.logging.log4j</groupId>
    <artifactId>log4j-core</artifactId>
    <version>2.8.2</version>
</dependency>
<dependency>
    <groupId>org.slf4j</groupId>
    <artifactId>slf4j-log4j12</artifactId>
    <version>1.7.32</version>
</dependency>
```

在 resources 目录中,创建 log4j 的配置文件 log4j. properties,代码如下。

```
log4j.rootLogger = INFO, stdout
log4j.appender.stdout = org.apache.log4j.ConsoleAppender
log4j.appender.stdout.layout = org.apache.log4j.PatternLayout
log4j.appender.stdout.layout.ConversionPattern = %d %p [ %c] -  %m %n
log4j.appender.logfile = org.apache.log4j.FileAppender
log4j.appender.logfile.File = target/spring.log
log4j.appender.logfile.layout = org.apache.log4j.PatternLayout
log4j.appender.logfile.layout.ConversionPattern = %d %p [ %c] -  %m %n
```

准备就绪以后,先启动 ProducerDemo 类的 main 函数,控制台会打印生产者启动信息,以及循环写入队列中的信息,如图 8-16 所示。

```
发送消息: key0 -> value0:UserLogs{user_id=5748622739881833055, new_user=1, age=28, sex='male', os='Android', channel='ads', total_pages_visited=7, home_page=1, listing_page=0}
发送消息: key1 -> value1:UserLogs{user_id=6256671622274501098, new_user=0, age=29, sex='female', os='Windows', channel='direct', total_pages_visited=4, home_page=0, listing_page=0}
发送消息: key2 -> value2:UserLogs{user_id=3093685021946559471, new_user=0, age=20, sex='female', os='IOS', channel='ads', total_pages_visited=6, home_page=0, listing_page=0}
发送消息: key3 -> value3:UserLogs{user_id=5382663984729525927, new_user=1, age=32, sex='male', os='Android', channel='seo', total_pages_visited=7, home_page=0, listing_page=1}
发送消息: key4 -> value4:UserLogs{user_id=8859027280013561439, new_user=1, age=21, sex='male', os='IOS', channel='ads', total_pages_visited=6, home_page=1, listing_page=0}
发送消息: key5 -> value5:UserLogs{user_id=8541481833226168099, new_user=0, age=19, sex='male', os='Android', channel='direct', total_pages_visited=8, home_page=0, listing_page=0}
发送消息: key6 -> value6:UserLogs{user_id=4042817294474120231, new_user=1, age=48, sex='male', os='IOS', channel='direct', total_pages_visited=4, home_page=0, listing_page=0}
发送消息: key7 -> value7:UserLogs{user_id=6494472198024418711, new_user=0, age=29, sex='male', os='Android', channel='direct', total_pages_visited=6, home_page=0, listing_page=0}
发送消息: key8 -> value8:UserLogs{user_id=2818780068576404069, new_user=1, age=40, sex='female', os='Android', channel='ads', total_pages_visited=7, home_page=0, listing_page=1}
发送消息: key9 -> value9:UserLogs{user_id=5170568285463889552, new_user=1, age=48, sex='male', os='IOS', channel='direct', total_pages_visited=6, home_page=0, listing_page=1}
```

图 8-16　发送消息

然后,启动 ConsumerDemo 类的 main 函数,同样也会在控制台打印消费者的启动信息。在消费者程序中,会持续监听生产者写入队列的数据,并且打印到控制台,如图 8-17 所示。

```
收到消息: key0 -> value0:UserLogs{user_id=5748622739881833055, new_user=1, age=28, sex='male', os='Android', channel='ads', total_pages_visited=7, home_page=1, listing_page=0}
收到消息: key3 -> value3:UserLogs{user_id=5382663984729525927, new_user=1, age=32, sex='male', os='Android', channel='seo', total_pages_visited=7, home_page=0, listing_page=1}
收到消息: key4 -> value4:UserLogs{user_id=8859027280013561439, new_user=1, age=21, sex='male', os='IOS', channel='ads', total_pages_visited=6, home_page=1, listing_page=0}
收到消息: key2 -> value2:UserLogs{user_id=3093685021946559471, new_user=0, age=20, sex='female', os='IOS', channel='ads', total_pages_visited=6, home_page=0, listing_page=0}
收到消息: key5 -> value5:UserLogs{user_id=8541481833226168099, new_user=0, age=19, sex='male', os='Android', channel='direct', total_pages_visited=8, home_page=0, listing_page=0}
收到消息: key7 -> value7:UserLogs{user_id=6494472198024418711, new_user=0, age=29, sex='male', os='Android', channel='direct', total_pages_visited=6, home_page=0, listing_page=0}
收到消息: key8 -> value8:UserLogs{user_id=2818780068576404069, new_user=1, age=40, sex='female', os='Android', channel='ads', total_pages_visited=7, home_page=0, listing_page=1}
收到消息: key9 -> value9:UserLogs{user_id=5170568285463889552, new_user=1, age=48, sex='male', os='IOS', channel='direct', total_pages_visited=6, home_page=0, listing_page=1}
收到消息: key1 -> value1:UserLogs{user_id=6256671622274501098, new_user=0, age=29, sex='female', os='Windows', channel='direct', total_pages_visited=4, home_page=0, listing_page=0}
收到消息: key6 -> value6:UserLogs{user_id=4042817294474120231, new_user=1, age=48, sex='male', os='IOS', channel='direct', total_pages_visited=4, home_page=0, listing_page=0}
```

图 8-17　收到消息

通过上述的程序案例,使用 Kafka 完成了一个简易的分布式消息系统。还可以进一步整合 Kafka Streams API,以满足更复杂的场景需求。使用 Kafka Streams API,可以在消费消息时进行实时的流处理和聚合,从而更高效地处理数据。

2. 进阶案例：实时聚合用户行为日志

本节将使用 Kafka Streams API 来实现一个实时的单词计数程序。通过 Kafka Streams API,可以在消费消息时对消息进行实时聚合处理。

需求：实时统计出用户访问的系统类型。

首先,在 Kafka 的安装目录下执行如下命令,创建一个新的主题 mytopic2。

```
bin/kafka - topics.sh -- create -- ZooKeeper localhost:2181 -- replication - factor 1
-- partitions 1 -- topic mytopic2
```

接下来,需要添加 Kafka Streams API 的相关依赖。打开 pom.xml 文件,并添加如下代码。

```
< dependency >
    < groupId > org.apache.kafka </groupId >
    < artifactId > kafka - streams </artifactId >
    < version > 2.0.0 </version >
</dependency >
< dependency >
    < groupId > com.alibaba </groupId >
```

```
    < artifactId > fastjson </artifactId>
    < version > 1.2.62 </version>
</dependency>
```

接下来,创建一个名为 StreamsProducerDemo 的类,用于实现实时消费。下面是完整的代码。

```
import com.alibaba.fastjson.JSON;
import org.apache.kafka.clients.producer.KafkaProducer;
import org.apache.kafka.clients.producer.Producer;
import org.apache.kafka.clients.producer.ProducerRecord;

import java.util.Properties;
import java.util.Random;

public class StreamsProducerDemo {
    public static void main(String[] args) throws InterruptedException {
        Properties props = new Properties();
        props.put("bootstrap.servers", "192.168.0.190:9092");
        props.put("acks", "all");
        props.put("retries", 0);
        props.put("batch.size", 16384);
        props.put("linger.ms", 1);
        props.put("buffer.memory", 33554432);
        props.put("key.serializer", "org.apache.kafka.common.serialization.StringSerializer");
        props.put("value.serializer", "org.apache.kafka.common.serialization.StringSerializer");
        Producer < String, String > producer = new KafkaProducer <>(props);
        Random r = new Random();
        String[] channelArray = {"ads", "seo", "direct"};
        String[] sexlArray = {"male", "female"};
        String[] oslArray = {"IOS", "Android", "Windows"};
        for (int i = 0; i < 10; i++) {
            UserLogs userLogs = new UserLogs();
            userLogs.setUser_id(Math.abs(r.nextLong()));
            userLogs.setNew_user(r.nextInt(2));
            userLogs.setAge(r.nextInt(31) + 18);
            userLogs.setSex(sexlArray[r.nextInt(2)]);
            userLogs.setOs(oslArray[r.nextInt(3)]);
            userLogs.setChannel(channelArray[r.nextInt(3)]);
            userLogs.setTotal_pages_visited(r.nextInt(10) + 1);
            userLogs.setHome_page(r.nextInt(2));
            userLogs.setListing_page(r.nextInt(2));
            producer.send(new ProducerRecord < String, String >("mytopic2", "key" + i, JSON
.toJSONString(userLogs)));
            System.out.println("发送消息: key" + i + " -> value:" + userLogs);
            Thread.sleep(1000);
        }
        producer.close();
    }
}
```

需要注意的是,实时数据聚合的 Kafka 生产者使用了 fastjson,fastajson 是由 Alibaba 开源的一套 JSON 处理器。与其他 JSON 处理器(如 Gson、Jackson 等)和其他的 Java 对象序列化反序列化方式相比,fastajson 有比较明显的性能优势。fastajson 有助于将自定义的实体类 UserLogs 转换成 json 格式的字符串,并将 JSON 字符串再解析成实体类。

接着，创建一个名为 StreamsConsumerDemo 的类，用于实现实时消费。下面是完整的代码。

```java
import com.alibaba.fastjson.JSON;
import org.apache.kafka.clients.consumer.ConsumerRecord;
import org.apache.kafka.clients.consumer.ConsumerRecords;
import org.apache.kafka.clients.consumer.KafkaConsumer;
import org.apache.kafka.common.serialization.Serdes;
import org.apache.kafka.streams.KafkaStreams;
import org.apache.kafka.streams.StreamsBuilder;
import org.apache.kafka.streams.StreamsConfig;
import org.apache.kafka.streams.Topology;
import org.apache.kafka.streams.kstream.KStream;

import java.util.Arrays;
import java.util.Properties;

public class StreamsConsumerDemo {
    public static void main(String[] args) {
        Properties streamsProps = new Properties();
        streamsProps.put(StreamsConfig.APPLICATION_ID_CONFIG, "wordcount-example");
        streamsProps.put(StreamsConfig.BOOTSTRAP_SERVERS_CONFIG, "192.168.0.190:9092");
        streamsProps.put(StreamsConfig.DEFAULT_KEY_SERDE_CLASS_CONFIG, Serdes.String()
.getClass().getName());
        streamsProps.put(StreamsConfig.DEFAULT_VALUE_SERDE_CLASS_CONFIG, Serdes.String()
.getClass().getName());
        StreamsBuilder builder = new StreamsBuilder();
        KStream<String, String> source = builder.stream("mytopic2");
        //使用 fastjson 将获取到的 value 值解析成 UserLogs，并获取操作系统的信息
source.flatMapValues(value ->
Arrays.asList(JSON.parseObject(value, UserLogs.class).getOs().split("\\W+")))
        .groupBy((key, value) -> value)
        .count()
        .toStream()
        .foreach((key, value) -> System.out.println("Word: " + key + ", Count: " + value));
Topology topology = builder.build();
KafkaStreams streams = new KafkaStreams(topology, streamsProps);
streams.start();
        //消费者继续监听
        Properties consumerProps = new Properties();
        consumerProps.put("bootstrap.servers", "192.168.0.190:9092");
        consumerProps.put("group.id", "mygroup");
        consumerProps.put("enable.auto.commit", "true");
        consumerProps.put("auto.commit.interval.ms", "1000");
        consumerProps.put("key.deserializer", "org.apache.kafka.common.serialization.
StringDeserializer");
        consumerProps.put("value.deserializer", "org.apache.kafka.common.serialization.
StringDeserializer");
        KafkaConsumer<String, String> consumer = new KafkaConsumer<>(consumerProps);
        consumer.subscribe(Arrays.asList("mytopic2"));
        while (true) {
            ConsumerRecords<String, String> records = consumer.poll(100);
            for (ConsumerRecord<String, String> record : records) {
                System.out.println("收到消息：" + record.key() + "\t" + record.value());
            }
        }
```

```
        }
    }
```

上述代码中使用了 Kafka Streams API,具体说明如下。

- StreamsConfig:Kafka Streams API 中的配置类。它用于设置 Kafka Streams 应用的相关属性,如应用 ID、Bootstrap 服务器地址等。应用 ID 在 Kafka Streams 集群中必须是唯一的,它用于标识不同的应用实例。Bootstrap 服务器地址指定了 Kafka 集群的地址,以便 Kafka Streams 应用能够连接到 Kafka 服务器。

- StreamsBuilder:Kafka Streams API 中的构建器类,用于构建 Kafka Streams 的处理拓扑。拓扑是数据流处理的计算逻辑,它由一系列的处理节点和边连接组成,描述了数据流从输入到输出的处理流程。在示例中,通过 StreamsBuilder 创建了一个 Kafka 数据流,用于消费主题中的消息并进行后续的处理。

- KStream:代表了一个 Kafka 数据流,它是 Kafka Streams API 中最基本的抽象。KStream 允许对数据流进行各种操作,例如过滤、转换、聚合等。在这个示例中,通过 builder.stream("mytopic2")创建了一个输入数据流,用于消费名为 mytopic2 的 Kafka 主题中的消息。

- flatMapValues:KStream 中的一个高阶函数,它用于对数据流中的每个记录的值进行处理,并返回零个、一个或多个新的记录。在本例中,使用 flatMapValues 来对每条消息的值进行处理,具体来说是拆分消息为单词,并将单词转换为小写形式。这样,就得到了一个包含所有单词的数据流,方便后续进行分组和计数。

首先,运行 StreamsConsumerDemo 类,它将开始实时消费来自 mytopic2 主题的消息,并对消息进行聚合处理,将每个单词的出现次数输出到控制台。接着,运行 StreamsProducerDemo 类,在控制台观察到实时地将用户行为日志发送到 mytopic2 主题。消费者将实时接收并处理这些消息,并输出聚合结果到控制台。多次运行 StreamsProducerDemo 类,可以在消费者的控制台看到输出结果如图 8-18 所示。

```
Word: Windows, Count: 21
Word: Android, Count: 24
Word: IOS, Count: 25
```

图 8-18　实时消息聚合

通过 Kafka Streams API,可以轻松实现实时数据流的处理和聚合。这种能力在许多实时数据分析和处理场景中非常有用,如实时监控、数据清洗、实时分析等。使用 Kafka Streams API,可以根据具体需求和业务场景对应用进行扩展和优化,满足更复杂的实时处理需求。在实际应用中,可以结合 Kafka 的高吞吐量和低延迟特性,构建强大而高效的实时数据处理系统。

通过上述实战案例,了解了如何使用 Kafka 的核心 API 构建一个简单的分布式消息系统,并实现了日志消息消费分析及实时数据处理功能。Kafka 作为一个高吞吐量、低延迟的分布式消息系统,适用于多种场景,例如日志收集、实时数据处理、消息队列等。它可以帮助解决大规模数据流的传输和处理问题,是现代分布式系统中不可或缺的组件之一。

本章小结

Kafka 作为一个分布式消息系统,在大数据领域拥有着广泛的应用和影响。通过本章的学习,读者可以全面了解和掌握 Kafka 的工作原理、应用方法以及在实际场景中的应用,从而更好地利用 Kafka 解决复杂的消息处理问题。

首先,Kafka 的产生背景与特点使其成为大数据处理领域中不可或缺的一部分。其高吞吐量、持久性、水平扩展性等特点,使其能够有效地应对海量数据的传输和处理需求。在介绍 Kafka 的基本概念和特点后,深入探讨了其在各个领域的应用场景,包括日志收集、实时数据处理、消息队列等方面。

其次,详细解释了 Kafka 的工作原理与流程,包括其分布式架构、消息模型、分区、分区复制机制以及生产者、消费者、服务代理节点的工作原理。了解这些原理对于深入理解 Kafka 的内部机制和性能优化至关重要,可以帮助读者更好地设计和搭建 Kafka 集群,实现高效、可靠的消息传递。

最后,通过一个实际的案例展示了如何基于 Kafka 进行用户行为日志的消息处理。从项目搭建到日志数据的产生和消费,再到实时聚合分析数据,一步步地展示了 Kafka 在实际项目中的应用方法和技巧。通过这个案例,读者可以更加直观地理解 Kafka 的应用场景和实践技巧。

随着大数据技术的不断发展和应用场景的不断扩展,Kafka 将继续发挥着重要作用,为实现高效、可靠的消息传递提供支持。因此,对于软件工程师和数据工程师来说,深入学习和掌握 Kafka 是至关重要的。只有通过不断学习和实践,才能更好地应对日益复杂的消息处理需求,推动数据驱动的创新和发展。

在未来的工作中,应该持续关注 Kafka 等分布式消息系统的发展动态,不断学习和掌握其最新的技术和应用方法,以应对不断变化的数据处理挑战,为企业的数据处理和分析工作做出更大的贡献。希望本章内容能够为读者提供有益的指导和帮助,让他们在实际项目中更加熟练地应用 Kafka,为数据驱动的创新和发展做出贡献。

课后习题

1. 单选题

(1) Kafka 是由(　　)公司开发的。

　　A. Google　　　　　B. LinkedIn　　　　C. Facebook　　　D. Twitter

(2) Kafka 的核心模块是用(　　)语言开发的。

　　A. Java　　　　　　B. Scala　　　　　　C. Python　　　　D. Ruby

(3) Kafka 的主要应用场景不包括(　　)。

　　A. 日志聚合　　　　B. 实时监控　　　　C. 电子邮件发送　D. 事件追踪

(4) Kafka 的消息模型中,数据被组织成一个个(　　)。

　　A. 数据库　　　　　B. 表　　　　　　　C. 主题　　　　　　D. 索引

(5) Kafka 的分布式架构中,每个主题可以被划分为多个(　　)。

　　A. 数据库　　　　　B. 表　　　　　　　C. 分区　　　　　　D. 索引

(6) Kafka 的消费者组模式中,每个分区中的消息只能被消费者组内的一个消费者消费,这保证了(　　)。

　　A. 消息的广播　　　　　　　　　　B. 消息的持久化

　　C. 负载均衡　　　　　　　　　　　D. 数据的高可用性

(7) Kafka 的消息存储策略中,支持(　　)类型的日志段切分。

　　A. 基于时间　　B. 基于索引　　　　C. 基于主题　　　D. 基于分区

(8) Kafka Streams API 是在(　　)版本之后推出的。

　　A. 0.8　　　　　　B. 0.10　　　　　　C. 1.0　　　　　　　D. 2.0

（9）Kafka 的安装需要先安装（　　　）组件。

    A. JDK　　　　　　B. ZooKeeper　　　C. Maven　　　　　D. Hadoop

（10）Kafka 的消费者在消费消息时，会维护一个（　　　）来标记它已经消费过的消息。

    A. 时间戳　　　　　B. 序列号　　　　　C. 偏移量　　　　　D. 索引号

2．思考题

（1）Kafka 的高吞吐量和低延迟特性使其在大数据处理领域中非常受欢迎，请分析这些特性是如何实现的，并讨论它们在实际应用中的重要性。

（2）Kafka 的分区机制对消息系统的可扩展性和可靠性有什么影响？给出一个使用场景示例说明其优势。

第**9**章

分布式处理项目实战

欢迎来到本书的最后一章——分布式处理项目实战。本章将深入探索分布式处理技术的实际应用,并通过两个精心设计的项目实践,体验如何将理论知识转化为实际解决方案。

首先,介绍 Quick BI 可视化工具,这是一款功能强大、易于使用的可视化工具,能够帮助读者快速地将数据转换为直观、易于理解的图表和报表。掌握 Quick BI 的使用将为后面的项目实践打下坚实基础,让读者能够更好地展现和分享分析结果。

接着,在后面的两个项目实践中,将分别进行游戏日志分析及微博海量数据存储。这些项目实践涵盖了不同领域和应用场景,从游戏产业到社交媒体,为读者提供了多样化的分布式处理案例。

每个项目实践都会解决一个实际问题,最终得出有意义的结论。使用分布式处理技术来应对海量数据的挑战,同时结合 Quick BI 可视化工具,将复杂的数据呈现得简洁明了,助力读者更好地理解和解决工程问题。

9.1 Quick BI 可视化工具

Quick BI 是一款强大的可视化分析工具,它旨在帮助用户轻松地将数据转换为具有洞察力的可视化图表和仪表板。本节简单介绍 Quick BI 和它的使用步骤,帮助完成后面实战项目的可视化展示。

9.1.1 Quick BI 简介

Quick BI 是一款全场景数据消费式的商业智能(BI)平台,为企业提供强大的智能数据分析和可视化功能,助力构建高效的数据分析体系。可以利用 Quick BI 轻松制作仪表板、复杂电子表格、引人注目的大屏展示,甚至是具备分析思路的数据门户,将报表直接融入业务流程中。

在 2014 年之前,阿里巴巴内部使用传统的 BI 工具来生成报表和提取数据。然而,随着业务场景的多样化和需求的快速变化,传统的 BI 工具已经不能满足内部的需求。因此,从 2014 年开始,阿里巴巴内部开始涌现出各种自建的可视化工具,为不同业务场景提供了定制化的解决方案。例如服务于有 Excel 经验人员的在线电子表格,支持双 11 和 618 大促活动的可视化大屏,快速构建报表和仪表板的工具等。

2017 年,基于阿里巴巴内部统一的 BI 产品基础,Quick BI 开始向外部提供在阿里云上的数据可视化和分析服务。经过阿里内部 10 万级员工的使用和实践,再结合对淘宝天猫等平台上数百万商家的数据化运营经验,Quick BI 迅速成为阿里云上备受欢迎的 BI 工具。

自 2020 年起，Quick BI 逐步发展成为面向企业全场景的消费式 BI 平台，提供在阿里云、钉钉、淘宝等多个平台上的服务，使用于零售、金融、政务、互联网、制造等各行各业的上万家企业，为其提供高效的数据分析解决方案。

2021 年，Quick BI 取得了新的里程碑式成就。在持续优化算法和增强用户体验的同时，Quick BI 更加注重了与各行业的深度融合。通过与政务、医疗、教育等多个领域的合作，Quick BI 推出了一系列行业解决方案，为特定行业提供了更加精细化、智能化的数据分析服务。

此外，Quick BI 在可视化方面也取得了显著进展，新增了更多的可视化组件和交互功能，使用户能够更加灵活地呈现数据并进行深入分析。同时，数据故事构建能力的强化，使得用户能够以更生动的方式讲述数据背后的故事，为决策者提供更直观、清晰的信息。

在 2021 年，Quick BI 的安全体系也得到了进一步的加强，通过引入先进的安全技术和严格的隐私保护措施，保障了用户数据的安全性和隐私性，符合了更高的安全标准。

Quick BI 的发展历程中，始终以提升数据分析效率和优化用户体验为核心目标。通过不断优化算法、拓展可视化组件以及提供个性化定制服务，Quick BI 始终站在行业的前沿，为用户提供卓越的数据分析体验。

随着 Quick BI 的持续发展，其生态系统也逐步完善，形成了包括嵌入式分析集成、覆盖单租户及多租户模式、与生意参谋、钉钉等千万级用户平台的集成和服务实践在内的丰富集成实践，为用户提供更多元化的数据分析解决方案。

Quick BI 的产品优势如下。

(1) 企业数据分析全场景覆盖。从高层管理者的决策分析和驾驶舱，到业务专题分析门户，再到一线员工的自助分析和报表，Quick BI 覆盖了企业数据分析的各种应用场景。

(2) 高性能海量数据分析。基于自主研发的可控多模式加速引擎，通过预计算、缓存等技术手段，实现对 10 亿条数据的秒级查询。

(3) 权威认证的可视化。提供了 40 多种可视化组件，支持联动钻取等交互功能，同时具备数据故事构建能力、动态分析功能以及行业模板内置，使数据分析更高效、美观。

(4) 移动专属和协同。所有组件均针对移动端进行了特定定制，并且完全整合了钉钉、企业微信等办公工具，让用户可以随时随地进行数据分析并与团队成员分享与协作。

(5) 丰富的集成实践。支持嵌入式分析集成，涵盖了单租户和多租户模式，同时具备与生意参谋及钉钉两个千万级用户平台的集成和服务实践经验。

(6) 企业级安全管控。通过 ISO 安全和隐私体系认证，Quick BI 提供了企业级的中心化、便捷的安全管控体系，保障用户的数据安全和隐私。

综上所述，Quick BI 不仅是阿里云上备受欢迎的 BI 工具，也是人们在全场景数据分析中的得力助手。它提供了丰富的工具和功能，让人们能够更便捷地进行数据分析与应用，为未来的职场发展奠定坚实的基础。

9.1.2　Quick BI 使用步骤

BI 连接外部数据源，进行数据分析和报表搭建，主要分为以下步骤(见图 9-1)。

(1) 获取数据。连接数据源，Quick BI 支持的数据源类型非常丰富，包括数据库(MySQL、SQL Server、Oracle)、文件(CSV、Excel)和应用(Dataphin)等。

(2) 创建数据集。数据建模，连通数据源后，当需要分析的数据存储在不同的表中时，可以通过数据关联，把多个表连接起来，形成模型进行数据分析。

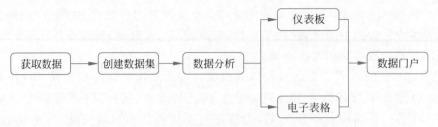

图 9-1 Quick BI 使用步骤

（3）数据可视化分析。可以通过创建仪表板，添加不同的图表来展示数据，并通过联动进行数据可视化分析。

（4）发布共享。分析完成后，可以将仪表板搭建成数据门户，并导出用于存档；若随着时间发展，数据又出现其他异常，可以将仪表板分享给他人协同编辑。

掌握了 Quick BI 的基本使用步骤后，还需要进一步了解其中涉及的关键概念，这将有助于更加熟练地运用这一强大的 BI 平台。在使用 Quick BI 的过程中，将会接触到诸如数据源、数据集、电子表格、仪表盘以及数据门户等重要概念。下面逐一来了解它们的作用和意义。

（1）数据源。

数据源是指存储数据的地方，可以是数据库、文件或者应用程序等。Quick BI 支持多种数据源类型。连接外部数据源是 BI 分析的第一步，它使得 Quick BI 能够访问并利用这些数据来进行分析和可视化。

（2）数据集。

数据集是从连接的数据源中抽取的特定数据集合。在数据建模过程中，当需要从多个表中获取数据时，可以通过数据关联将这些数据连接起来，形成一个模型进行后续的数据分析。数据集的构建是 BI 分析的基础，决定了后续分析的可用数据。

（3）电子表格。

电子表格是一种数据组织和处理工具，类似于 Microsoft Excel 或 Google Sheets。在 Quick BI 中，可以使用电子表格来进行数据的初步整理、筛选和预处理，然后将其导入数据源中，为后续的分析和报表搭建提供准备。

（4）仪表板。

仪表板是一个可视化的展示界面，可以通过在其中添加不同类型的图表（如柱状图、折线图、饼图等）来直观地展示数据的各种关联和趋势。通过仪表板，用户可以快速了解数据的重要信息，支持决策和分析过程。

（5）数据门户。

数据门户是一个集成了多个仪表板和报表的综合界面，旨在提供一个全面的数据浏览和分析平台。在数据门户中，用户可以按照自己的需求组织和展示多个仪表板，从而实现对整体业务数据的全方位监控和分析。

通过连接数据源、建立数据集、利用电子表格进行初步处理、创建仪表板和构建数据门户，可以完整地利用 Quick BI 进行数据分析和报表搭建，为业务决策提供有力支持。

9.2 游戏日志数据分析

本节将利用前面介绍的 Hadoop 框架实现一个完整的项目：游戏日志分析。通过这个项目，读者可以初步掌握 Hadoop 框架在项目中的实际应用，以及从不同维度去分析数据所潜在的价值。

9.2.1 项目需求分析

在开始项目开发之前,需要针对项目的详细需求进行进一步的了解。以下是橙子科技股份有限公司针对《仙魔道》手游日志分析项目的软件需求分析。

1. 项目背景

《仙魔道》手游上线以后运营效果没有达到预期目标,希望通过搭建日志分析平台,进行科学的运营。

2. 需求概述

游戏日志分析平台为《仙魔道》手游提供实时数据统计分析服务,监控版本质量、渠道状况、用户画像属性及用户细分行为,通过数据可视化展现,协助产品运营决策。

项目整体开发工作量较大,所以采用版本迭代的方式逐步完善功能。作为项目的一期需要完成数据离线统计分析服务。

使用 Hadoop 的 HDFS 组件来存储用户日志文件,使用 MapReduce 组件来完成日志的离线批处理,批处理的结果会导入 Excel 文件中,采用 BI 工具进行可视化呈现。

3. 数据描述

日志:game.log,每行数据为用户的一次使用记录(请从配套资源链接中下载)。

数据字段说明如下。

序号	含义	字段名
1	设备唯一编号	device_id
2	操作系统	os
3	操作系统版本	os_version
4	启动时间	start_time
5	关闭时间	end_time
6	使用时长	duration

部分数据示例如下。

```
d47d3ea3 - 062e - 43eb - aae1 - fbcadb2911eb   Android   6.0   2022 - 01 - 01T00:00:01   2022 - 01 -
01T08:24:48   30287
0c1d3acf - 8e70 - 4520 - 9af7 - dca452fcd72f   Android   7.0   2022 - 01 - 01T00:00:01   2022 - 01 -
01T15:54:03   57242
63b0449c - d4a3 - 4c70 - bdd0 - 535cfe336d89   Android   6.0   2022 - 01 - 01T00:00:01   2022 - 01 -
01T22:14:02   80041
9fa62770 - 698a - 42a0 - 8620 - 369c85477d3f   iOS   11.2.5   2022 - 01 - 01T00:00:02   2022 - 01 -
01T03:25:50   12348
7b43f4ab - 2f2e - 493d - 806b - d92fa005e7a4   iOS   11.0   2022 - 01 - 01T00:00:02   2022 - 01 -
01T16:05:15   57913
9db1d631 - 220e - 4e0b - a00b - 4cc47cdcbee8   Android   4.3   2022 - 01 - 01T00:00:02   2022 - 01 -
01T11:49     42538
a831a8b9 - 8933 - 4602 - 8b90 - bcac9e5e1a18   Android   4.4   2022 - 01 - 01T00:00:03   2022 - 01 -
01T09:58:04   35881
e4d90f5e - 14f0 - 4ee1 - a504 - 1f24c7585c03   Android   6.0   2022 - 01 - 01T00:00:03   2022 - 01 -
01T19:20:29   69626
4b9385f3 - c867 - 4ff6 - b42f - b705f0dfaf85   iOS   10.1.1   2022 - 01 - 01T00:00:03   2022 - 01 -
01T18:12:31   65548
```

注意,每行日志中设备唯一编号和其他字段之间是制表符分隔,其余字段是空格分隔。

4. 功能需求

该游戏日志分析平台项目一期的开发内容如下。

计算从游戏发布至今的基础信息统计,包括用户总数、累计启动次数、人均使用时长、次均使用时长。

9.2.2 项目功能实现

项目采用的开发环境:CentOS 7.x,Hadoop 3.x,JDK 1.8。

1. 导入数据

进入 Hadoop 安装路径的 sbin 目录下,通过 start-all.sh 启动 HDFS 和 MapReduce,通过 jps 命令查看进程确认。

```
cd /opt/hadoop/sbin
./start - all.sh
jps
```

如果正确启动,则可以看到如下进程信息。

```
39298 NodeManager
38726 NameNode
39193 ResourceManager
39034 SecondaryNameNode
38862 DataNode
```

使用 hdfs shell 命令,创建日志文件上传路径/gamelog/input,然后把用户日志文件 game.log 上传到 HDFS 中,命令如下。

```
hdfs dfs - mkdir - p /gamelog/input
hdfs dfs - put game.log /gamelog/input
```

通过 ls 命令查看文件是否成功上传。

```
hdfs dfs - ls /gamelog/input/
```

显示如下结果表示上传成功。

```
Found 1 items
- rw - r - - r - - 3 root supergroup 31350113 2022 - 05 - 23 18:17 /gamelog/input/game.log
```

也可以使用 HDFS 的 Web 界面查看上传的日志文件,如图 9-2 所示。

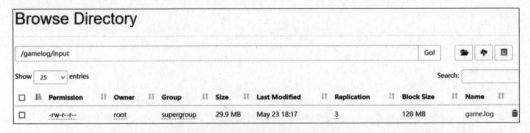

图 9-2　HDFS 导入日志文件

注意,gamelog 目录当前所属用户组是 root,为了方便后续开发测试,可以修改目录的权限。

```
hdfs dfs – chmod 777 /gamelog
```

2. 创建应用

使用 IntelliJ IDEA 创建 Maven 项目。项目名称是 gamelog，如图 9-3 所示。

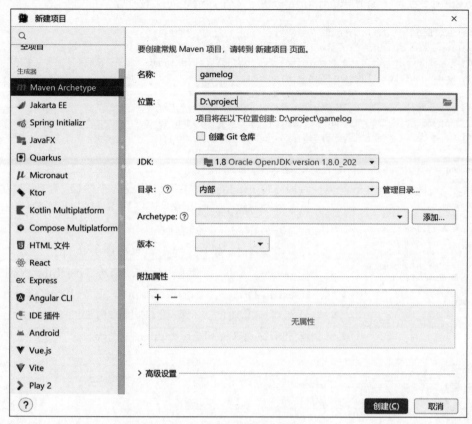

图 9-3　创建 Maven 项目

打开 pom.xml 文件，其中加入下列依赖项，导入依赖。

```
< dependencies >
< dependency >
< groupId > org. apache. logging. log4j </groupId >
< artifactId > log4j – core </artifactId >
< version > 2.8.2 </version >
</dependency >
< dependency >
< groupId > org. apache. hadoop </groupId >
< artifactId > hadoop – common </artifactId >
< version > 3.3.6 </version >
</dependency >
< dependency >
< groupId > org. apache. hadoop </groupId >
< artifactId > hadoop – client </artifactId >
< version > 3.3.6 </version >
</dependency >
< dependency >
< groupId > org. apache. hadoop </groupId >
< artifactId > hadoop – hdfs </artifactId >
```

```
<version>3.3.6</version>
</dependency>
</dependencies>
```

在 resource 目录下新建 log4j.properties 文件,log4j 的配置如下。

```
log4j.rootLogger = INFO,stdout
log4j.appender.stdout = org.apache.log4j.ConsoleAppender
log4j.appender.stdout.layout = org.apache.log4j.PatternLayout
log4j.appender.stdout.layout.ConversionPattern = %d %p [ %c] — %m %n
log4j.appender.logfile = org.apache.log4j.FileAppender
log4j.appender.logfile.File = target/spring.log
log4j.appender.logfile.layout = org.apache.log4j.PatternLayout
log4j.appender.logfile.layout.ConversionPattern = %d %p [ %c] — %m %n
```

图 9-4　gamelog 项目结构

3. 游戏概况分析

一段 MapReduce 程序可以分成 3 个阶段,大致流程如下。

(1) 开发 Map 阶段代码。

(2) 开发 Reduce 阶段代码。

(3) 组装 Job,将 Job 提交到集群中去执行。

在 java 目录下,新建包 UserInfo,在 UserInfo 中创建 3 个类:UserInfoDriver、UserInfoMapper、UserInfoReducer。这 3 个类分别对应上述的 3 个阶段,项目结构如图 9-4 所示。

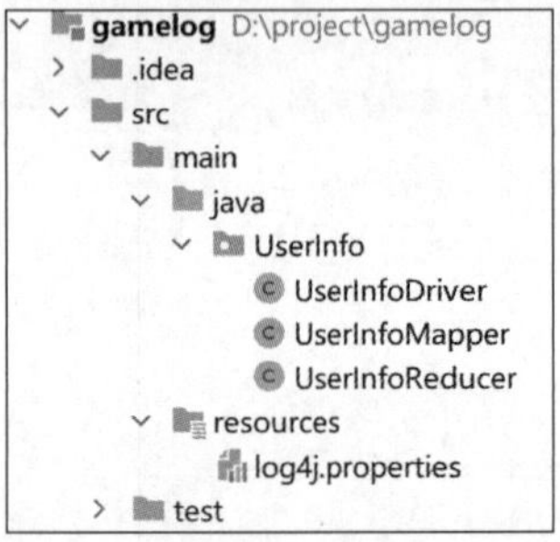

首先来完善 UserInfoMapper 的代码。

```java
package UserInfo;
import org.apache.hadoop.mapreduce.Mapper;
import org.apache.hadoop.io.Text;
import java.io.IOException;
public class UserInfoMapper extends Mapper<Text, Text, Text, Text>{
    @Override
    protected void map(Text key, Text value, Context context)
            throws IOException, InterruptedException {
        //map 函数不执行任何业务逻辑直接将第 1、2 个参数赋值给第 3、4 个参数进行输出
        context.write(key, value);
    }
}
```

在本案例中,设备编号实质上起到了用户 ID 的作用。通过后续在 Driver 类中的设置,把设备编号作为 key 传递到 map 函数中,value 为当前这一行日志其他信息组成的字符串。

在 map 函数中,没有执行任何业务逻辑,直接将<key,value>输出。接下来,再通过 UserInfoReducer 完成对数据的分布式并行处理。

```java
package UserInfo;
import org.apache.hadoop.io.Text;
import org.apache.hadoop.io.NullWritable;
import org.apache.hadoop.mapreduce.Reducer;
import java.io.IOException;
public class UserInfoReducer extends Reducer<Text, Text, Text, NullWritable>{
    private int userCount;        //累计用户数
    private int totalCount;        //累计启动次数
```

```
    private double duration;                   //累计使用时长
    private Text outPutkey = new Text();
    @Override
    protected void reduce(Text key, Iterable<Text> iterable, Context context)
            throws IOException, InterruptedException {
        userCount++;
        //text:iOS 10.1.1 2022-01-07T21:04:54 2022-01-07T21:36:34 1900
        for (Text text : iterable) {
            totalCount++;
            //[iOS,10.1.1,2022-01-07T21:04:54,2022-01-07T21:36:34,1900]
            String[] strs = text.toString().split("\\s+");
            if (strs.length >= 5) {          //通过条件判断清除不规则的数据
                String time = strs[4];
                duration += Long.parseLong(time);
            }
        }
    }
    @Override
    protected void cleanup(Context context)
            throws IOException, InterruptedException {
        duration = duration/3600;
        double perUserTime = duration/userCount;
        double perCountTime = duration/totalCount;
        outPutkey.set("userCount:" + userCount + "\n" + "totalCount:" + totalCount + "\n" +
"perUserTime:" + perUserTime + "\n" + "perCountTime:" + perCountTime);
        context.write(outPutkey, NullWritable.get());
    }
}
```

在 Reduce 阶段,相同 Key 的数据即为同一个设备的访问日志。本案例中,简化一下业务模型,考虑一个用户只有一台设备。通过对单一 key 执行 reduce 函数的次数求和,即可获取到用户总数 userCount。

在 reduce 函数中,把每行数据按字段拆分成数组,正常情况下一行数据生成的数组长度是 5。这里做一个简单的数据清洗,过滤掉数组长度超过 5 的异常数据。然后把所有的用户在线时长进行了累加求和,获得累计使用时长 duration。

在 Hadoop 框架的 Reducer 类源码中,可以看到 run 方法中,reduce 函数执行完毕后会执行 cleanup 函数。所以可以通过在 UserInfoReducer 类中重写 cleanup 函数,来完成一些数据的最终处理。本案例通过对在线总时长和用户总数、累计启动次数进行计算即获得所需的结果。

最后,在 UserInfoDriver 中完成对 map 和 reduce 任务的配置和组装。这里需要留意的是输入格式设置为 KeyValueTextInputFormat,设置以后,把日志中的一行数据以制表符(默认)分隔成 key 和 value。

```
package UserInfo;
import org.apache.hadoop.mapreduce.lib.input.FileInputFormat;
import org.apache.hadoop.mapreduce.lib.input.KeyValueTextInputFormat;
import org.apache.hadoop.mapreduce.lib.output.FileOutputFormat;
import org.apache.hadoop.mapreduce.Job;
import org.apache.hadoop.conf.Configuration;
import org.apache.hadoop.io.NullWritable;
import org.apache.hadoop.io.Text;
```

```
import org.apache.hadoop.fs.FileSystem;
import org.apache.hadoop.fs.Path;

public class UserInfoDriver {
    public static void main(String[] args) throws Exception {
        Configuration conf = new Configuration();
        conf.set("fs.defaultFS","hdfs://192.168.0.200:9000");
        Job job = Job.getInstance(conf, "userInfo");
        job.setJarByClass(UserInfoDriver.class);
        job.setMapperClass(UserInfoMapper.class);
        job.setReducerClass(UserInfoReducer.class);
        job.setMapOutputKeyClass(Text.class);
        job.setMapOutputValueClass(Text.class);
        job.setOutputKeyClass(Text.class);
        job.setOutputValueClass(NullWritable.class);
        job.setInputFormatClass(KeyValueTextInputFormat.class);
        FileInputFormat.addInputPath(job, new Path("/gamelog/input/game.log"));
        Path outPutPath = new Path("/gamelog/output/game/");
        FileSystem.get(conf).delete(outPutPath, true);
        FileOutputFormat.setOutputPath(job,outPutPath);
        System.exit(job.waitForCompletion(true)?0:1);
    }
}
```

代码编写完成后,可以在 UserInfoDriver 中执行 main 函数,运行程序。

程序运行完毕后,通过命令行的形式,查看结果:

```
hdfs dfs - cat /gamelog/output/game/part - r - 00000

userCount:33266
totalCount:333886
perUserTime:68.2238472213872
perCountTime:6.797333526013868
```

在本案例中,通过编写 MapReduce 程序,分别获取到用户总数、启动总次数、人均使用时长、次均使用时长。

4. 数据可视化呈现

在日常工作中,可以使用数据调度工具,把 MapReduce 分析完成的结果,定期写入 MySQL 中作为数据源,再使用 Quick BI 连接数据源,完成数据的可视化呈现。

本案例受限于教材篇幅,简化操作,将上一步中的结果写入 Excel 中,如图 9-5 所示。

	A	B	C	D
1	userCount	totalCount	perUserTime	perCountTime
2	33266	333886	68.22384722	6.797333526

图 9-5 Excel 数据

进入 Quick BI 的工作台后,按如图 9-6 所示创建数据源,将刚刚新建的 Excel 文件上传到探索空间中,数据源名称指定为 gamelog。

然后,依照图 9-7、图 9-8 所示步骤,完成数据集的创建,单击选择刚刚创建的数据源 gamelog,将创建的数据集命名为"游戏概况"。

接下来通过创建仪表板,添加不同的图表来展示数据,首先单击"新建仪表板",选择刚刚创建的数据集"游戏概况",如图 9-9 所示。

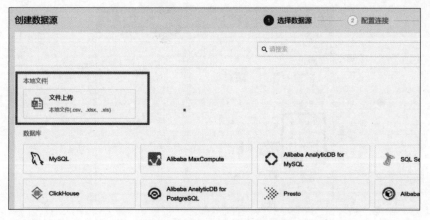

图 9-6 Quick BI 新建数据源

图 9-7 Quick BI 新建数据集 1

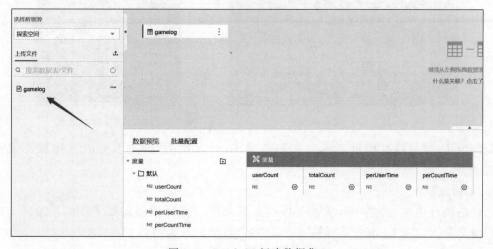

图 9-8 Quick BI 新建数据集 2

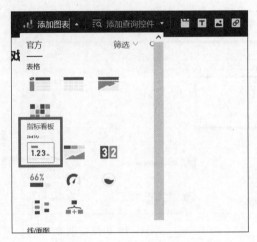

图 9-9　Quick BI 新建仪表板

　　为了更好地展示游戏概况的 4 个关键指标数据,选择指标看板进行呈现,然后把 4 个度量拖曳到看板指标中,如图 9-10 所示。

　　单击指标,在"重命名"中,修改指标的别名,使得看板呈现更为友好(见图 9-11)。

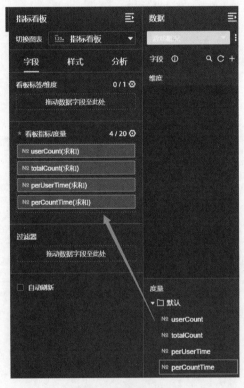

图 9-10　拖曳指标

图 9-11　指标重命名

　　到此为止,游戏概况数据看板就初步完成了,可以单击"预览",或者直接保存发布,如图 9-12 所示。

　　5. 项目进阶

　　上述的项目功能较为单一,读者可以在此基础进一步尝试添加如下功能:2024-1-7 近 7 日用户留存分析、Top20 用户排行榜、每日用户在线总时长走势等。

图 9-12 游戏概况数据看板

9.3 微博海量存储实战

前面的章节已经深入探讨了分布式数据库 HBase。HBase 作为一个高可靠、高性能、面向列、可伸缩的分布式数据库，在处理海量数据方面有着卓越的表现。接下来将通过一个实际案例，学习如何使用 Java 来构建基于 HBase 的海量存储系统。

9.3.1 项目需求分析

1. 项目背景

随着社会的不断进步，人们对于精神层面的需求也变得越发多样化。博客和微博作为表达个人思想、情感的媒介，早已成为日常生活中不可或缺的一部分。博客以其详细的陈述和修辞手法吸引着一部分人群，而微博则以即时、简洁的"语录体"方式更贴近快节奏的现代生活。而随着技术的发展，用户能够更轻松地与他人互动，这为社交媒体平台提供了巨大的发展空间。为满足用户对即时互动和内容分享的需求，某公司计划推出一款全新的微博系统，旨在创造一个更加便捷、有趣的社交体验。

2. 功能性需求

微博内容发布与浏览：系统应能够支持用户发布个人微博内容，并让其他用户浏览这些内容。

用户社交体验：用户可通过关注其他用户，以便及时获取被关注用户发布的微博内容。同时，用户还能进行取关操作。

获取关注用户微博：用户应能够轻松获得其关注用户发布的微博，以便在一个页面内一览众多内容。

3. 技术选型

在面对高并发、海量数据处理的挑战时，传统的关系数据库在构建分布式集群上会涉及烦琐的配置和管理。相比之下，HBase 作为一个分布式、可伸缩的列存储数据库，在存储大规模数据时表现出色。其完全分布式的架构和水平扩展能力，使得 HBase 成为构建高性能、海量存储系统的理想选择。

尤其是 HBase 的稀疏列式存储特性，为存储用户关系数据提供了更加高效的解决方案。这种特性允许存储较为稀疏的数据集，而在社交网络中，用户关注关系通常是稀疏的，这使得 HBase 在存储这类数据时具备优势。通过选用 HBase 作为数据库，可以充分利用其强大的分布式特性和稀疏存储优势,从而打造一个高效、可扩展的微博系统,满足现代用户对即时互动和内容分享的需求。

4. 数据建模

需要创建 3 张表来完成功能需求。

第一张表:微博内容表 weibo:content。

第二张表:用户关系表 weibo:relations。

第三张表:微博收件箱表 weibo:receive_content_email。

先来看一下微博内容表,使用用户 ID_时间戳作为 RowKey;列族 ColumnFamily 命名为 info,存放的具体微博信息包含如下列:标题(title)、内容(content)和图片(pic)。最后创建的表结构模型如表 9-1 所示。

表 9-1 微博内容表结构模型

weibo:content
微博内容表结构模型

RowKey	info 列族			version
uid_timestamp	title	content	pic	1
1_1758420156	今天天气很不错	今天一大早天气很不错,我就出了门	c://sun.pic	1
1_1758421158	今天去上课	今天一大早就出门去上课去了	c://shangke.pic	1
10_1758420158	今天去上班	一大早就出门去上班	c://shangban.pic	1
10_1758428158	今天又是元气满满的一天	太阳当空照,花儿对我笑	c://xiaofafa.pic	1
2_1748965285	发布微博 1	微博内容 1	c://weibo.pic	1
2_1748965295	发布微博 2	微博内容 2	c://weibo2.pic	1
3_1798547815	发布微博 3	微博内容 3	c://weibo3.pic	1
M_1598741635	发布微博 4	微博内容 4	c://weibo4.pic	1
18_1598741562	发布微博 5	微博内容 5	c://weibo5.pic	1
19_1368741596	发布微博 6	微博内容 6	c://weibo6.pic	1
20_1478963258	发布微博 7	微博内容 7	c://weibo7.pic	1
4_1587425695	发布微博 8	微博内容 8	c://weibo8.pic	1
5_1789635241	发布微博 9	微博内容 9	c://weibo9.pic	1
N_1784369512	发布微博 10	微博内容 10	c://weibo10.pic	1

再来看一下用户关系表,例如用户 1 关注了 2、3、M 这 3 个用户,同时用户 1 有 3 个粉丝,分别是 4、5、N,那么就可以说 4、5、N 关注了用户 1。

可以利用 HBase 稀疏矩阵的特点,在 relation 表中创建两个列族:一个列族是 attends,表示关注的人;另一个列族是 fans,表示粉丝用户有哪些。使用用户的 uid 作为 RowKey,关联用户的 uid 作为列名。来看一下用户关系表的结构模型(表 9-2)。

最后再看一下微博收件箱表(见表 9-3),这张表中记录了每个用户关注用户的微博的主键。通过这张表可以快速获取当前用户所有关注用户发布的微博。这张表中 RowKey 直接使用用户的 uid,定义 info 列族,列名为关注人 uid,列值为关注用户发送的微博 RowKey。

表 9-2 用户关系表结构模型

weibo：relations
用户关系表模型

RowKey	attends 列族＝》用户关注的人								version	fans 列族 ＝》关注该用户的人，粉丝有哪些人								version
uid	1	2	3	M	10	18	19	20		1	4	5	N	10	25	26	p	
1		2	3	M					1		4	5	N					1
10						18	19	20							25	26	p	1
2										1								1
3										1								1
M										1								1
18														10				1
19														10				1
20														10				1
4	1																	
5	1																	
N	1																	
25					10													
26					10													
p					10													

表 9-3 微博收件箱表结构模型

weibo：receive_content_email
微博收件箱表

RowKey	info 列族						
uid	**2**	**3**	**M**	**18**	**19**	**20**	**1**
1	2 _ 1748965285，版本 1；2_1748965295，版本 2	3 _ 1798547815，版本 1	M _ 1598741635，版本 1				
10				18 _ 1598741562，版本 1	19 _ 1368741596，版本 1	20 _ 1478963258，版本 1	
4							1_1758420156，1_1758421158
5							1_1758420156，1_1758421158
N							1_1758420156，1_1758421158

9.3.2 项目功能实现

1. 准备工作

使用 IntelliJ IDEA 创建 Maven 项目，项目名称是 weibo。

pom. xml 文件内容如下。

```xml
<?xml version = "1.0" encoding = "UTF - 8"?>
< project xmlns = "http://maven.apache.org/POM/4.0.0"
          xmlns:xsi = "http://www.w3.org/2001/XMLSchema - instance"
          xsi:schemaLocation = "http://maven.apache.org/POM/4.0.0 http://maven.apache.org/xsd/
maven - 4.0.0.xsd">
    < modelVersion > 4.0.0 </modelVersion >
    < groupId > org.example </groupId >
    < artifactId > weibo </artifactId >
    < version > 1.0 - SNAPSHOT </version >
    < properties >
        < maven.compiler.source > 8 </maven.compiler.source >
        < maven.compiler.target > 8 </maven.compiler.target >
< project.build.sourceEncoding > UTF - 8 </project.build.sourceEncoding >
    </properties >
    < dependencies >
        <!-- https://mvnrepository.com/artifact/org.apache.hbase/hbase - client -->
        < dependency >
            < groupId > org.apache.hbase </groupId >
            < artifactId > hbase - client </artifactId >
            < version > 2.4.17 </version >
        </dependency >
        <!-- https://mvnrepository.com/artifact/org.apache.hbase/hbase - server -->
        < dependency >
            < groupId > org.apache.hbase </groupId >
            < artifactId > hbase - server </artifactId >
            < version > 2.4.17 </version >
        </dependency >
        <!-- https://mvnrepository.com/artifact/org.apache.hbase/hbase - mapreduce -->
        < dependency >
            < groupId > org.apache.hbase </groupId >
            < artifactId > hbase - mapreduce </artifactId >
            < version > 2.4.17 </version >
        </dependency >

        < dependency >
            < groupId > org.apache.hadoop </groupId >
            < artifactId > hadoop - client </artifactId >
            < version > 3.3.6 </version >
        </dependency >
        < dependency >
            < groupId > org.apache.hadoop </groupId >
            < artifactId > hadoop - hdfs </artifactId >
            < version > 3.3.6 </version >
        </dependency >
        < dependency >
            < groupId > org.apache.hadoop </groupId >
            < artifactId > hadoop - common </artifactId >
            < version > 3.3.6 </version >
        </dependency >
    </dependencies >
    < build >
        < plugins >
            < plugin >
                < groupId > org.apache.maven.plugins </groupId >
                < artifactId > maven - compiler - plugin </artifactId >
                < version > 3.0 </version >
```

```xml
            < configuration >
                < source > 1.8 </ source >
                < target > 1.8 </ target >
                < encoding > UTF - 8 </ encoding >
            </ configuration >
        </ plugin >
        <!-- 将其他用到的一些 jar 包全部都打包进来  -->
        < plugin >
            < groupId > org. apache. maven. plugins </ groupId >
            < artifactId > maven - shade - plugin </ artifactId >
            < version > 2.4.3 </ version >
            < executions >
                < execution >
                    < phase > package </ phase >
                    < goals >
                        < goal > shade </ goal >
                    </ goals >
                    < configuration >
                        < minimizeJar > false </ minimizeJar >
                    </ configuration >
                </ execution >
            </ executions >
        </ plugin >
    </ plugins >
</ build >
</ project >
```

　　将 HBase 安装目录的 conf 这个路径下的 3 个配置文件（分别是 core-site. xml、hdfs-site. xml、hbase-site. xml）复制到 maven 工程的 resources 资源目录下。

　　2. 创建命名空间和表

　　创建 WeiBoBase 类，作为基类，定义了表名和获取 HBase 连接的方法。

```java
package weibo;
import org. apache. hadoop. conf. Configuration;
import org. apache. hadoop. hbase. HBaseConfiguration;
import org. apache. hadoop. hbase. client. Connection;
import org. apache. hadoop. hbase. client. ConnectionFactory;
import org. apache. hadoop. hbase. util. Bytes;
import java. io. IOException;

public class WeiBoBase {
    //定义微博内容表
    protected static final byte[] TABLE_CONTENT = Bytes.toBytes("weibo:content");
    //定义用户关系表
    protected static final byte[] TABLE_RELATION = Bytes.toBytes("weibo:relation");
    //存储用户发送的微博 RowKey
    protected static final byte[] TABLE_RECEIVE_CONTENT_EMAIL = Bytes.toBytes("weibo:receive_
content_email");
    /**
     * 获取 HBase 的连接
     * @return
     * @throws IOException
     */
    protected Connection getConnection() throws IOException {
        Configuration configuration = HBaseConfiguration.create();
```

```
        configuration.set("hbase.zookeeper.quorum","master:2181");
        Connection connection = ConnectionFactory.createConnection(configuration);
        return connection;
    }
}
```

创建 WeiBoHBaseInit 类,继承 WeiBoBase 类。参考表 9-1～表 9-3 中的表结构进行编码,完成命名空间和表的定义,具体代码如下。

```
package weibo;

import java.io.IOException;
import org.apache.hadoop.hbase.*;
import org.apache.hadoop.hbase.client.*;

public class WeiBoHBaseInit extends WeiBoBase{
    public static void main(String[] args) throws IOException {
        WeiBoHBaseInit weiBoHBase = new WeiBoHBaseInit();
        weiBoHBase.initNameSpace();
        weiBoHBase.creatTableeContent();
        weiBoHBase.createTableRelations();
        weiBoHBase.createTableReceiveContentEmails();
    }
    //创建命名空间,以及定义 3 个表名称
    public void initNameSpace() throws IOException {
        //连接 HBase 集群
        Connection connection = getConnection();
        //获取客户端管理员对象
        Admin admin = connection.getAdmin();
        //通过管理员对象创建命名空间
        NamespaceDescriptor namespaceDescriptor = NamespaceDescriptor.create("weibo")
.addConfiguration("creator", "jim").build();
        admin.createNamespace(namespaceDescriptor);
        admin.close();
        connection.close();
    }
    /**
     * 创建微博内容表
     * 方法名 creatTableeContent
    Table Name weibo:content
    RowKey 用户 ID_时间戳
    ColumnFamily info
    ColumnLabel 标题,内容,图片
    Version 1 个版本
     * @throws IOException
     */
    public void creatTableeContent() throws IOException {
        //获取连接
        Connection connection = getConnection();
        //得到管理员对象
        Admin admin = connection.getAdmin();
        //通过管理员对象来创建表
        if(!admin.tableExists(TableName.valueOf(TABLE_CONTENT))){
            //定义表名
            HTableDescriptor hTableDescriptor = new HTableDescriptor(TableName.valueOf(TABLE_
CONTENT));
```

```
                    //定义列族名
                    HColumnDescriptor info = new HColumnDescriptor("info");
                    //设置数据版本的上界以及下界
                    info.setMaxVersions(1);
                    info.setMinVersions(1);
                    info.setBlocksize(2048 * 1024);        //设置块大小
                    info.setBlockCacheEnabled(true);       //允许块数据缓存
                    hTableDescriptor.addFamily(info);
                    admin.createTable(hTableDescriptor);
                }
                //关闭资源
                admin.close();
                connection.close();
            }
            /**
             * 创建 relation 关系表
             * 方法名 createTableRelations
             Table Name weibo:relations
             RowKey 用户 ID
             ColumnFamily attends、fans
             ColumnLabel 关注用户 ID,粉丝用户 ID
             ColumnValue 用户 ID
             Version 1 个版本
             */
            public void createTableRelations() throws IOException {
                //获取连接
                Connection connection = getConnection();
                //获取管理员对象
                Admin admin = connection.getAdmin();
                if(!admin.tableExists(TableName.valueOf(TABLE_RELATION))){
                    //通过管理员对象来创建表
                    HTableDescriptor hTableDescriptor = new HTableDescriptor(TableName.valueOf(TABLE_
            RELATION));
                    HColumnDescriptor attends = new
            HColumnDescriptor("attends");                   //存储关注了哪些人的 ID
                    attends.setBlockCacheEnabled(true);
                    attends.setMinVersions(1);
                    attends.setMaxVersions(1);
                    attends.setBlocksize(2048 * 1024);
                    HColumnDescriptor fans = new HColumnDescriptor("fans");
                    //存储用户有哪些粉丝
                    fans.setBlockCacheEnabled(true);
                    fans.setMinVersions(1);
                    fans.setMaxVersions(1);
                    fans.setBlocksize(2048 * 1024);

                    hTableDescriptor.addFamily(attends);
                    hTableDescriptor.addFamily(fans);
                    //创建表
                    admin.createTable(hTableDescriptor);
                }
                admin.close();
                connection.close();
            }
```

```
    /**
     * 创建微博收件箱表
     * 表结构：
    方法名 createTableReceiveContentEmails
    Table Name weibo:receive_content_email
    RowKey 用户 ID
    ColumnFamily info
    ColumnLabel 用户 ID
    ColumnValue 取微博内容的 RowKey
    Version 1000
     */
    public void createTableReceiveContentEmails() throws IOException {
        //获取连接
        Connection connection = getConnection();
        //获取管理员对象
        Admin admin = connection.getAdmin();
        //通过管理员对象来创建表
if(!admin.tableExists(TableName.valueOf(TABLE_RECEIVE_CONTENT_EMAIL))){

        HTableDescriptor hTableDescriptor = new HTableDescriptor(TableName.valueOf(TABLE_
RECEIVE_CONTENT_EMAIL));

        HColumnDescriptor info = new HColumnDescriptor("info");
        info.setBlockCacheEnabled(true);
        //设置版本保存 1000 个，就可以将某个人的微博查看 1000 条
        info.setMinVersions(1000);
        info.setMaxVersions(1000);
        info.setBlocksize(2048 * 1024);

        hTableDescriptor.addFamily(info);

        admin.createTable(hTableDescriptor);
        }
        admin.close();
        connection.close();
    }
}
```

执行 main 函数以后，可以使用 HBase 的 Shell 命令或者进入 Web 页面（ip：16010）查看确认是否创建成功。Web 页面中命名空间和表创建成功后如图 9-13 所示。

在 HBase 中，可以为数据设置上界和下界，其实就是定义数据的历史版本保留多少个，通过自定义历史版本保存的数量，可以实现历史多个版本的数据的查询。

在本项目中，对于微博内容和用户关系，没有历史数据查询的需求，可以设置数据版本的上下界都为 1，不保留历史数据。而微博收件箱中的信息，可以设置上下界为 1000，这就可以存储某个关注用户的 1000 条微博。

3. 发布微博

发布微博的操作，即是将微博的内容保存到 content 表中。总共有如下 3 个步骤。

第一步：将微博的内容保存到 content 表中。

第二步：A 的粉丝需要查看到 A 发布的微博内容。需要查看 A 用户有哪些粉丝。需要查询 relation 关系表，查找出 A 用户究竟有哪些粉丝。

第三步：需要给这些粉丝添加 A 用户微博的 RowKey，在 receive_content_email 表中以

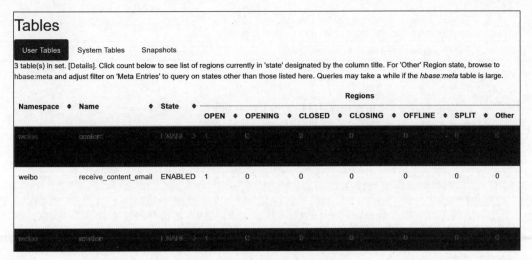

图 9-13　创建命名空间和表

fans 的 ID 作为 RowKey，然后以用户发送 uid 作为列名，用户微博的 RowKey 作为列值。
创建 WeiBoPublish 类，继承 WeiBoBase 类。完成编码如下。

```java
package weibo;
import org.apache.hadoop.hbase.*;
import org.apache.hadoop.hbase.client.*;
import java.io.IOException;
import java.util.ArrayList;
import java.util.List;

public class WeiBoPublish extends WeiBoBase{
    public static void main(String[] args) throws IOException {
        WeiBoPublish weiBoPublish = new WeiBoPublish();
        weiBoPublish.publishWeibo("M","今天天气还不错,哈哈哈");
    }
    /**
     * 发布微博内容
     * uid 表示用户 ID
     * content: 表示发送的微博的内容
     *
     */
    public void publishWeibo(String uid,String content) throws IOException {
        //第一步: 将发布的微博内容,保存到 content 表中
        Connection connection = getConnection();
        Table table_content = connection.getTable(TableName.valueOf(TABLE_CONTENT));
        //发布微博的 RowKey
        String rowkey = uid + "_" + System.currentTimeMillis();
        Put put = new Put(rowkey.getBytes());
        put.addColumn("info".getBytes(),"content".getBytes(),
        System.currentTimeMillis(),content.getBytes());
        table_content.put(put);
        //第二步: 查看用户 ID 的粉丝有哪些,查询 relation 表
        Table table_relation = connection.getTable(TableName.valueOf(TABLE_RELATION));
        //查询 uid 用户有哪些粉丝
        Get get = new Get(uid.getBytes());
        get.addFamily("fans".getBytes());
```

```
        Result result = table_relation.get(get);
        //获取所有的列值,都是 uid 用户对应的粉丝
        Cell[] cells = result.rawCells();
        if(cells.length <= 0){
            return ;
        }
        //定义 list 集合,用于保存 uid 用户所有的粉丝
        List < byte[ ]> allFans = new ArrayList < byte[ ]>();
        for (Cell cell : cells) {
            //这里是获取这个用户有哪些列,列名就是对应粉丝的用户 ID
            byte[ ] bytes = CellUtil.cloneQualifier(cell);
            allFans.add(bytes);
        }
        //第三步:操作 receive_content_email 这个表,将将用户的所有的粉丝 ID 作为 RowKey,然后以
用户发送微博的 RowKey 作为列值,用户 ID 作为列名来保存数据
        Table table_receive_content_email = connection.getTable(TableName.valueOf(TABLE_
RECEIVE_CONTENT_EMAIL));
        //遍历所有的粉丝,以粉丝的 ID 作为 RowKey
        List < Put > putFansList = new ArrayList < Put >();
        for (byte[ ] allFan : allFans) {
            Put put1 = new Put(allFan);
            put1.addColumn("info".getBytes(),uid.getBytes(),
            System.currentTimeMillis(),rowkey.getBytes());
            putFansList.add(put1);
        }
        table_receive_content_email.put(putFansList);
        table_receive_content_email.close();
        table_content.close();
        table_relation.close();
        connection.close();
    }
}
```

运行 main 函数后,用户 M 发布了一条微博,内容为"今天天气还不错,哈哈哈"。进入 HBase Shell 界面查看数据是否正确存储。

```
cd /opt/hbase - 2.4.17/bin
./hbase shell
```

首先查看微博内容表,使用 scan 命令查看后,可以看到微博内容正确存储到表中,列族 info,列名为 content,value 值为微博内容转换为的字节数组。

```
hbase:017:0 > scan 'weibo:content'
ROW COLUMN + CELL
M_1653972087267 column = info:content, timestamp = 2022 - 05 - 31T12:41:27.270, value = \xE4\xBB
\x8A\xE5\xA4\xA9\xE5\xA4\xA9\xE6\xB0\x94\xE8\xBF\x98\xE4\xB8\x8D\xE9\x94\x99MMM
1 row(s)
Took 0.2734 seconds
```

此时用户 M 还没有粉丝,所以用户关系表和微博收件箱表中并没有数据添加,这两步的验证可以在后续用户关注 M 之后再尝试。

4. 关注

例如 A 用户关注了 B、C、D 这 3 个用户,那么就可以说,A 用户是 B、C、D 的粉丝,B、C、D 有一个粉丝是 A 用户。A 用户需要查看 B、C、D 发送的微博内容。

上述关注逻辑的实现分为以下几个步骤。

（1）A 关注了 B、C、D，在 weibo：relation 表当中 attends 列族，需要记录 A 用户关注了哪些人，以 A 用户 id 作为 RowKey，以 B、C、D 作为列名，以 B、C、D 作为列值，保存到 attends 列族中去。

（2）B、C、D 多了一个粉丝 A，在 weibo：relation 表当中 fans 列族，以 B、C、D 用户 ID 作为 RowKey，然后以 A 用户 ID 作为列名，A 用户 ID 作为列值，保存到 fans 列族中。

（3）A 用户关注了 B、C、D，那么 A 用户就需要去查看 B、C、D 发送的微博内容，以 B、C、D 的用户 ID 作为查询条件，查询 weibo：content 表，获取发送微博的 RowKey，然后保存到 receive_content_email 表中。

创建 WeiBoAddAttends 类，继承 WeiBoBase 类。完成编码如下。

```java
package weibo;
import org.apache.hadoop.hbase.*;
import org.apache.hadoop.hbase.client.*;
import org.apache.hadoop.hbase.filter.RowFilter;
import org.apache.hadoop.hbase.filter.SubstringComparator;
import org.apache.hadoop.hbase.util.Bytes;
import java.io.IOException;
import java.util.ArrayList;

public class WeiBoAddAttends extends WeiBoBase{
    public static void main(String[] args) throws IOException {
        WeiBoAddAttends weiBoAddAttends = new WeiBoAddAttends();
        //关注
        weiBoAddAttends.addAttends("1","2","3","M");
    }
    public void addAttends(String uid,String...attends) throws IOException {
        //第一步：用户 uid 关注了一批人 attends、需要将关系保存起来,保存到 weibo:relation 表
        //中,以用户 ID 作为 RowKey,关注了哪些人的 ID 作为
        //列名,关注了哪些人 ID 作为列值,保存到 attends 中
        Connection connection = getConnection();
        //记录 A 用户关注了哪些人
        Table table_relation = connection.getTable(TableName.valueOf(TABLE_RELATION));
        Put put = new Put(uid.getBytes());
        //循环遍历所有关注的人
        for (String attend : attends) {
            put.addColumn("attends".getBytes(),attend.getBytes(),attend.getBytes());
        }
        table_relation.put(put);
        //第二步：A 用户关注了 B、C、D 这 3 个人,那么 B、C、D 这 3 个人就会多一个粉丝 A,以 B、C、D uid 作
        //为 RowKey,将 A 的 uid 作为列名,A 的 uid 作为列值,保存到 weibo:relation 表的 fans 列族中
        for (String attend : attends) {
            Put put1 = new Put(attend.getBytes());
put1.addColumn("fans".getBytes(),uid.getBytes(),uid.getBytes());
            table_relation.put(put1);
        }
        //第三步：A 用户关注了 B、C、D,那么 A 用户就要获取 B、C、D 发送的微博内容的 RowKey
        Table table_content = connection.getTable(TableName.valueOf(TABLE_CONTENT));
        //以 B、C、D 用户的 ID 作为查询条件,查询出 B、C、D 用户发送的所有的微博的 RowKey
        Scan scan = new Scan();
        ArrayList<byte[]> rowkeyBytes = new ArrayList<>();
        for (String attend : attends) {
            //使用用户 ID + _ 来作为扫描条件,将所有满足条件的数据全部都扫描出来
```

```
            RowFilter rowFilter = new RowFilter(CompareOperator.EQUAL, new SubstringComparator
(attend + "_"));
            scan.setFilter(rowFilter);
            ResultScanner scanner = table_content.getScanner(scan);
            for (Result result : scanner) {
                //获取 B、C、D 发送的微博的内容的 RowKey
                byte[] row = result.getRow();
                rowkeyBytes.add(row);
            }
        }
        ArrayList<Put> recPuts = new ArrayList<>();
        //第三步：获取到了所有的 B、C、D 发送的微博的 RowKey,将这些 RowKey 保存到 A 用户的收件箱表中
        if(rowkeyBytes.size() > 0){
            Table table_receive_content = connection.getTable(TableName.valueOf(TABLE_
RECEIVE_CONTENT_EMAIL));
            for (byte[] rowkeyByte : rowkeyBytes) {
                Put put1 = new Put(uid.getBytes());
                String rowKeyStr = Bytes.toString(rowkeyByte);
                //通过截取字符串，获取到用户的 uid
                String attendUid = rowKeyStr.substring(0,rowKeyStr.indexOf("_"));
                //用户发送微博的时间戳
              long parseLong = Long.parseLong(rowKeyStr.substring(rowKeyStr.indexOf("_") + 1));
                //将 A 用户关注的 B、C、D 用户的微博的 RowKey 给保存起来 put1.addColumn("info"
.getBytes(),attendUid.getBytes(),parseLong,rowkeyByte);
                recPuts.add(put1);
            }
            table_receive_content.put(recPuts);
            table_receive_content.close();
            table_content.close();
            table_relation.close();
            connection.close();
        }
    }
}
```

运行 main 函数后，用户 1 关注了用户 2、3、M。进入 HBase Shell 界面查看数据是否正确存储。

首先可以看到用户关系表中，已经完成了上述 4 个用户之间关注行为的记录，总共生成了 6 条数据。

```
hbase:021:0> scan "weibo:relation"
ROW                             COLUMN + CELL
 1          column = attends:2, timestamp = 2022 − 05 − 31T13:09:15.746, value = 2
 1          column = attends:3, timestamp = 2022 − 05 − 31T13:09:15.746, value = 3
 1          column = attends:M, timestamp = 2022 − 05 − 31T13:09:15.746, value = M
 2          column = fans:1, timestamp = 2022 − 05 − 31T13:09:15.751, value = 1
 3          column = fans:1, timestamp = 2022 − 05 − 31T13:09:15.754, value = 1
 M          column = fans:1, timestamp = 2022 − 05 − 31T13:09:15.769, value = 1
4 row(s)
Took 0.1494 seconds
```

再看一下微博收件箱表中，记录了用户 1 关注的用户 M 所发布的微博 RowKey。

```
hbase:002:0> scan "weibo:receive_content_email"
ROW                             COLUMN + CELL
```

```
1          column = info:M, timestamp = 2022 − 05 − 31T13:01:56.735,value = M_1653973316735
1 row(s)
Took 0.8478 seconds
```

5. 获取关注用户的微博

接下来使用编码的方式来获取关注用户的微博,分两步完成。

第一步:从微博收件箱表中,获取关注用户最近的 5 条微博 RowKey。

第二步:从微博内容表中,根据微博 RowKey 查询微博内容。

创建 WeiBoReceive 类继承 WeiBoBase 类,完成编码如下。

```java
package weibo;
import java.io.IOException;
import java.util.ArrayList;
import org.apache.hadoop.hbase. * ;
import org.apache.hadoop.hbase.client. * ;
import org.apache.hadoop.hbase.util.Bytes;

public class WeiBoReceive extends WeiBoBase {

    public static void main(String[] args) throws IOException {
        WeiBoReceive weiBoReceive = new WeiBoReceive();
        //获取关注人的微博内容
        weiBoReceive.getContent("1");
    }
    /**
     * 获取关注人的微博内容
     * 例如 A 用户关注了 B、C 用户,那么 A 用户就需要获取 B、C 用户发送的微博内容
     * B、C 发送的微博的内容,存在了 weibo:content 表中
     * A 用户需要获取的信息,在 receive_content_email 表中
     */
    public  void  getContent(String uid) throws IOException {
        Connection connection = getConnection();
        Table receive_content_email = connection.getTable(TableName.valueOf(TABLE_RECEIVE_
CONTENT_EMAIL));
        //直接通过 RowKey 来获取数据
        Get get = new Get(uid.getBytes());
        //设置获取数据的最大版本为 5 个,可以获取到关注用户的最近的 5 条微博信息
        get.setMaxVersions(5);
        //将所有查询到的 RowKey 全部都封装到 list 集合中
        ArrayList < Get > rowkeysList = new ArrayList <>();
        Result result = receive_content_email.get(get);
        Cell[] cells = result.rawCells();
        for (Cell cell : cells) {
//获取到单元格的值,里面存储的就是 RowKey
byte[] bytes = CellUtil.cloneValue(cell);
            Get get1 = new Get(bytes);
            rowkeysList.add(get1);
        }
        //查询 weibo:content 表中所有的这些 RowKey 对应的数据
        Table table_content = connection.getTable(TableName.valueOf(TABLE_CONTENT));
        Result[] results = table_content.get(rowkeysList);
        for (Result result1 : results) {
            //获取微博内容
            byte[] value = result1.getValue("info".getBytes(), "content".getBytes());
```

```
        System.out.println(Bytes.toString(value));
    }
  }
}
```

运行 main 函数后，可以在控制台看到打印的用户 1 发布的微博内容，如图 9-14 所示。

```
2023-09-06 18:22:40 INFO  ClientCnxnSocket:237 - jute.maxbuffer value
2023-09-06 18:22:40 INFO  ClientCnxn:1653 - zookeeper.request.timeout
2023-09-06 18:22:40 INFO  ClientCnxn:1112 - Opening socket connection
2023-09-06 18:22:40 INFO  ClientCnxn:959 - Socket connection establis
2023-09-06 18:22:40 INFO  ClientCnxn:1394 - Session establishment com
今天天气还不错，哈哈哈
```

图 9-14　获取关注用户的微博

6. 取消关注

用户 A 取消关注用户 B、C、D，这一操作可以分成 3 步来实现。

(1) 在 weibo:relation 表当中取消 A 用户关注的 B、C、D 这 3 个人。

(2) B、C、D 这 3 个人会少一个粉丝 A，在 weibo:relation 表当中 fans 列族里面少了一个数据 A。

(3) 在微博收件箱表中，上传 A 用户关注的 B、C、D 的微博的 RowKey。

创建 WeiBoCancelAttends 类继承 WeiBoBase 类，完成编码如下。

```java
package weibo;
import org.apache.hadoop.hbase.TableName;
import org.apache.hadoop.hbase.client.Connection;
import org.apache.hadoop.hbase.client.Delete;
import org.apache.hadoop.hbase.client.Table;
import java.io.IOException;

public class WeiBoCancelAttends extends WeiBoBase{
    public static void main(String[] args) throws IOException {
        WeiBoCancelAttends weiBoCancelAttends = new WeiBoCancelAttends();
        //取消关注
        weiBoCancelAttends.cancelAttends("1","M");
    }
    public void cancelAttends(String uid,String...attends) throws IOException {
        //第一步：删除关注的人
        Connection connection = getConnection();
        Table table_relation = connection.getTable(TableName.valueOf(TABLE_RELATION));
        //删除A关注的B、C、D用户
        for (String cancelAttends : attends) {
            Delete delete = new Delete(uid.getBytes());
            delete.addColumn("attends".getBytes(),cancelAttends.getBytes());
            table_relation.delete(delete);
        }
        //第二步：B、C、D这3个用户移除粉丝A
        for (String cancelAttend : attends) {
            Delete delete = new Delete(cancelAttend.getBytes());
            delete.addColumn("fans".getBytes(),uid.getBytes());
            table_relation.delete(delete);
        }
        //第三步：A用户不需要再收到B、C、D发送的微博内容，需要删除receive_content_email表
        //中对应的RowKey数据
```

```
        Table table_receive_content_email = connection.getTable(TableName.valueOf (TABLE_
RECEIVE_CONTENT_EMAIL));
        for (String attend : attends) {
            Delete delete = new Delete(uid.getBytes());
            delete.addColumn("info".getBytes(),attend.getBytes());
            table_receive_content_email.delete(delete);
        }
        table_receive_content_email.close();
        table_relation.close();
        connection.close();
    }
}
```

运行 main 函数后,用户 1 取消了对用户 M 的关注,使用 HBase Shell 命令查看表中数据的变化。

```
hbase:006:0 > scan "weibo:relation"
ROW                     COLUMN + CELL
 1        column = attends:2, timestamp = 2022 − 05 − 31T13:09:15.746, value = 2
 1        column = attends:3, timestamp = 2022 − 05 − 31T13:09:15.746, value = 3
 2        column = fans:1, timestamp = 2022 − 05 − 31T13:09:15.751, value = 1
 3        column = fans:1, timestamp = 2022 − 05 − 31T13:09:15.754, value = 1
3 row(s)
Took 0.0147 seconds
```

用户关系表中只剩 4 条数据,用户 1 和用户 M 相关联的两条数据已经删去。

```
hbase:017:0 > scan "weibo:receive_content_email"
ROW                                 COLUMN + CELL
0 row(s)
Took 11.3069 seconds
```

此时,微博收件箱表中的数据也已经删除。

7. 项目小结

在本案例中,成功地运用了 HBase 技术实现了一个基本的微博系统,涵盖了微博的发布、用户关注、取消关注以及获取关注用户的微博信息等核心功能。HBase 的分布式架构为这个海量存储应用提供了强大的支持。

借鉴本案例的思路和经验,可以继续探索和应用 IIBase 以及其他分布式技术,构建更加复杂和功能丰富的系统。当然,也可以进一步优化和改进案例,加入更多的功能和扩展,以适应不同的业务需求。

本章小结

本章详细介绍了两个分布式处理项目实战案例,涵盖了 Quick BI 可视化工具、游戏日志分析以及微博海量存储实战项目。这些案例展示了分布式处理在不同领域的实际应用和解决方案,为读者提供了丰富的学习和参考资料。

首先,Quick BI 可视化工具作为一款强大的数据分析和可视化工具,在企业决策和业务分析中扮演着重要角色。通过学习 Quick BI 的简介和使用步骤,读者可以掌握如何利用该工具进行数据分析和报表生成,为企业提供数据驱动的决策支持。

其次,游戏日志分析项目展示了分布式处理在游戏行业的应用场景。通过分析游戏产生的日志数据,可以深入了解玩家行为和游戏运营情况,从而优化游戏内容和提升用户体验。这对于游戏开发者和运营商来说至关重要,可以帮助他们制定更加精准的运营策略。

最后,微博海量存储实战项目展示了分布式处理在大数据存储和管理领域的应用。微博作为一个庞大的社交平台,每天都会产生海量用户数据,如何有效地存储和管理这些数据成为了一项重要任务。通过分布式存储和数据同步等技术手段,可以保证数据的高可用性和可靠性,为用户提供稳定的服务体验。

随着大数据技术的不断发展和应用场景的扩展,分布式处理将在更多领域发挥重要作用。软件工程师和数据工程师需要掌握分布式处理的技术和工具,才能更好地应对日益增长的数据挑战。通过学习本章内容,读者可以了解到分布式处理的基本原理和实际操作方法,为今后在实际项目中应用分布式处理提供有力支持。

总之,本章内容旨在为读者提供有益的指导和帮助,让他们能够更加熟练地应用分布式处理技术和工具,为企业的数据处理和分析工作做出更大的贡献。希望读者通过本章的学习,能够更加深入地理解分布式处理的重要性和应用价值,从而在实际工作中取得更好的成果。

课后习题

思考题

(1) 考虑 HBase 在处理海量数据方面的优势,如何进一步优化 HBase 在社交媒体平台(如微博系统)中的应用,以提高数据检索效率和用户体验?

(2) 在游戏日志分析项目中,如何利用 Quick BI 工具进一步增强数据分析的深度和广度,以辅助游戏开发者更好地理解玩家行为?

图书资源支持

感谢您一直以来对清华版图书的支持和爱护。为了配合本书的使用，本书提供配套的资源，有需求的读者请扫描下方的"书圈"微信公众号二维码，在图书专区下载，也可以拨打电话或发送电子邮件咨询。

如果您在使用本书的过程中遇到了什么问题，或者有相关图书出版计划，也请您发邮件告诉我们，以便我们更好地为您服务。

我们的联系方式：

清华大学出版社计算机与信息分社网站：https://www.shuimushuhui.com/

地　　址：北京市海淀区双清路学研大厦 A 座 714

邮　　编：100084

电　　话：010-83470236　010-83470237

客服邮箱：2301891038@qq.com

QQ：2301891038（请写明您的单位和姓名）

- -

资源下载：关注公众号"书圈"下载配套资源。

资源下载、样书申请

书 圈

图书案例

清华计算机学堂

观看课程直播